W0260590

Synthesebücher

SCHWERPUNKTPROGRAMM **UMWELT**
SCHWEIZ. NATIONALFONDS ZUR FÖRDERUNG DER WISSENSCHAFTLICHEN FORSCHUNG
PROGRAMME PRIORITAIRE **ENVIRONNEMENT**
FONDS NATIONAL SUISSE DE LA RECHERCHE SCIENTIFIQUE
PRIORITY PROGRAMME **ENVIRONMENT**
SWISS NATIONAL SCIENCE FOUNDATION

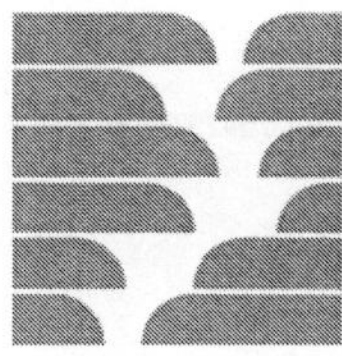

Mut zum ökologischen Umbau

Innovationsstrategien für Unternehmen, Politik und Akteurnetze

Jürg Minsch
Armin Eberle
Bernhard Meier
Uwe Schneidewind

Springer Basel AG

Die Autoren

Dr. Jürg Minsch
Volkswirt
Institut für Wirtschaft und Ökologie an der Universität St. Gallen (IWÖ-HSG)
Forschungsschwerpunkte:
Ökologische Wirtschaftspolitik, Nachhaltige Entwicklung, Institutioneller Wandel

Bernhard Meier
Wirtschaftsgeograph
Geographisches Institut der Universität Bern
Forschungsschwerpunkte:
Wirtschaftsgeographie, Regionalforschung, Innovative Akteurnetze

Armin Eberle
Bau-Ingenieur, Volkswirt
Institut für Wirtschaft und Ökologie an der Universität St. Gallen (IWÖ-HSG)
Forschungsschwerpunkte im Schnittstellenbereich zwischen Ingenieur- und Wirtschaftswissenschften: Minimalkostenprinzip bei staatlichen Infrastrukturleistungen

Dr. Uwe Schneidewind
Betriebswirt
Institut für Wirtschaft und Ökologie an der Universität St. Gallen (IWÖ-HSG)
Forschungsschwerpunkte:
Ökologisch orientierte Unternehmungsführung, ökologische Kooperationen

Die Deutsche Bibliothek – CIP-Einheitsaufnahme

Mut zum ökologischen Umbau : Innovationsstrategien für Unternehmen, Politik und Akteurnetze / J. Minsch ... – Basel ; Boston ; Berlin : Birkhäuser, 1996
(SPP-Umwelt-Synthesebücher)

ISBN 978-3-0348-5056-8

NE: Minsch, Jürg

Ursprünglich erschienen bei Birkhäuser Verlag AG, Postfach 133, CH-4010 Basel, Schweiz 1996
Softcover reprint of the hardcover 1st edition 1996

Gedruckt auf säurefreiem Papier, hergestellt aus chlorfrei gebleichtem Zellstoff. TCF∞
Umschlaggestaltung: Micha Lotrovsky, Therwil

ISBN 978-3-0348-5056-8
ISBN 978-3-0348-5055-1 (eBook)
DOI 10.1007/978-3-0348-5055-1

9 8 7 6 5 4 3 2 1

Inhaltsverzeichnis

Vorwort

Gesellschaftliche Veränderung beginnt in unseren *Köpfen* – und in den *Herzen*: dadurch, dass wir die Welt besser zu verstehen versuchen, neue Ideen zu denken wagen und dieses Denken durch Werte leiten lassen; im Falle des vorliegenden Buches durch das Ziel, die Menschenrechte nicht nur den heute lebenden, sondern auch den künftigen Generationen zuzugestehen: «Nachhaltige Entwicklung». Alle drei Aspekte – Analyse, Gestaltungsideen und leitendes Wertsystem – gehören zusammen, allen drei ist das vorliegende Buch verpflichtet.

Die Leserin und der Leser werden daher auf den folgenden Seiten keine (weitere) einfache Zauberformel finden, durch die «Nachhaltige Entwicklung» vermeintlich möglich wird, genauso wenig eine ausufernde gesellschaftliche Analyse oder utopische Zielformulierungen, die den Antrieb zur Veränderung eher erlahmen lassen, statt den «Mut zum ökologischen Umbau» zu fördern. Die Leserschaft soll vielmehr in den folgenden Kapiteln

- mit allgemeinen handlungsleitenden Postulaten der «Nachhaltigen Entwicklung» vertraut gemacht werden und verstehen lernen,
- wie «nachhaltig» ökologische Innovationen von Unternehmen und Staat eigentlich sind,
- warum viele plausible Antworten auf die Herausforderung «Nachhaltige Entwicklung» in der gesellschaftlichen Umsetzung scheitern und
- wie eng das Handeln von Politik und Unternehmen für die Umsetzung einer «Nachhaltigen Entwicklung» zusammenhängt.

Neue Sichtweisen erlauben die Erarbeitung erfolgversprechender Innovationsperspektiven und sollen die Leserin und den Leser zu Veränderungen in Richtung «Nachhaltige Entwicklung» ermuntern – «Mut zum ökologischen Umbau» steht für dieses Anliegen. Denn viele ökonomische Herausforderungen in Wirtschaft und Politik sind überraschend eng mit den ökologischen verknüpft. Durch ein neues und breiteres Verständnis von Unternehmensführung und Politik sowie durch neue Formen der Vernetzung ist vieles zu verändern, was heute noch unverrückbar scheint.

Gesellschaftliche Veränderung beginnt in unseren Köpfen – diese Erfahrung haben auch die Autoren in ihrer fast zweijährigen Zusammenarbeit gemacht: Im Team – bestehend aus einem Volkswirt, einem

Betriebswirt, einem Geographen und einem Ingenieur – galt es immer wieder, bestehende Wahrnehmungsmuster aufzubrechen, Zusammenhänge anders und besser zu verstehen und dabei neue Lösungen zu entwickeln. Diese Form der Zusammenarbeit in der Umweltforschung ist ein Verdienst des Schwerpunktprogrammes Umwelt des Schweizerischen Nationalfonds, das darauf zielt, Umweltforschung disziplinübergreifend und problemorientiert auszurichten. Wir möchten dem Schweizerischen Nationalfond herzlich danken, dass er die Forschungsprojekte, die dem Buch zugrunde liegen, und das Buch selbst organisatorisch, ideell und finanziell unterstützt hat. Speziell hervorzuheben sind in diesem Zusammenhang Dr. Rudolf Häberli und Walter Grossenbacher, die sich persönlich sehr für das vorliegende Buch eingesetzt haben. Prof. Hans Christoph Binswanger, Prof. Thomas Dyllick und Prof. Paul Messerli haben als Leiter der Teilprojekte und intellektuelle Sparringspartner entscheidend zur Qualität und zum Gelingen des Buches beigetragen. Ihnen gebührt genauso Dank wie den einzelnen Mitarbeitern aus den Projektteams, die die inhaltlichen und konzeptionellen Grundlagen der vorliegenden Synthese gelegt haben: Mathias Binswanger, Frank Belz, Heinrich Hugenschmidt, Felix Koller, Raphael Laubscher, Jürgen Paulus und Mathias Sahlberg aus St. Gallen sowie Michel Gelhaar, Marc Muntwyler, Katrin Schneeberger und Beat Aliesch aus Bern. Für die konstruktiv-kritischen Kommentare zu ersten Fassungen des Manuskriptes möchten wir Prof. Reinhard Bachofen, Prof. Peter Knoepfel und Johannes Schmidt ganz herzlich danken. Herzlich gedankt sei auch Henri Leuzinger und Marco Iten für das sorgfältige Lektorat. Urs Ramseier hat in der Anfangsphase des Buchprojektes entscheidend zu der heutigen Ausgestaltung beigetragen – ihm gilt ein besonderer Dank der Autoren. Dank gebührt schliesslich allen nicht namentlich erwähnten, die uns wichtige Gesprächspartner waren und bei Teilkapiteln mit Kommentaren unterstützt haben, sowie all jenen Akteuren in Unternehmen, Politik und Gesellschaft, mit denen wir während des Forschungsprozesses eng zusammenarbeiten durften. In den Teilprojekten wurden während drei Jahren knapp 500 Interviews, zahlreiche Workshops und Tagungen durchgeführt. Dies wäre ohne die Unterstützung der Interviewpartner und Teilnehmer nicht möglich gewesen. Ihnen allen sei ganz herzlich für ihre Hilfe gedankt.

Gesellschaftliche Veränderung verlangt schliesslich *Hand*lung. Neue Ideen zu denken, bestehende Wahrnehmungsmuster zu durchbrechen braucht Mut, vor allem jedoch die Umsetzung dieser Ideen. Mut – aber nicht Wagemut! Über den ökologischen Umbau wird dereinst nicht ein Heldenepos berichten, sondern die Geschichte von kreativen und initiativen Bürgerinnen und Bürgern. Dabei kommt den zentralen Akteuren in Unternehmen, Politik und Gesellschaft besondere Verantwortung für den Umbau zu. An Sie richtet sich das Buch vor allem – Ihnen ist es gewidmet!

Die Autoren wünschen Inspiration und Spass bei der Lektüre!

Jürg Minsch Armin Eberle Bernhard Meier Uwe Schneidewind

St. Gallen/Bern, im Frühling 1996

1 Ökologische Innovationen – Schlüssel für den ökologischen Umbau?

Zusammenfassung

Die Forderung nach einer Nachhaltigen Entwicklung und der reale wirtschaftliche Strukturwandel klaffen heute weit auseinander. Ökologische Innovationen sind ein Schlüssel, um diese Lücke zu schliessen – aber nur, wenn der Begriff «Innovation» weit verstanden wird. Innovation im Sinne von «Neugestaltung» darf sich nicht nur auf Technologien, Prozesse und Produkte beziehen, sondern muss in gleicher Weise die Koordination zwischen Akteuren und die politische Rahmensetzung umfassen. Mit dieser integrativen Sichtweise entwickelt das Buch Innovationsperspektiven für Unternehmen, Politik sowie Akteurnetze und zeigt ihr Zusammenspiel auf.

1.1 Alle sprechen von Nachhaltiger Entwicklung – Viele tun etwas – Wenig geschieht!

Ein Blick auf die ökologisch orientierten Veränderungen in der Wirtschaft der meisten Industrieländer vermittelt einen zwiespältigen Eindruck: Da sind zwar eine Flut an umweltrelevanten Gesetzen und Verordnungen, gestiegenes ökologisches Verbraucherbewusstsein sowie zahlreiche ökologisch orientierte Initiativen von Unternehmen und regionalen Akteurnetzen zu vermelden. Die ökologische Ausbeute dieser Anstrengungen jedoch bleibt bescheiden. Gewiss, einzelne konkrete Belastungen, wie etwa der Phosphateintrag in die Gewässer oder die NO_x-Emissionen in die Luft, sind gesunken. Doch diese Erfolge einer «ökologischen Feinsteuerung» entpuppen sich als Scheinerfolge, solange es *in zentralen ökologischen Bereichen*, insbesondere beim *Energieverbrauch*, *beim Verbrauch von Grundstoffen*, bei der *Versiegelung* und bei der *Belastung des Bodens* sowie beim *Verkehrsaufkommen* nicht zu Entlastungen kommt. Tatsache ist, dass die Belastungen in diesen Bereichen weiter ansteigen, hin und wieder leicht abgeschwächt durch konjunkturell bedingte Drosselungen des wirtschaftlichen Wachstums. Zugespitzt könnte man formulieren: Wenn in diesen zentralen Belastungsbereichen überhaupt Beiträge zur Ökologisierung des Wirtschaftens festgestellt werden können, dann sind sie weniger Resultat systematischer umweltpolitischer Anstrengungen, sondern vor allem ungewollte Folge ökonomischer «Schwächeanfälle» der Wirtschaft!

Die heutige wirtschaftliche Entwicklung verläuft prinzipiell nicht nachhaltig. Nachhaltigkeit fordert ein Absenken ökologischer Belastungen auf ein Mass, das die langfristigen Funktions- und Anpassungsfähigkeit der Ökosysteme und ein Leben und Wirtschaften in Menschenwürde dauerhaft gewährleistet. Die aktuelle umweltpolitische Diskussion widmet sich daher schon seit einiger Zeit der Frage, wie die reale Wirtschaftsentwicklung in Richtung der Nachhaltigen Entwicklung umorientiert werden könnte. Dabei spielt die Idee der «ökologischen Innovation» eine wichtige Rolle.

1.2 Mit ökologischen Innovationen zur Nachhaltigen Entwicklung

Der Begriff «Ökologische Innovation» ist vieldeutig. Er meint zunächst das *Entwickeln ökologisch verbesserter Techniken, Prozesse und Produkte.* Sie sollen helfen, die wirtschaftliche Produktion «ökologisch effizienter» zu gestalten – das heisst weniger Ressourcen zu verbrauchen, den Schadstoffausstoss und die Risiken pro Leistungseinheit zu senken. So verstanden fordern ökologische Innovationen namentlich Unternehmer und ihren technischen Sachverstand heraus. Die Ressorts «Forschung und Entwicklung» der Unternehmen, Forschungseinrichtungen von Fachhochschulen und Universitäten sind dann die Orte, wo Innovationen erdacht und umgesetzt werden. Die Politik hat in diesem System ein «innovationsfreundliches Klima» zu schaffen. Dies heisst in der Regel gezielte Forschungsförderung und Abbau von Genehmigungshindernissen bei der Einführung neuer Techniken, Prozesse und Produkte.

«Ökologische Innovationen» können sich jedoch auch auf die *Umweltpolitik* beziehen. «Innovation» steht dann für neue politische Instrumente, wie zum Beispiel die derzeit diskutierten marktwirtschaftlichen Instrumente der Umweltpolitik.

In der Diskussion über Nachhaltige Entwicklung geht es schliesslich auch um *«neue Lebensstile»*. Der Begriff der Innovation bezieht sich hier nicht auf technische oder politische Neuerungen, sondern vielmehr auf die Lebensentwürfe von Individuen und Gesellschaften. Als besonderer Zweig dieser Diskussion kann die Debatte um regionale Netzwerke und neue Kooperationsformen zwischen Akteuren verstanden werden.

Die Mehrdeutigkeit des Innovationsbegriffs ruft nach Klärung, wobei besonders auf das Zusammenspiel der angedeuteten Innovationsformen einzugehen ist. Dabei hilft der Rückgriff auf einen breit verstandenen Innovationsbegriff:

Innovationen sind von Akteuren vorgenommene, zielgerichtete Neugestaltungen des bisherigen Handelns bzw. der Handlungsergebnisse.

Drei Aspekte dieses Innovationsbegriffs sind von besonderer Bedeutung:

(1) Erstes zentrales Charakteristikum des hier verwendeten Innovationsbegriffs ist seine *Akteurorientierung*. Innovationen sind immer im Zusammenhang mit den Akteuren bzw. Akteurklassen zu verstehen, welche die Innovationen hervorbringen und umsetzen. Es handelt sich demnach nicht um idealtypische Problemlösungen im «akteurleeren Raum», sondern um konkrete, akteurbezogene Gestaltungsideen. Akteur ist dabei letztlich jedes Mitglied der Gesellschaft, infolge ihrer besonderen Gestaltungsmöglichkeiten insbesondere jedoch Unternehmen, Politikerinnen und Politiker, Verwaltungen, aber auch die Konsumentinnen und Konsumenten. Je nach Akteur unterscheiden sich Handlungsformen bzw. Handlungsergebnisse. So können sich die Innovationen bei Unternehmen auf Prozesse, Produkte, Technologien, aber auch auf organisatorische Strukturen beziehen. Bei den Akteuren der Politik werden die Neugestaltungen zum Beispiel Gesetze oder Verordnungen betreffen. Und Akteure, die Kooperationen mit anderen Akteuren eingehen, gestalten ihre bisherige Koordination neu; hier betrifft die Innovation die Handlungsform der Akteure untereinander.

(2) Der Begriff Innovation bezieht sich auf die *Neugestaltung des bisherigen Handelns* bzw. bisheriger Handlungsergebnisse. Die Akteurorientierung unseres Innovationsbegriffes bedeutet, dass die Veränderung für den jeweiligen Akteur – und nicht absolut gesehen – etwas Neues darstellen muss. Letzeres wäre eine «Invention», d.h. eine Erfindung. Ökologischer Strukturwandel erfordert Verhaltensveränderungen von einer grossen Zahl von Akteuren. Insofern stellt zunächst nicht das Neue an sich einen Wert dar, sondern die möglichst breite Anwendung vielversprechender Ansätze. So ist zum Beispiel der ökologische Landbau keine aktuelle Erfindung. Er prägte, mangels syntheti-

scher Dünger und Pflanzenschutzmittel, vielmehr während Jahrtausenden die Landwirtschaft. Für die meisten heutigen Landwirte stellt der ökologische Landbau heute jedoch eine Innovation dar, denn er fordert von ihnen ein umfassendes Neugestalten ihrer bisherigen Tätigkeit.

(3) Innovationen sind schliesslich *zielgerichtete* Neugestaltungen. Sie sind das Resultat bewussten Suchens der Akteure nach neuen Formen des Handelns und Gestaltens. Im vorliegenden Buch stehen *ökologische* Innovationen im Vordergrund. Dies sind Innovationen, die mit dem Ziel getätigt werden, Umweltbelastungen zu reduzieren. Die Ausrichtung auf ein Ziel gewährleistet allerdings noch nicht dessen Erfüllung. Die Akteurorientierung des Innovationsbegriffes macht deutlich, wie wichtig es ist, immer auch jene spezifischen Hemmnisse im Auge zu behalten, die sich einzelnen Akteuren bei der Umsetzung einer Innovation in den Weg stellen könnten. Innovationen geschehen nicht als Neuschöpfungen im luftleeren Raum, sondern bauen auf bestehenden Strukturen auf oder anders gesagt: Ökologische Innovationen müssen auch nichtökologische Ziele, Wünsche und Vorstellungen der Akteure mitbedenken und in angemessener Weise einen Beitrag zu deren Realisierung leisten.

Ökologische Innovationen sind von Akteuren vorgenommene Neugestaltungen des bisherigen Handelns bzw. der Handlungsergebnisse mit dem Ziel, die ökologische Belastung zu reduzieren.

Vor dem Hintergrund der aktuellen umweltpolitischen Debatte ist der hier vorgestellte Begriff der «ökologischen Innovation» insbesondere aus drei Gründen hilfreich:

- Die Diskussion um ökologische Innovationen darf sich nicht auf Verbesserungen einzelner Technologien, Prozesse und Produkte beschränken. Der ökologische Gesamteffekt solcher Innovationen zeigt sich erst in ihrem Anwendungskontext. Dieser wiederum wird entscheidend durch die politischen Rahmenbedingungen bestimmt und die Art und Weise, wie sich die Akteure im Wirtschaftsprozess koordinieren. Technische Innovationen müssen daher von geeigneten Neugestaltungen auf politischer Ebene begleitet und in Akteurnetzen eingebunden sein. Das Zusammenspiel sich ergänzender Innovationen ist im Innovationsbegriff angelegt, da er sich prinzipiell an sämtliche gesellschaftlich relevanten Akteurklassen richtet. Die Notwendigkeit des ergänzenden Zusammenwirkens darzulegen, ist eine wichtige Aufgabe des vorliegenden Buches.

- Mit dem akteurbezogenen Innovationsbegriff soll einer übertriebenen Innovationseuphorie vorgebeugt werden. Nicht das Neue an sich gewährleistet Beiträge zu einer Nachhaltigen Entwicklung, es geht vielmehr darum, dass ökologisch vielversprechende, aber möglicherweise schon lange bekannte Konzepte und Ansätze breit angewendet werden. Innovation steht daher für die individuelle und kollektive Neugestaltung des Handelns hier und jetzt.
- Schliesslich wird es durch die Betonung der Zielgerichtetheit von Innovationen möglich, ökologische Innovationen zu identifizieren. Jede Neugestaltung des Handelns, die auf das Ziel «geringerer Umweltbelastung» ausgerichtet ist, ist demnach eine ökologische Innovation. Aus einer solchen Sicht gelten erst einmal alle ökologischen Innovationen als gleichwertig. Die Bestimmung ihrer ökologischen Qualität erfolgt in einem zweiten Schritt, der die Betrachtung des gesamten Umfeldes notwendig macht, in dem die ökologische Innovation zur Anwendung kommt.

Aus der Vielzahl von gesellschaftlichen Akteuren, die Beiträge zur Ökologisierung der Wirtschaft in Richtung Nachhaltige Entwicklung leisten können – und müssen –, greift das vorliegende Buch jene zwei zentralen Akteursklassen heraus, die kraft ihrer Funktion und ihres Gewichts in Wirtschaft und Gesellschaft eine besondere ökologische Innovationsverantwortung tragen: es sind dies die *Unternehmungen* und die *Politik* (einschliesslich der Verwaltung). Diese Wahl lässt sich aus dem sogenannten «*Prinzip der gemeinsamen, aber differenzierten Verantwortung*» ableiten, das im Rahmen der Umwelt- und Entwicklungskonferenz der Vereinigten Nationen in Rio 1992 als handlungsleitend für die Mitglieder der Völkergemeinschaft verabschiedet wurde. Es meint den Grundsatz, dass sämtliche Staaten der Erde verantwortlich sind, Schritte in Richtung Nachhaltige Entwicklung zu tun. Die industrialisierten Länder des Nordens sind hierbei jedoch besonders in die Pflicht zu nehmen, zum einen infolge ihres überdurchschnittlichen Ressourcenverzehrs und entsprechender Belastung der Ökosysteme, zum anderen weil sie technisch und ökonomisch am ehesten in der Lage sind, innovative Schritte zu tun – also auch die Schweiz! Unser akteurbezogener Innovationsbegriff empfiehlt nun eine weitergehende Differenzierung. Denn soll die Schweiz ihre ökologische Verantwortung wahrnehmen, gilt es die relevanten gesellschaftlichen Akteure (beziehungsweise Akteurklassen) zu identifizieren und in die gemeinsame, aber differenzierte ökologische Pflicht zu nehmen: Es sind dies die *Unternehmen* und die *Politik*.

Ökologische Innovationen lassen sich in drei Bereichen ausmachen:

(1) In der ökonomischen *Leistungserstellung der Unternehmen* im engeren Sinne, (2) in den *ökonomisch-politischen Rahmenbedingungen* sowie (3) in *Kooperationen* zwischen Unternehmungen unter sich oder mit weiteren gesellschaftlichen Akteuren, insbesondere Akteuren der Politik im Rahmen von Akteurnetzen. So sind (regionale) Akteurnetze sowohl Plattform für Unternehmen als auch für politische Akteure. Dabei gilt es einen prinzipiellen Unterschied zwischen dem ersten und den anderen zwei Innovationsbereichen im Auge zu behalten. Ökologische Innovationen im Bereich der betrieblichen Leistungserstellung sind unmittelbar ökologisch wirksam. Dies gilt nicht für ökologische Innovationen in den Bereichen Politik (Rahmenbedingungen) und Kooperationen (selbstauferlegte Regeln). Letztere wirken indirekt über Anreiz- und Rückwirkungen auf das Innovationsverhalten von Unternehmen. So können beispielsweise Akteurnetze die Neugestaltung von Prozessen oder Produkten durch Unternehmen erleichtern oder beschleunigen – oder bestimmte umweltpolitische Innovationen wie eine ökologische Steuerreform geben Innovationsanreize für Unternehmen im Hinblick auf eine energie- und ressourcensparende Produkt- und Prozessgestaltung. Damit wird deutlich, dass sich Strategien einer «Nachhaltigen Entwicklung durch ökologische Innovationen» nicht in einer Aneinanderreihung vielversprechender Innovationsperspektiven eines Bereiches erschöpfen dürfen, sondern das Zusammenspiel der unterschiedlichen Ebenen berücksichtigen müssen. Die drei Innovationsbereiche ergänzen sich gegenseitig. Zur Verwirklichung einer Nachhaltigen Entwicklung bedarf es aller drei.

Diese integrierte Perspektive ergibt sich jedoch nicht nur durch den weiten Innovationsbegriff und durch die Tatsache, dass sich auch die ökologischen Wirkungen von Innovationen erst aus einer Gesamtschau ableiten lassen. Sie ist ebenso notwendig, um die Hindernisse zu verstehen, die ökologischen Innovationen oft noch entgegenstehen. Die im Buch gebotene Restriktionsanalyse (7. Kapitel) zeigt, dass ökologische Innovationen heute meist noch nicht akteurgerecht genug ausgestaltet sind. Dabei sind die relevanten Restriktionen nur aus dem Zusammenspiel der einzelnen Innovationsbereiche zu verstehen, was besondere Anforderungen an das «Design» von ökologischen Innovationen stellt: So haben umweltpolitische Innovationen nicht nur die umweltpolitischen Akteure anzusprechen, sondern ebenso die anderen betroffenen Akteure, wie Unternehmen oder Kunden. Akteurnetze richten sich sowohl an Unternehmen als auch an politische Instanzen. Und die Kunden, als wichtigste Adressaten von Unternehmen, sind selbst Elemente des politischen Systems.

1.3 Das fehlende Element im Nachhaltigkeitspuzzle – Zentrale Anliegen des Buches

Ausgehend von diesen Vorüberlegungen lassen sich die zentralen Anliegen des Buches in fünf Punkte fassen:

- Das Buch ist dem Ziel der *Nachhaltigen Entwicklung* verpflichtet und will Mut machen und Wege aufzeigen zu einem Umbau unseres ökonomischen Handelns in Richtung auf dieses Ziel.
- Dabei wird für ein *breiteres Innovationsverständnis* im ökologischen Kontext plädiert.
- Es wird gezeigt, dass «Nachhaltige Entwicklung durch ökologische Innovationen» die grössten Chancen hat, wenn das *Zusammenspiel von Politik und Unternehmen* sowie die Rolle von *Akteurnetzen* in diesem Prozess besser verstanden werden.
- Geboten wird eine *Analyse der Hemmnisse*, die vielversprechenden ökologischen Innovationen heute entgegenstehen und überwunden werden müssen.
- Auf dieser Basis werden für Politik, Unternehmen und Akteurnetze *ökologische Innovationsperspektiven* entwickelt und konkrete *Strategiebausteine*, mit denen diese Perspektiven umgesetzt werden können, präsentiert.

Das Buch steht damit zwischen den beiden Diskussionslinien, welche die Debatte über Nachhaltige Entwicklung heute prägen. Beide verlaufen bis anhin relativ isoliert nebeneinander und büssen deshalb viel von ihrer Bedeutung ein, im Extremfall können sie sich gar ökologisch kontraproduktiv auswirken. Es sind dies zum einen die Diskussionen um *neue Lebensstile* und ein neues Wohlstandsverständnis, aber auch um neue Raum- und Zeitverständnisse, die in ein zukunftsfähiges individuelles und gesellschaftliches Handeln münden sollen (vgl. z.B. BUND/Misereor 1996). Zum andern sind es die an konkreten *technischen Lösungen* interessierten Diskussionen, die eine grosse Fülle von Verbesserungen zur Erhöhung der ökologischen Effizienz zeitigten. Für sich allein drohen die auf das Ganzheitliche gerichteten Lebensstildiskussionen zu schöngeistiger Spekulation ohne praktische Relevanz zu verkommen und die Arbeiten an detailorientierten technischen Problemlösungen lenken von ökologisch kontraproduktiven gesamtwirtschaftlichen Mengeneffekten ab.

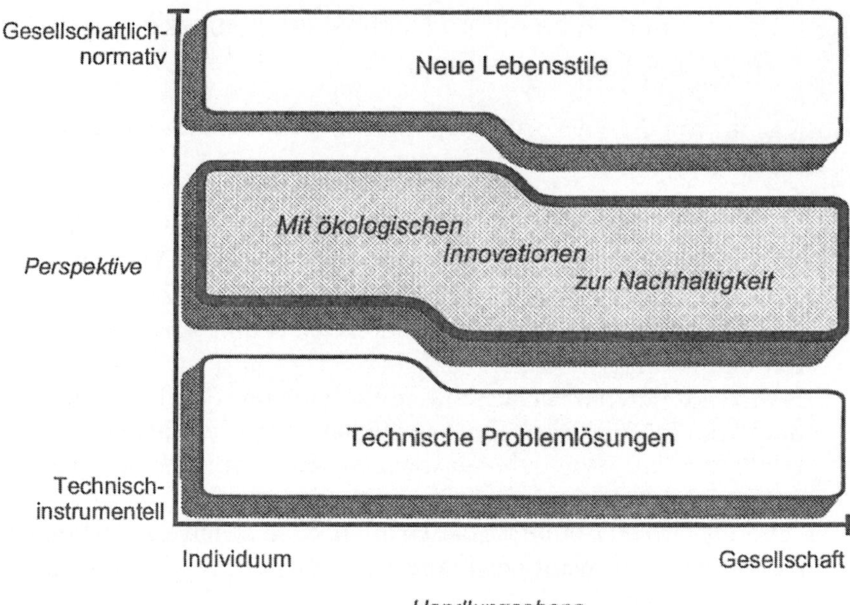

Abbildung 1.1
Das fehlende Element im Nachhaltigkeitspuzzle

Es fehlt *das zentrale Element im Nachhaltigkeits-Puzzle*, das zwischen Lebensstildiskussionen und technischen Detaillösungen realisierbare Handlungsperspektiven für die relevanten wirtschaftlichen Akteure aufzeigt. Konkret: Gefragt sind Handlungsperspektiven, die (1) eine Integration der Ergebnisse und persönlichen Schlussfolgerungen aus den Lebensstildiskussionen in das individuelle ökologische Handeln erlauben, gleichzeitig (2) den detailorientierten technischen Problemlösungen Anwendungsfelder eröffnen und schliesslich (3), zur Sicherstellung einer gesamthaften ökologischen Verbesserung, ergänzende ökologische Innovationen in den Bereichen Politik und Akteurnetzwerke skizzieren. Dieses Element – *akteurorientierte ökologische Innovationsperspektiven für eine Nachhaltige Entwicklung* – nachzuliefern, haben sich die Autoren mit diesem Buch vorgenommen .

Das Buch stützt sich auf ein koordiniertes Forschungsprojekt «Ökologischer Strukturwandel durch Innovation», das im Rahmen des Schwerpunktprogrammes Umwelt (SPPU) des Schweizerischen Nationalfonds gefördert wurde und sich in drei Teilprojekte gliederte (Vgl. Materialien zu den Teilprojekten im Anhang):

1. Das Forschungsprojekt «*Ökologie und Wettbewerbsfähigkeit von Unternehmen und Branchen*» untersuchte ökologische Innovationen und Strategien in sechs sowohl ökonomisch als auch ökologisch bedeutsamen Branchen der Schweiz: der Baubranche, der Chemiebranche, der Computerbranche, der Güterverkehrsbranche, der Lebensmittelbranche und der Maschinenbaubranche. In diesen Branchen wurden in Fallstudien ökologische Innovationen von einzelnen Unternehmen untersucht und sowohl unter ökologischen Gesichtspunkten als auch unter Wettbewerbsgesichtspunkten bewertet.
2. Das Forschungsprojekt «*Ökologischer Strukturwandel: Konsequenzen für die Innovationsfähigkeit und Innovationsstrategie der Schweiz*» entwickelte einerseits einen normativen Referenzrahmen für das Ziel «Nachhaltige Entwicklung». Zum anderen analysierte es den Stand des heutigen ökologischen Strukturwandels, bewertete vor diesem Hintergrund die umweltpolitischen Massnahmen in der Schweiz und erarbeitete Strategien einer ökologisch bewussten Wirtschaftspolitik.
3. Das Forschungsprojekt «*Umweltinnovationen und regionaler Kontext*» analysierte die Entstehung und Durchsetzung von Umweltinnovationen in regionalen Akteurnetzen. Betrachtet wurden dabei jeweils mehrere Innovationen in den Branchen Güterverkehr, Nahrungsmittel, Tourismus und in der Abfallindustrie.

Die Autoren dieses Buches entstammen allen drei Teilprojekten und bildeten während des Forschungsprozesses ein Syntheseteam, das die Projektergebnisse aus einer integrierten Sichtweise zusammenführte. Das Buch folgt einem dreiteiligen Aufbau (vgl. Abb. 1.2).

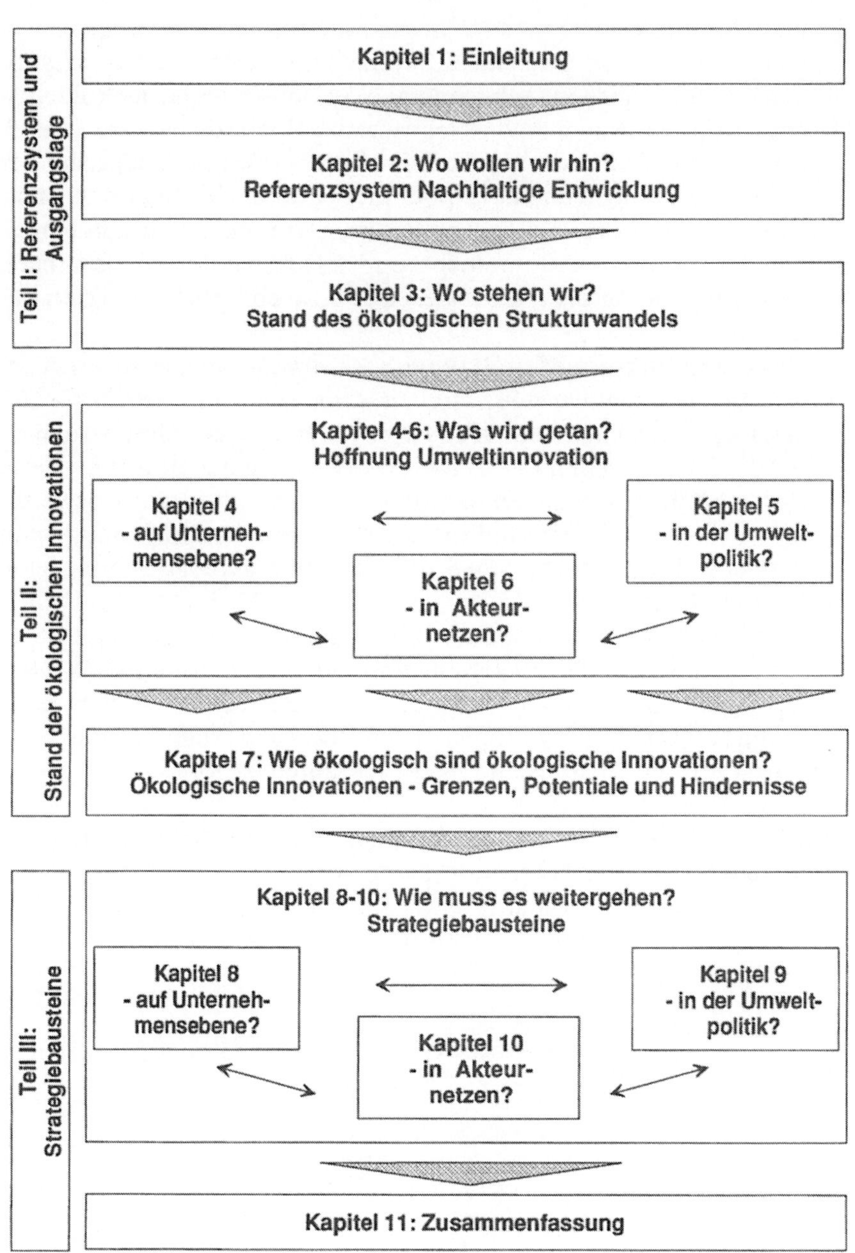

Abbildung 1.2
Aufbau des Buches

1.4 Aufbau des Buches

Teil I: Referenzsystem und Ausgangslage

Im Kapitel 1 wurde insbesondere der Innovationsbegriff und das Ziel des Buches erläutert.

Kapitel 2 entwirft den ökologischen Referenzrahmen für die weitere Untersuchung. Das Ziel einer Nachhaltigen Entwicklung wird anhand von 7 Postulaten operationalisiert, die Grundlagen für die Evaluation und die ökologische Gesamtwürdigung der betrachteten Innovationen sind.

Kapitel 3 geht auf den bisherigen ökologischen Strukturwandel am Beispiel der Schweiz ein. Es verdeutlicht anhand von Indikatoren aus wichtigen ökologischen Problembereichen, dass ein ökologisch nachhaltiger Wandel immer noch nicht stattfindet. Insbesondere die ökologischen Erwartungen, die in die «Dienstleistungsgesellschaft» gesetzt wurden, haben sich nicht erfüllt. Das Kapitel sensibilisiert damit für die Notwendigkeit ökologischer Neugestaltung, um die reale Wirtschaftsentwicklung in Richtung Nachhaltiger Entwicklung umzuorientieren.

Teil II: Stand der ökologischen Innovationen

Kapitel 4 bis 6 befassen sich mit ökologischen Innovationen von Unternehmen, Politik und in regionalen Akteurnetzen. Sie zeigen die unterschiedlichen Innovationsformen auf diesen Ebenen und versuchen eine erste Wertung ihrer ökologischen Wirkung.

Kapitel 7 leistet eine zusammenfassende Würdigung der Innovationen auf den unterschiedlichen Ebenen. Es wird deutlich, dass die ökologische Wirkung der Innovationen erst bei einer umfassenden Betrachtung sichtbar wird. Aus dieser Perspektive lassen sich für jede Ebene Innovationsperspektiven identifizieren, die ökologisch besonders vielversprechend sind. Ihrer Umsetzung stehen jedoch erhebliche Restriktionen entgegen. Die Restriktionen werden eingehend analysiert.

Teil III: Strategiebausteine

Kapitel 8 bis 10 greifen die Innovationsperspektiven und die Restriktionsanalyse des Kapitels 7 auf und präsentieren Strategiebausteine, die geeignet sind, den Innovationsperspektiven zum Durchbruch zu verhelfen, indem sie bestehende Restriktionen explizit berücksichtigen. Dem Zusammenspiel der Ebenen kommt dabei eine besondere Bedeutung zu.

Kapitel 11 fasst die wichtigsten Ergebnisse des Buches zusammen.

Teil I

Referenzsystem und Ausgangslage

2 Nachhaltige Entwicklung – das Referenzsystem

Zusammenfassung

Das zentrale normative Fundament des Buches ist das Ziel der Nachhaltigen Entwicklung. Mit seiner Idee, den Wirkungsbereich der Menschenrechte über die Lebenden hinaus auf die zukünftigen Generationen auszuweiten, ist Nachhaltige Entwicklung Bekräftigung und Erneuerung der grundlegenden Werte des freiheitlich-demokratischen Rechtsstaates. Nachhaltige Entwicklung verlangt deshalb die Schaffung und Aufrechterhaltung möglichst vieler Optionen zur Realisierung der freien Lebensentwürfe der gegenwärtigen und zukünftigen Generationen. Dies bedingt den umfassenden Schutz der natürlichen Lebens- und Wirtschaftsgrundlagen in all ihren Vielfältigkeiten. Die von den Autoren vertretene Nachhaltigkeitskonzeption steht deshalb auf dem Fundament der «Strong Sustainability». Auf dieser Basis werden sieben handlungs- und politikleitende Postulate der Nachhaltigen Entwicklung formuliert.

Zentrales wirtschaftspolitisches Ziel ist seit den Zeiten der Mangelwirtschaft der späten vierziger und der fünfziger Jahre das sogenannte *quantitative Wachstum*. Es strebt die Erhöhung des ökonomischen Wohlstandes im engeren Sinne an. Zentrale Zielsetzung war (und ist) die stetige Verbesserung der Gesamt- und Pro-Kopf-Versorgung mit materiellen Gütern und Diensten durch Wirtschaftswachstum, ausgedrückt als Zunahme des Bruttoinlandproduktes (BIP). Erwünschtes wichtiges Nebenziel des BIP-Wachstums war die Schaffung bzw. Aufrechterhaltung eines hohen Beschäftigungsgrades der Bevölkerung. «Moderiert» wird das angestrebte Wachstum durch flankierende wirtschaftspolitische Nebenziele, insbesondere durch jene der Geldwertstabilität und des Zahlungsbilanzausgleichs (Vgl. Binswanger/Bonus/Timmermann 1981: 57 ff.). Der Schutz der natürlichen Umwelt ist im Rahmen des «Quantitativen Wachstums» *kein* Ziel. Die

Natur wird stillschweigend als unerschöpflich vorausgesetzt und in der Folge als freies Gut behandelt, was sich in der bekannten und ökologisch zunehmend problematischen engen Kopplung von Wirtschaftswachstum und Wachstum der Umweltbelastung niederschlägt.

2.1 Auf der Suche nach einem ökologisch-ökonomischen Zielsystem

Strategien der ökologischen Innovation, die das umweltgefährdende quantitative Wachstum zu überwinden trachten, setzen ein adäquates ökologisches Zielsystem voraus. Drei grundlegende Zieltypen stehen gegenwärtig im Vordergrund der umweltpolitischen Diskussionen: «Entkopplung», «Qualitatives Wachstum» sowie «Nachhaltige Entwicklung». Sie werden kurz vorgestellt. Anschliessend begründen wir unsere Entscheidung für das Ziel der «Nachhaltigen Entwicklung».

Entkopplung

Die Entkopplung ist innerhalb der neueren umweltpolitischen Diskussion das älteste der drei Ziele. Sie stammt aus den siebziger Jahren und ist Resultat der kritischen Auseinandersetzung mit der Kenngrösse des Sozialprodukts, die im Rahmen des Konzepts der Volkswirtschaftlichen Gesamtrechnung (VGR) errechnet wird. Kritisiert wurde insbesondere die Deutung des Sozialprodukts als Wohlstandsindikator und seine davon abgeleitete unbestrittene Stellung als zentrale Zielgrösse der Wirtschaftspolitik (H.C. Binswanger 1969 und 1978; Boulding 1970 und 1971; Steiger 1979). Früchte dieser Kritik waren erste konzeptionelle Studien zur ökologischen Modifizierung der VGR bzw. des Sozialproduktkonzepts (z.B. Peskin 1981 und Leipert 1989) sowie die Forderung nach einer Entkopplung des Wachstums des gesamten (volkswirtschaftlichen) Umwelt- und Ressourcenverbrauchs vom Wirtschaftswachstum (Müller/Stoy 1978). Konkret ist mit dem Entkopplungsziel gemeint, dass die Wachstumsrate der Umweltbeanspruchung, wie immer auch im konkreten Fall definiert, kleiner als die Rate des Wirtschaftswachstums sein muss. Dabei wird Wirtschaftswachstum in der Regel als Wachstum des Bruttoinlandprodukts (BIP) definiert. Entscheidend und aus ökologischer Sicht problematisch ist, dass die solcherart definierte «Entkopplung des Wirtschaftswachstums vom Umweltverbrauch» weiterhin *positive* Wachstumsraten der Umweltbeanspruchung zulässt (vgl. Abb. 2.1).

Qualitatives Wachstum

Wird jener Grenzfall einer Entkopplung angestrebt, wo trotz positiven Wirtschaftswachstums der Umweltverbrauch auf einem bestimmten Niveau stabilisiert bleibt, das Wachstum des Umweltverbrauchs infolgedessen Null ist, dann spricht man üblicherweise vom sogenannten Qualitativen Wachstum. Eine etwas differenziertere Definition bietet der Bericht der Expertenkommission des Eidg. Volkswirtschaftsdepartements:

> *«Qualitatives Wachstum ist jede nachhaltige Zunahme der gesamtgesellschaftlichen und pro Kopf der Bevölkerung erreichten Lebensqualität, die mit geringerem oder zumindest nicht ansteigendem Einsatz an nicht vermehrbaren oder nicht regenerierbaren Ressourcen sowie abnehmenden oder zumindest nicht zunehmenden Umweltbelastungen erzielt wird.» (Eidg. Volkswirtschaftsdepartment 1985: 15)*

Lebensqualität meint sowohl die Befriedigung der materiellen als auch der immateriellen Bedürfnisse[1] und umfasst daher über den wirtschaftlichen Wohlstand (ausgedrückt durch das BIP) hinaus weitere Elemente des subjektiven Wohlbefindens. Die Definition macht jedoch deutlich, dass mit Qualitativem Wachstum eine Stabilisierung der Umweltbelastung bzw. des Umweltverbrauchs (vgl. Abb. 2.1) und nicht eine Stabilisierung der Umweltqualität angestrebt wird. Diese kann sich trotz stabilisierter Belastung weiterhin verschlechtern. Stabilisierte Umweltqualität wäre bloss in jenen Fällen zu erwarten, wo die Belastungen von den natürlichen Regenerationskräften neutralisiert würden. Dies wäre reiner Zufall, denn die Konzeption des Qualitativen Wachstums, zumindest in ihrer ursprünglichen Form, äussert sich nicht explizit zum Niveau, auf dem die Belastungen zu stabilisieren sind. Das Stabilisierungsziel bezieht sich pragmatisch auf das jeweils aktuelle Belastungsniveau. Die oben zitierte Definition lässt ein gewisses Unbehagen gegenüber diesem pragmatischen Stabilisierungspostulat erkennen, das sich jeder ökologischen Reflexion enthält. So ist von «*geringeren* oder zumindest nicht ansteigenden» Beanspruchungen bzw. Belastungen die Rede. Die Unverbindlichkeit der Formulierung entwertet sie faktisch zu einem blossen Postulat der Emissionsstabilisierung.

1 Der Bedürfnisbegriff wird hier im umfassenden Sinne verstanden und umfasst das gesamte Spektrum von den Grundbedürfnissen bis zu den vielfältigen Ausprägungen weiterreichender Ansprüche bezüglich Wohlstand, Komfort, Sicherheit, Arbeitsbedingungen, soziale Beziehungen, lebenswerte natürliche Umwelt, Freiheit u.s.w.

Nachhaltige Entwicklung

Das prominenteste, aber auch anspruchsvollste Ziel im Rahmen der gegenwärtigen Diskussion ist die Nachhaltige Entwicklung, die auf dem globalen politischen Parkett erstmals 1992 im Rahmen der Umwelt- und Entwicklungskonferenz der Vereinten Nationen in Rio thematisiert wurde. In der allgemeinen Formulierung des Brundtland-Berichts wird sie wie folgt definiert:

> *«Dauerhafte[2] Entwicklung ist Entwicklung, die die Bedürfnisse der Gegenwart befriedigt, ohne zu riskieren, dass künftige Generationen ihre eigenen Bedürfnisse nicht befriedigen können» (Brundtland-Bericht 1987: 46).*

Das Hauptziel nachhaltiger Entwicklung ist die **Befriedigung menschlicher Bedürfnisse.** Insofern unterscheidet sich dieses Ziel nicht von den beiden oben diskutierten, auch diese rücken das menschliche Wohlbefinden ins Zentrum. Statt allerdings das wachsende BIP als Statthalter menschlichen Glücks zur Referenzgrösse zu erheben (beim Entkopplungsziel ausschliesslich, beim Qualitativen Wachstum ergänzt durch zaghafte ad-hoc-Rückgriffe auf den umfassenderen Begriff der Lebensqualität), nennt die Nachhaltige Entwicklung unmittelbar die Zielgrösse – die Befriedigung der menschlichen Bedürfnisse im umfassenden Sinne – und dehnt das Anrecht auf Bedürfnisbefriedigung auf zukünftige Generationen aus. Die Begriffsbestimmung des anvisierten menschlichen Glücks erfährt daher sowohl in sachlicher als auch in zeitlicher Hinsicht eine umfassendere Formulierung. Sachlich stellt das BIP nicht die adäquate (alleinige) Zielgrösse dar (dies ist eine Lehre aus der Sozialprodukt-Kritik der siebziger Jahre) und zeitlich hat Bedürfnisbefriedigung nicht nur für die gegenwärtige, sondern auch für die zukünftigen Generationen zu gelten.

Die Umweltbelastung lässt sich deshalb nicht a priori in einem bestimmten Verhältnis zum BIP festschreiben, wie dies beim Entkopplungsziel und beim Qualitativen Wachstum der Fall ist, sondern leitet sich von jener Qualität der natürlichen Lebensgrundlagen ab, die Voraussetzung für die angestrebte menschliche Bedürfnisbefriedigung über die Generationengrenze hinweg ist.

2 Für den Begriff «Sustainable Development» der englischen Originalausgabe des Brundtland-Berichts wählt die deutsche Ausgabe «Dauerhafte Entwicklung». In der Literatur hat sich in der Folge jedoch (in dogmenhistorisch korrekter Orientierung an seiner forstwirtschaftlichen Wurzel) der Begriff «Nachhaltige Entwicklung» durchgesetzt, den auch wir verwenden.

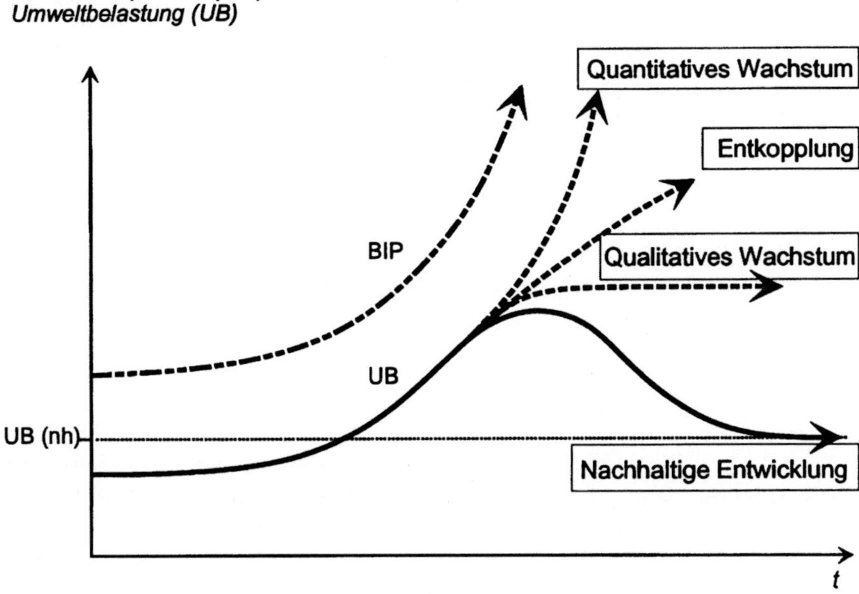

Abbildung 2.1
Grundsätzliche Pfade des Verhältnisses zwischen Wirtschaftswachstum und Umweltbelastung

Plädoyer für eine Nachhaltige Entwicklung

Die Wahl eines der drei Ziele als handlungs- und politikleitendes Grundziel verlangt nach einer diskursfähigen Form der Begründung. Folgende zwei Hauptargumente empfehlen unserer Auffassung nach, von der *Konzeption der nachhaltigen Entwicklung* auszugehen:

Gesellschaftspolitische Legitimation: Nachhaltige Entwicklung impliziert im Ziel der existenzsichernden Befriedigung der gegenwärtigen und zukünftigen Bedürfnisse die Gewährung der Menschenwürde. Es geht im Grunde darum, Idee und Wirkungsbereich der *Menschenrechte* zu bekräftigen und über die Lebenden hinaus *auf die zukünftigen Generationen auszuweiten*. Das Ziel der Nachhaltigen Entwicklung ist damit ein grundlegendes gesellschaftspolitisches Ziel – hierarchisch den Zielen gleichwertig, die den freiheitlich-demokratischen Rechtsstaat definieren. Es stellt eine Bekräftigung dieser staatstragenden Gedanken vor dem historischen Hintergrund der ökologischen Gefährdung dar.

Ökologische Fundierung: Aus ihrem historischen Entstehungszusammenhang heraus wird deutlich, dass sowohl das Entkopplungsziel als auch das Ziel des Qualitativen Wachstums primär *politisch-pragmatisch* motiviert sind. Sie haben keinen ökologieorientierten Gehalt, zumindest nicht in ihren originären Formulierungen. So fehlen dann auch jegliche Hinweise auf anzustrebende Zustände beziehungsweise Qualitäten der natürlichen Umwelt.

Zugespitzt formuliert könnte man sagen, dass im Rahmen des Entkopplungsziels und des Ziels des Qualitativen Wachstums Beiträge zu einer Stabilisierung oder gar Verbesserung der Umweltqualität bloss als zufällige positive Nebenprodukte hingenommen werden. Daraus wird ersichtlich, dass diese Konzeptionen die natürliche Umwelt im Grunde nicht als Voraussetzung des Lebens und des Wirtschaftens akzeptieren. Diesen Schritt vollzieht erst die Konzeption der Nachhaltigen Entwicklung. Indem sie die Frage der menschlichen Bedürfnisbefriedigung – und damit die ökonomische Frage schlechthin – mit der ökologischen Frage verbindet, wird es ihr möglich, Vorstellungen bezüglich jener anzustrebenden Umweltqualitäten zu entwickeln, die eine dauerhafte Bedürfnisbefriedigung zu gewährleisten versprechen. Wenn also in bezug auf konkrete Umweltbelastungen Entkopplung oder Stabilisierung ökologisch sinnvolle Zielformulierungen darstellen können, dann immer nur vor dem Hintergrund von Umweltqualitätszielen, wie sie im Hinblick auf das Oberziel der Nachhaltigen Entwicklung formuliert werden.

Ursprung der Idee der Nachhaltigen Entwicklung

Die Idee der Nachhaltigen Entwicklung ist ein relativ altes ökonomisches Konzept, das aus der Forstwirtschaft stammt. Als frühe Vorläufer der forstwirtschaftlichen Idee der Nachhaltigkeit gelten in Zentraleuropa spätmittelalterliche und frühneuzeitliche Bannbriefe. Sie bezweckten eine grundsätzlich auf Dauer angelegte Sicherung der Schutzwälder im Gebirge oder die Regulierung der verschiedenen Nutzungsinteressen im Rahmen der lokalen ländlichen Wirtschaft (Schuler 1992). Charakteristisch für diese frühen Anstrengungen um Nachhaltigkeit im Wald ist ihre enge räumliche Begrenzung auf jene Wälder, die den menschlichen Siedlungen unmittelbaren wirtschaftlichen Nutzen stiften (als Rohstofflieferant) oder Schutzfunktionen gewähren (Schutz vor Steinschlag und Lawinenniedergang). Nicht unter dem Schutz des Nachhaltigkeitspostulats standen dagegen Wälder, die im Zeichen des

«Holzhungers» der aufkommenden Bergwerke und frühindustriellen Anlagen oder für die Bedürfnisse der städtischen Wirtschaft ausgebeutet wurden, sofern sie nicht im engeren Bereich der Stadt oder der interessierten herrschaftlichen Einheit lagen. Zunehmender Holzmangel, der sich in der Schweiz im 18. Jahrhundert bemerkbar machte, sowie sich häufende Erosions- und Überschwemmungsprobleme im 19. Jahrhundert zwangen zu einer räumlichen Ausdehnung des Nachhaltigkeitsregimes. Dies schlug sich in der Schweiz nieder in der gesetzlichen Verankerung des Prinzips der nachhaltigen Nutzung zunächst für die Gebirgswälder (Art. 24 Bundesverfassung, 1874 / Forstpolizeigesetz 1876) und später für das gesamte Territorium der Schweiz (Änderung Art. 24 BV 1897 / Änderung des Forstpolizeigesetzes, 1902). Postuliert wird eine dauerhafte Erhaltung der Waldfläche zur Sicherung gleichbleibender Holzerträge in Menge und Qualität. Beispielhaft formulierte 1818 etwa der «Forstpionier» Karl Albrecht Kasthofer (Kasthofer 1818: 71), dass eine Nutzung des Waldes dann als nachhaltig bezeichnet werden könne,

«wenn nicht mehr jährlich darin Holz gefällt wird, als die Natur jährlich darin erzeugt, und auch nicht weniger.»

Diese Idee, die heute unter dem Begriff Nachhaltige Entwicklung eine späte Renaissance erlebt, vermochte lange Zeit nicht über den engeren forstwirtschaftlichen Bereich auszustrahlen. Im Gegenteil, sie verblasste in dem Ausmasse, als der Erfolg des neuzeitlichen Projekts des wirtschaftlichen Wachstums an Leuchtkraft zunahm und in der Gegenwart schliesslich im doppelten Versprechen der Moderne «Bürgerrechte und Wohlstand für alle» zum alles überstrahlenden gesellschaftspolitischen Leitstern avancierte. Die ökologischen Schattenseiten dieser Wachstumserfolge wurden erst in den siebziger Jahren dieses Jahrhunderts einer breiteren Öffentlichkeit bewusst. Konkreter Ausgangspunkt der heutigen Nachhaltigkeits-Diskussion war eine im Jahre 1981 veröffentlichte Studie des IUCN (International Union for the Conservation of Nature, seit 1990 World Conservation Union), die die Idee der Nachhaltigen Entwicklung vor dem Hintergrund der heutigen ökologischen Gefährdungen aufgegriffen hatte und ihren Wirkungskreis auf die natürlichen Ressourcen allgemein erweiterte (IUCN 1981). Es ist das Verdienst der Weltkommission für Umwelt und Entwicklung (Brundtland-Kommission), diese Idee aus der Isolation einer engeren Natur- und Umweltschutzdiskussion befreit und auf globaler Ebene zur Diskussion gestellt zu haben. Vorläufiger Höhepunkt in der «Karriere» der Nachhaltigen Entwicklung war die Umwelt- und Entwicklungskonferenz der Vereinigten Nationen in Rio (1992), wo die Nachhaltige Entwicklung als «Weltformel» der wirtschaftlichen Entwicklung etabliert wurde.

2.2 «Ökonomische Nachhaltigkeit» oder «Ökologische Nachhaltigkeit»?

Welches ist nun aber der erwünschte Zustand der *natürlichen Grundlagen*, die eine Bedürfnisbefriedigung für die gegenwärtige und die zukünftigen Generationen sichern? Ganz allgemein – und in die Sprache der Ökonomie übersetzt – gilt, dass die natürliche Umwelt sowohl als Produktionsfaktor als auch als ausserökonomisches Konsumgut langfristig quantitativ und qualitativ in geeigneter Form zur Verfügung steht. Die Konkretisierung dieser Forderungen ist allerdings keineswegs banal, sie greift auf die grundlegende und kontrovers beantwortete Frage nach dem Verhältnis zwischen Natur und Wirtschaft in der Ökonomie zurück. Bevor wir also zur Formulierung konkreter Nachhaltigkeitspostulate kommen, ist der Klarheit halber ein kleiner theoretischer Exkurs nötig.

Einen möglichen Ausgangspunkt bietet K.-G. Maler in seinem Artikel über «Sustainable Development» (1990). Sein Augenmerk gilt dem gesamten natürlichen und von Menschenhand geschaffenen Kapitalstock. Nachhaltigkeit ist nach ihm dann gegeben,

> *«wenn der* ***gesamte Kapitalstock*** *– Humankapital, physisch reproduzierbares Kapital, Ressourcen der belebten Umwelt, nichterneuerbare Ressourcen – über die Zeit hinweg nicht abnimmt.» (Maler 1990; Übersetzung und Hervorhebung von uns)*

Ein zweiter Ausgangspunkt zur Ableitung von Nachhaltigkeitspostulaten ist mit den Namen David W. Pearce und R. Kerry Turner verbunden. In ihrem Buch «Economics of Natural Resources and Environment» (1990) konzentrieren sie sich ausschliesslich auf das natürliche Kaptial, wenn sie formulieren:

> *«... Maximierung der Nettoerträge der ökonomischen Entwicklung, unter Voraussetzung der Aufrechterhaltung der Dienstleistungen und Qualitäten der* ***natürlichen Ressourcen*** *über die Zeit hinweg.» (Pearce/Turner 1990; Übersetzung und Hervorhebung von uns)*

Der zweiten Definition liegt eine grundlegend andere Vorstellung über das Zusammenwirken der verschiedenen Produktionsfaktoren (Kapitalgüter) zugrunde. Malers Definition lässt grundsätzlich *substitutive Beziehungen* zwischen dem natürlichen Kapital und dem produzierten Kapital zu – jedenfalls werden sie nicht ausgeschlossen. Nachhaltigkeit ist dann prinzipiell auch zu erreichen, wenn die zunehmend knapper werdenden natürlichen Ressourcen durch produziertes Kapital ersetzt werden. Dies wird von Pearce und Turner ausgeschlossen. Sie gehen von grundsätzlich *komplementären Beziehungen* zwischen Naturgütern und produzierten Kapitalgütern aus und fordern die Aufrechterhaltung der Dienste und Qualitäten natürlicher Ressourcen. In der Literatur wird die substitutionsgestützte Nachhaltigkeitsdefinition oft als *«ökonomische Nachhaltigkeit»* (oder auch «weak sustainability») bezeichnet, während die Definition, die komplementäre Beziehungen zwischen natürlichen und menschengemachten Produktionsfaktoren unterstellt, *«ökologische Nachhaltigkeit»* («strong sustainability») genannt wird (Daly 1991: 250 und Opschoor 1992: 27.).

Die wissenschaftliche Auseinandersetzung zwischen diesen beiden Extrempositionen wird hauptsächlich von vier Überlegungen geprägt. Sie seien kurz skizziert (vgl. Minsch 1993):

Kapital ersetzt nicht Natur, sondern ist aus ihr gemacht

Selbst wenn es im Rahmen einer geeigneten volkswirtschaftlichen Produktionsfunktion vorstellbar erscheint, die abnehmenden Naturressourcen durch einen entsprechenden Mehreinsatz an produzierten Kapitalgütern zu ersetzen (vgl. ausführlicher Minsch 1993), stellt sich die Frage, woher diese Kapitalgüter kommen. Falls sie wie Manna vom Himmel fielen (bzw. ohne Einsatz von Energie und Materie herstellbar wären), dann dürfte zu Recht von einer Substitutionalität zwischen Natur und produziertem Kapital ausgegangen werden. Dem ist jedoch nicht so. Produzierte Kapitalgüter sind als Resultat der Produktion auf natürliche Ressourcen angewiesen. Wohl kann von einer gewissen Substitutionalität zwischen den *natürlichen* Ressourcen ausgegangen werden, aber dies nur so lange, als Ersatzressourcen tatsächlich zur Verfügung stehen bzw. ökonomisch und ökologisch vertretbar gewonnen werden können.

Natur und produziertes Kapital haben unterschiedliche Funktionen im Produktionsprozess

Im Rahmen des ökonomischen Produktionsprozesses sind produzierte Kapitalgüter ausschliesslich Instrumente der Transformation von Rohstoffen in Produkte. Sie können als *Instrumentalursache* bezeichnet werden. Die Natur hingegen und die menschliche Arbeit sind als Bewegerin dieser Transformation *Wirkursache* (Energie), als Gegenstand der Transformation *Materialursache* (Materie) und schliesslich als Ort der Transformation *Raumursache* (Ort der Produktion und des Konsums). Zwar kann innerhalb der einzelnen Funktionen durchaus mit einer gewissen Substitutionalität der Produktionsfaktoren gerechnet werden, zum Beispiel beim Ersatz menschlicher Arbeit durch Maschinen (Energie). Es geht jedoch um das grundlegende Verhältnis zwischen der Wirk-, Material- und Raumursache der Natur einerseits und der Instrumentalursache des produzierten Kapitals andererseits. Obige Überlegungen legen nahe, prinzipiell eher von einem Verhältnis der **Komplementarität** auszugehen und nicht von einem der Substitutionalität. Instrumentalursache kann beispielsweise nicht Materialursache substituieren, «sonst könnten wir beispielsweise dasselbe Holzhaus mit nur der Hälfte Holz und dem Doppelten an Zimmerleuten und Sägen bauen.» (Daly 1991: 252; Übersetzung von uns). Selbst wenn also Kapitalgüter wie Manna vom Himmel fielen, wären sie keine wirklichen Substitute für die natürlichen Ressourcen.

Die Multifunktionalität natürlicher Systeme lässt sich nicht technisch reproduzieren

Naturgüter erfüllen neben ihren unmittelbaren ökonomischen Funktionen auch eine Vielzahl ökologischer Funktionen. Substitutionalität wäre prinzipiell nur dann gegeben, wenn das produzierte Kapital beziehungsweise die produzierten Güter dieser Multifunktionalität ebenfalls gerecht werden könnten. Aber die Nachbildung ökologischer Wirkungszusammenhänge durch technische Systeme stösst mit zunehmender Komplexität des zu ersetzenden ökologischen Systems an Grenzen. Dies leuchtet unmittelbar ein, wenn man sich zur Illustration in einem Gedankenexperiment technische Ersatzlösungen vorstellt für die ökologischen Funktionen beispielsweise der Luft, die man atmet, des Wassers, das man trinkt, des Tropenwaldes, der ozeanischen Habitate, der Feuchtgebiete, aber auch der Atmosphäre und ihrer spezifischen Fähigkeiten der Aufrechterhaltung bio-geo-chemischer Zyklen in der Umwelt. «Nur wenn es gelänge, alle diese Funktionen zu ersetzen, könnten wir die Idee einer Komplementarität zwischen menschengemachtem Kapital und Naturkapital aufrechterhalten.» (Pearce/Turner 1990: 49; Übersetzung von uns). Der Ersatz ökologischer Funktionen durch technische Problemlösungen kann deshalb nicht als Regel gelten, sondern höchstens als Ausnahme.

Die Natur ist ein unersetzbares ausserökonomisches Gut

Die Natur ist nicht nur Faktor der volkswirtschaftlichen Produktion im engeren Sinne, sondern vor allem auch als ausserökonomisches Gut zentrales Element einer umfassend verstandenen Lebensqualität. Die Substitution ausserökonomischer Wohlfahrtsdienste der Natur durch andere, ökonomische Wohlfahrtselemente ist unseres Erachtens als Grundannahme nicht haltbar. Bloss als Symptom nichtnachhaltigen Wirtschaftens und nicht als Lösungsansatz können wir zur Kenntnis nehmen, wenn beispielsweise in Japan das Unternehmen «Seagaia» in einem städtischen Agglomerationsraum als Kompensation für eine denaturierte Lebenswelt ein gigantisches Hallenbad anbietet, das einen Südseepalmenstrand nachmodelliert. Dasselbe gilt von jenen Phantasien, die man mit dem Begriff «Cyberspace-Sustainability» bezeichnen könnte. Der Begriff stammt von jener Technik, die auf der Basis räumlicher Videoprojektion Kunstwelten generiert.

«Cyberspace-Sustainability» ist keine Lösung!

«Cyberspace-Sustainability» ist eine interessante Extremform der weak sustainability. Mit Daly (1991:251) könnte man auch von «very weak sustainability» sprechen. Denn ihr liegt im Grunde eine zweifache Substitutions-Annahme zugrunde: Zum einen die bereits bekannte produktionstechnische Substitution zwischen Produktionsfaktoren, zum anderen jedoch auch eine Substitution auf der Bedürfnisebene der Menschen. Es geht nicht mehr allein um die Herstellung des selben Gutes mit anderen Produktionsfaktoren, sondern darüber hinaus ändert sich der Charakter des Gutes selbst grundlegend. «Cyberspace-Sustainability» rechnet also erstens mit einer reibungslosen Substitution im Produktionsbereich – dies ist, wie dargestellt, in dieser Verallgemeinerung nicht zulässig – und zweitens mit einer entsprechenden Anpassung der Bedürfnisstruktur der Menschen. Trotz erstaunlicher Anpassungs- beziehungsweise Entwicklungsfähigkeit, vor allem über historische Zeiträume hinweg, darf auch diese so nicht vorausgesetzt werden. Aus der Tatsache, dass sich der Mensch im Rahmen des kulturellen Evolutionsprozesses vermehrt Cyberspace-Erlebnisräume erschliessen wird, folgt nicht, dass die natürlichen Grundlagen des Lebens und des Wirtschaftens an Bedeutung verlieren, deshalb zerstört und durch Cyberspace-Räume ersetzt werden dürfen. Denn erstens sprechen gute Gründe dafür, dass die zunehmende Nachfrage nach Cyberspace-Erlebnissen nicht (oder nur zum Teil) Resultat souveräner Konsumentscheide ist, sondern Ausdruck eines durch Denaturierung der natürlichen Lebenswelt erzwungenen Kompensationsverhaltens. Cyberspace wäre dann nicht freier Lebensentwurf des freien Individuums, sondern durch kollektive ökologische Selbstschädigung erzwungener Defensivkonsum! Zweitens: Den zukünftigen Generationen die Möglichkeiten geben, ihre Bedürfnisse zu befriedigen, wie es als Fundamentalsatz der Nachhaltigen Entwicklung zugrundeliegt, heisst, ihnen die Chance zur möglichst freien Realisierung ihrer Lebensentwürfe zu bieten. Ihre Gestaltungsfreiheit darf deshalb nicht auf Cyberspace-Zukünfte festgelegt werden!

Aus diesen Überlegungen folgt: Ökonomische Nachhaltigkeit im Sinne der weak sustainability oder Phantasien einer «Cyberspace-Nachhaltigkeit» setzen voraus, was höchstens als begründungsbedürftige Ausnahme Geltung beanspruchen kann und deshalb nicht Kern des Nachhaltigkeitsbegriffes sein darf: die prinzipielle Substitutionalität von Natur-Kapital und produziertem Kapital. Auszugehen ist unseres Erachtens von einer primär auf *Komplementarität* bauenden Nachhaltigkeit im Sinne der ökologischen Nachhaltigkeit (strong sustainability), die Substitution nur in begründeten Ausnahmefällen zulässt. Wegleitend soll sein:

Nachhaltige Entwicklung als Bekräftigung der Grundwerte des freiheitlich-demokratischen Rechtsstaates verlangt die Schaffung und Aufrechterhaltung möglichst vieler Optionen einer freien Realisierung der Lebensentwürfe der gegenwärtigen und zukünftigen Generationen. Dies bedingt den **umfassenden Schutz der natürlichen Lebens- und Wirtschaftsgrundlagen in all ihren Vielfältigkeiten.**

2.3 Kernpostulate der Nachhaltigkeit

Es gilt nun, das Ziel der Nachhaltigen Entwicklung im Sinne der bisherigen, allgemeinen Erwägungen zu konkretisieren. In einem ersten Schritt werden deshalb sieben handlungs- und politikleitende Postulate formuliert, die im Zeichen der Ökologischen Nachhaltigkeit stehen. Auf dieser Basis wird es möglich, für die verschiedenen Handlungsebenen konkretere Zielvorstellungen zu entwickeln.

1. Postulat: Gesundhaltung der Biosysteme, Erhaltung der biologischen Vielfalt und Rücksichtnahme auf die Grundprinzipien der natürlichen Evolution

Konkretisierung einer allgemeinen Idee – hier der Idee der Nachhaltigen Entwicklung – heisst notwendigerweise immer auch analytische Untergliederung, gedankliche Segmentierung. Allerdings darf es nicht passieren, dass die Idee der Nachhaltigen Entwicklung nur noch als Summe verschiedener Elemente (Postulate) erscheint, die jedes für sich isoliert gedacht werden kann. Man verlöre ihr Wirkungsgefüge aus den Augen. Das erste Postulat thematisiert deshalb die Natur umfassend. Als grundlegender Orientierungspunkt des menschlichen Handelns wird die Idee der Gesundheit, konkreter: die Gesunderhaltung der Biosysteme postuliert. Diese Idee steht als Dach über sämtlichen weiteren Postulaten.

Menschliches Leben in Gesundheit und nachhaltige Nutzung der Naturgüter setzt gesunde Biosysteme voraus. Ihre ökologischen Funktionszusammenhänge sind äusserst komplex und es ist unmöglich, innert nützlicher Frist exaktes Wissen darüber zu erwerben, welche Rolle in welchem Umfange die verschiedenen Arten des Lebens spielen. Daraus leitet sich die Forderung nach weitgehender Erhaltung der biologischen Vielfalt im dreifachen Sinne ab, nämlich der Ökosystemvielfalt, der Artenvielfalt und der genetischen Vielfalt. Gesundhaltung der Biosysteme verlangt ausserdem Rücksicht auf die fundamentalen Charakteristika des natürlichen Evolutionsprozesses, insbesondere der relativen Langsamkeit von Veränderungen (Kafka 1989; Enquete-Kommission 1994). Dies heisst insbesondere, Eingriffe in die Natur (z.B. Treibhausgasemissionen) so zu gestalten, dass sich die natürlichen Systeme auf Veränderungen (beispielsweise Klimaänderungen) in einer Art anpassen können, so dass die biologische Vielfalt gewährleistet bleibt.

> Nachhaltige Entwicklung verlangt die Gesunderhaltung der Biosysteme. Dies heisst insbesondere: Erhaltung der biologischen Vielfalt und Rücksichtnahme auf die Grundprinzipien der natürlichen Evolution (Langsamkeit).

2. Postulat: Gestaltung und Erhaltung einer lebenswerten, menschenwürdigen Natur- und Kulturlandschaft

Das 1. Postulat ist primär ökosystemisch funktional geprägt. Das heisst, die Bedeutung der Natur ergibt sich aus ihren vielfältigen Funktionen für den Menschen in seiner Eigenschaft als biologisches System, der unmittelbar und in bezug auf sein Wirtschaften auf gesunde Biosysteme angewiesen ist. Der Mensch ist nun allerdings auch ein Geisteswesen, das an die Natur Ansprüche stellt, die über das rein Biologisch-funktionale hinausgehen. Dem hat eine Strategie der Nachhaltigkeit ebenfalls Rechnung zu tragen. In ganz allgemeiner Formulierung sei deshalb gefordert:

> Die Gestaltung des natürlichen Lebensraumes des Menschen muss sich von der Idee der Menschenrechte leiten lassen. Die Würde des Menschen verlangt eine lebenswerte Natur- und Kulturlandschaft.

3. Postulat: Schutz erneuerbarer Ressourcen

Den auf Ganzheitlichkeit ausgerichteten ersten beiden Postulaten werden fünf konkretisierende ergänzend zur Seite gestellt, die die Natur aus der Sicht des unmittelbaren ökonomischen Verwertungsinteresses thematisieren. Postulat 3 fordert:

> Die Inanspruchnahme der erneuerbaren Ressourcen (wie zum Beispiel Wald, landwirtschaftlich genutzter Boden und Fischbestände) ist so zu gestalten, dass die Nutzungsrate die natürliche Regenerationsrate nicht übersteigt.

Dieses Verbot des Raubbaus leitet sich unmittelbar aus dem historischen Vorbild des forstwirtschaftlichen Nachhaltigkeitspostulats ab und bezweckt eine dauerhafte Nutzbarkeit der erneuerbaren Ressourcen, genauer: der einzelnen, konkreten, erneuerbaren Ressource. Der Begriff der Nachhaltigkeit wird damit ausdrücklich mit der Idee des Guts- oder Substanzschutzes gekoppelt. Nachhaltigkeit meint dauerhafte Nutzung der konkreten Ressource und nicht einen (denkbaren) dauerhaften Raubbau, der durch fortlaufende Substitutionsprozesse alimentiert wird.

4. Postulat: Sparsamer Umgang mit nichterneuerbaren Ressourcen

Zur Nutzung nichterneuerbarer Ressourcen kann das Konzept der Nachhaltigen Entwicklung zunächst einmal wenig aussagen, da der am ökologischen Substanzerhalt orientierte Begriff der Nachhaltigkeit in bezug zu diesen keinen Sinn ergibt. Nichterneuerbare Ressourcen lassen sich insofern nicht nachhaltig nutzen, als ihr Abbau und Einsatz in wirtschaftlichen Prozessen immer zur Erschöpfung der Vorräte führt und ausserdem mit irreversiblen Veränderungen in der Umwelt verbunden sein kann. Zu denken ist primär an das Entstehen von synthetischen Substanzen und Schadstoffen, die in den ökologischen Kreisläufen nicht vorhanden sind, aber auch an die Verteilung von natürlichen Lagern im Zuge des wirtschaftlichen Produktions- und Konsumprozesses (zum Beispiel Metalle wie Aluminium) in alle Systeme («Verdünnung»), was eine Recyclierung verunmöglicht. Jedoch gerade bei der Nutzung der nicht erneuerbaren Ressourcen hat eine Ökologisierung der Wirtschaft anzusetzen, da industrialisierte Wirtschaftssysteme heute grösstenteils mit diesen Ressourcen arbeiten. Erneuerbare Ressourcen spielen hingegen für die Dynamik dieser Wirtschaftssysteme nur eine untergeordnete Rolle.

Soll nicht die unrealistische Radikalforderung aufgestellt werden, dass nichterneuerbare Ressourcen im Rahmen einer Nachhaltigen Entwicklung überhaupt nicht genutzt werden dürfen, so muss das Nachhaltigkeitskonzept entsprechend ausgebaut werden. Konkret geht es darum, die strikte Kopplung des Begriffes der Nachhaltigkeit an die Idee des ökologischen Substanzschutzes partiell zu lockern. In diesem Sinne fordert das 4. Postulat:

Die Nutzung nichterneuerbarer Ressourcen sollte nur in dem Ausmasse zugelassen werden, als es gelingt, die gesamtwirtschaftliche Ressourcenproduktivität (bezogen auf ein Land) in einem solchen

Ausmass zu erhöhen (beziehungsweise die Ressourcenintensität zu senken), dass es – trotz allfälligen Wirtschaftswachstums – zu einem absoluten Rückgang des Verbrauchs an nichtregenerierbaren Ressourcen kommt **und** die anderen Postulate der Nachhaltigen Entwicklung erfüllt werden.

Drei Strategien zur Reduktion des Verbrauchs nichterneuerbarer Ressourcen stehen im Vordergrund:

A Erhöhung der gesamtwirtschaftlichen Ressourcenproduktivität durch Strategien der Sparsamkeit und der Orientierung am Lebensnotwendigen durch Ausbildung weniger ressourcenintensiver Lebens- und Konsumstile (Jochimsen/Knobloch 1994: 6 ff.).

B Erhöhung der gesamtwirtschaftlichen Ressourcenproduktivität durch technische und organisatorische Optimierungen, so dass es allmählich zu einer absoluten Abnahme des Verbrauchs an nicht erneuerbaren Ressourcen kommt. Diese Variante führt direkt zur Forderung nach einer Entkopplung des Wirtschaftswachstums vom Ressourcenverbrauch bzw. zur Forderung nach qualitativem Wachstum.

C Substitution der nichterneuerbaren Ressourcen durch erneuerbare Ressourcen in dem Ausmass – und nur in dem Ausmass –, als die anderen Nachhaltigkeitspostulate nicht verletzt werden, d.h. insbesondere als die Nachhaltigkeit der erneuerbaren Ressourcen, die Absorptionsfähigkeit der Ökosysteme sowie die Erhaltung einer lebenswerten Kulturlandschaft nicht in Frage gestellt werden.

Bei Berücksichtigung dieser Bedingung wird klar, dass das Hauptgewicht eindeutig auf die Varianten A und B gelegt werden muss. Läge es hingegen auf Variante C, dann müsste in solchem Umfange auf erneuerbare Ressourcen zurückgegriffen werden, dass krasse Übernutzungen und irreversible Zerstörungen von Ökosystemen unausweichlich wären. Erneuerbare Ressourcen spielen heute für das Wachstum der Volkswirtschaften der industrialisierten Länder eine untergeordnete Rolle, und ihre (nachhaltige Nutzung) lässt sich in absehbarer Zeit nur in begrenztem Umfang erhöhen. In den Entwicklungsländern, wo erneuerbare Ressourcen zum Teil noch eine wesentliche Energie- und Rohstoffquelle darstellen, ist deren Übernutzung sogar (unmittelbar) hauptverantwortlich für die dortigen Umweltprobleme (vgl. zum Beispiel die Abholzung der tropischen Regenwälder). Grundsätzlich gilt also, dass sich nichterneuerbare Ressourcen beim heutigen Stand der Technik nur sehr partiell so substituieren lassen, dass daraus eine integral nachhaltige Nutzung resultiert.

Die Betonung des Absenkens des absoluten Verbrauchs leitet sich erstens aus den Nutzungsansprüchen künftiger Generationen ab und ist zweitens deshalb besonders wichtig, weil sich Beeinträchtigungen des Ökosystems immer auf einen bestimmten ökologischen Raum beziehen, der bei Wirtschaftswachstum nicht mitwächst. Das lässt sich deutlich erkennen, wenn wir das Postulat der Entkopplung von wirtschaftlicher Entwicklung und Verbrauch an nichtregenerierbaren Ressourcen mit dem zweiten und sechsten Ziel der Nachhaltigen Entwicklung in Verbindung bringen, die die Absorptionsfähigkeit von Oekosystemen bzw. die ökologischen Risiken betreffen. Die Verwendung von nichterneuerbaren Ressourcen als Inputs für Wirtschaftsprozesse ist durchwegs mit Outputs an die Umwelt verbunden, die in den natürlichen Kreisläufen nicht mehr abgebaut werden können (Luftschadstoffe) oder zur Entstehung von ökologischen Risiken führen (radioaktive Abfälle). Die ökologischen Auswirkungen machen sich dabei zunehmend als globale Gefährdungen bemerkbar und betreffen in steigendem Ausmass den gesamten ökologischen Raum der Erde. Wesentlich sind absolute Abnahmen der Verbrauchs- bzw. Emissionsmengen und nicht nur relative Verbesserungen in Bezug auf das BIP. Solange Erhöhungen der Ressourcenproduktivität durch zusätzliches Wachstum wieder kompensiert werden, führt dies insgesamt zu einer weiteren Verschlechterung der Umweltbedingungen.

5. Postulat: Beachtung der Absorptionsfähigkeit der Ökosysteme

Die Natur ist nicht nur Lieferantin von Rohstoffen, sondern auch Auffangmedium für Abfälle und Emissionen. Dieser Problemkreis ist Gegenstand des 5. Postulats:

> Bei der Belastung der Umwelt durch Abfälle und Emissionen ist sicherzustellen, dass die Verschmutzungsrate gleich hoch oder unter der Absorptionsrate der Umwelt liegt.

Diese Bedingung verhindert das Entstehen von zeitlichen Schadstoff- bzw. Abfallkonzentrationen, die die Absorptionsfähigkeit des Ökosystems überbeanspruchen. Akkumulierende Schadstoffemissionen sind nicht vereinbar mit diesem Postulat. Schadstoffe dürfen nur in dem

Mass erzeugt werden, als sie nicht zu Zerstörungen von ökologischen Kreisläufen führen. Mit dem Niveau der heutigen CO_2-Emissionen wird dieses Postulat beispielsweise verletzt. Zwar bauen die Ökosysteme (teilweise) in der Atmosphäre vorhandenes CO_2 ab, diese natürliche Absorptionskapazität wird durch die Nutzung fossiler Brennstoffe im heutigen Umfange jedoch überfordert, was die unter dem Stichwort Treibhauseffekt diskutierten negativen klimatischen Auswirkungen zur Folge hat.

Anstatt nun durch Vermeidung die Emissionen auf ein nachhaltiges Mass zu reduzieren, wird oft vorgeschlagen, sie durch entsprechende Entsorgungstechniken nachträglich aus den Ökosystemen zu entfernen. So diskutiert man etwa im Zusammenhang mit der CO_2-Problematik das Ausfrieren des bei Verbrennungsvorgängen in Kraftwerken entstehenden CO_2 mit anschliessender Lagerung als Trockeneis in Kavernen oder in der Tiefsee (Seifritz 1993). Dafür sind aber grosse Energiemengen notwendig, was die Entsorgung mit den anderen Zielen der Nachhaltigen Entwicklung in Konflikt bringt.

Eine Strategie, die eine Entsorgung im grossen Massstabe als Lösung der Emissions- und Abfallprobleme betrachtet, kann deshalb generell nicht Bestandteil einer Nachhaltigen Entwicklung sein.

6. Postulat: Verhinderung neuer und Reduktion bestehender Gross-Risikopotentiale

Die ökologischen Risiken, die mit dem Einsatz neuer Techniken verbunden sind, können die dauerhafte Stabilität ökologischer Systeme gefährden. Gemeint sind Risiken von Techniken und Verfahren, bei denen Stoffe mit neuen physikalischen (zum Beispiel Atomenergie) oder chemischen Eigenschaften entstehen oder neue biologische Organismen (Gentechnik) hervorgebracht werden.

Prinzipiell ist zu fordern, dass ökologische Risiken auf ihre Verträglichkeit mit den anderen Nachhaltigkeitsprinzipien zu überprüfen und gegebenenfalls zu reduzieren oder gänzlich auszuschalten sind. Die ökologische Problematik dieser Risiken hängt dabei nicht primär von ihrer Eintrittswahrscheinlichkeit ab, sondern vor allem von der absoluten Grösse des Schadens- beziehungsweise Störpotentials (H.C. Binswanger 1990: 257 ff.). Strategien der nachträglichen Reduktion der Eintrittswahrscheinlichkeit bei konstantem Gefährdungspotential sind generell keine Lösung im Dienste der Nachhaltigkeit. Im Lichte des traditionellen versicherungstechnischen Risikobegriffs erscheinen zwar Strategien der Reduktion der Eintrittswahrscheinlichkeit gleichwertig mit Strategien der Reduktion der absoluten Grösse des Gefährdungspotentials.[3] Dieser Risikobegriff wurde aber zur versicherungstechnischen Abwicklung relativ kleiner und vergleichsweise häufiger Schadensereignisse konzipiert, nicht jedoch für Grossrisiken, wo er nicht zur Anwendung gelangt. Die Versicherungswirtschaft selbst demonstriert dies eindrücklich, indem sie Grossgefährdungen auch bei kleinsten Eintrittswahrscheinlichkeiten nicht oder nur bis zu gesetzlich festgelegte Obergrenzen versichert (zum Beispiel im Bereich der Atomenergie).

Die Nachhaltigkeit von Gefährdungspotentialen leitet sich deshalb zuallererst von einem Vergleich ihrer absoluten Grösse mit den (oben erwähnten und im folgenden noch vorzustellenden) Nachhaltigkeitserfordernissen ab. Daraus folgt als sechstes Postulat:

> Grossrisiken, deren ökologische Folgen im Störfall die anderen Nachhaltigkeitspostulate verletzen oder die gar nicht abschätzbar sind, sollten gänzlich vermieden werden.

Die Ansichten über Risiken, deren Wahrnehmung und Bewertung (Akzeptanz) gehen relativ weit auseinander. So besteht denn auch in der umweltpolitischen Praxis bezüglich des sechsten Postulats noch kein Konsens. Immerhin fällt auf, dass einerseits die Sensibilität gegenüber ökologischen Grossrisiken wächst, was sich in einer erhöhten gesellschaftlichen Risiko-Aversion niederschlägt. Andererseits werden Grossrisiken, die bislang meist isoliert als Einzelereignisse diskutiert wurden, vermehrt in den Zusammenhang mit dem Generalziel der Nachhaltigen Entwicklung gestellt.

7. Postulat: Verbot der Problemverschiebung

Die einzelnen Postulate der Nachhaltigen Entwicklung sind ebenso voneinander abhängig, wie die Elemente eines Ökosystems. Die Art und Weise, wie ein Postulat erfüllt wird, beeinflusst in aller Regel auch den Erfüllungsgrad der anderen Postulate. Der hohe Abstraktionsgrad, in dem die Postulate formuliert wurden, erlaubt es allerdings nicht, ihr Verhältnis untereinander im Detail festzulegen. Ob wir es mit widersprüchlichen, neutralen oder gar harmonischen Beziehungen zu tun haben, kann erst abgeschätzt werden, wenn konkrete Vorstellungen

---

3 Risiko R wird definiert als Produkt von absoluter Grösse des Schadensereignisses S multipliziert mit seiner Eintrittswahrscheinlichkeit w. Der Ausdruck R = S x w lässt sich reduzieren durch entsprechende Reduktion eines oder beider Faktoren S und w.

über Investitionen, über die Art und Weise der Produktion, der Distribution und der Konsumption, über strukturelle Verschiebungen innerhalb und zwischen den Branchen, kurz über die praktizierte bzw. beabsichtigte Art des Wirtschafts- und Lebensstils bestehen. Unter Gesichtspunkten der Nachhaltigen Entwicklung muss unser besonderes Augenmerk jedoch den widersprüchlichen Beziehungen zwischen den Postulaten gehören. Als siebtes Postulat wird deshalb formuliert:

> Es muss sichergestellt werden, dass prinzipiell kein Nachhaltigkeitspostulat zulasten eines anderen realisiert wird. Postuliert wird ein grundsätzliches **«Verbot der Problemverschiebung»**. Realistischerweise muss jedoch davon ausgegangen werden, dass diese Regelung nicht in jedem Falle strikt eingehalten werden kann. Begründungspflichtige Ausnahmen sollten dann – und nur dann – zugelassen werden, wenn Verschlechterungen im einen Bereich durch Verbesserungen im anderen Bereich ökologisch gesamthaft überkompensiert werden. Dies muss im Rahmen eines adäquaten ökologischen Bilanzierungssystems dargetan werden können.

3 Wirtschaftlicher Strukturwandel – eine ökologische Enttäuschung

Zusammenfassung

Bringt uns der derzeit stattfindende ökonomische Strukturwandel den Postulaten einer Nachhaltigen Entwicklung näher? Zwar lässt sich in der Schweiz wie in anderen industrialisierten Volkswirtschaften ein Trend in Richtung Dienstleistungsgesellschaft erkennen, die Hoffnung auf eine mit diesem Strukturwandel verbundene ökologische Entlastung erfüllt sich jedoch aus zwei Gründen nicht: (1) Am Energieverbrauch des Industriesektors lässt sich exemplarisch zeigen, dass Wachstumseffekte die Erfolge durch Einsparung und strukturelle Verschiebungen überkompensieren. (2) Zudem ist der Dienstleistungssektor nicht so ökologisch, wie es auf den ersten Blick scheint. Bei Einbeziehung der Vorleistungen aus dem Industriesektor und insbesondere unter Berücksichtigung der induzierten Transporte liegen seine ökologischen Belastungen in ähnlicher Höhe wie beim Industriesektor.

3.1 Die wirtschaftliche Struktur im Wandel

Der Trend zur Dienstleistungsgesellschaft

Moderne Industriegesellschaften werden von Entwicklungen beherrscht, die mit Schlagworten wie Dienstleistungswirtschaft, Informationswirtschaft oder High-Tech-Wirtschaft umschrieben werden. Im Übergang zu einer postindustriellen Informationsgesellschaft nehmen die Beschäftigten im Dienstleistungssektor zu, während gleichzeitig die Zahl der Beschäftigten im Industriesektor zurückgeht. Schon vor rund fünfzig Jahren sagte der französische Soziologe Jean Fourastié diesen Wandel voraus (Fourastié 1954, Erstausgabe 1949). Wie die Statistik ausweist, hat tatsächlich eine Verschiebung zwischen den Sektoren stattgefunden, wenn auch nicht in dem Ausmass, wie Fourastié dies vermutete. Dies gilt sowohl für die Zahl der Beschäftigten als auch für die

Entwicklung der Wertschöpfung der Sektoren (Produktionswert minus Vorleistungen) – auch in der Schweiz: Einer Marginalisierung der in der Landwirtschaft Beschäftigten steht eine Vervielfachung der Zahl der Beschäftigten im Dienstleistungssektor und ein bescheidenes Wachstum (mit rückläufiger Tendenz) der in der Industrie Beschäftigten gegenüber (Abb. 3.1). Die Wertschöpfung veränderte sich zwischen 1960 und 1992 in gleicher Richtung. So nahm der Anteil der durch Dienstleistungen erbrachten Wertschöpfung von 53.3 auf 66.1 Prozent zu, derjenige der Landwirtschaft von 5.4 auf 2.8 Prozent und der Anteil der Industrie von 41.3 Prozent auf 31.1 Prozent ab (BFS 1995: 134). Ein ähnliches Bild zeigt sich in anderen Industrieländern.

Der Trend in Richtung Dienstleistungs- bzw. in eine Informationsgesellschaft wirkt sich auch in den einzelnen Unternehmungen aus. So nehmen Informationsverarbeitung und -technologie in den einzelnen Unternehmen einen immer höheren Stellenwert ein. Dies hat zur Folge, dass auch innerhalb der Industrie die Dienstleistungsaktivitäten zunehmen.

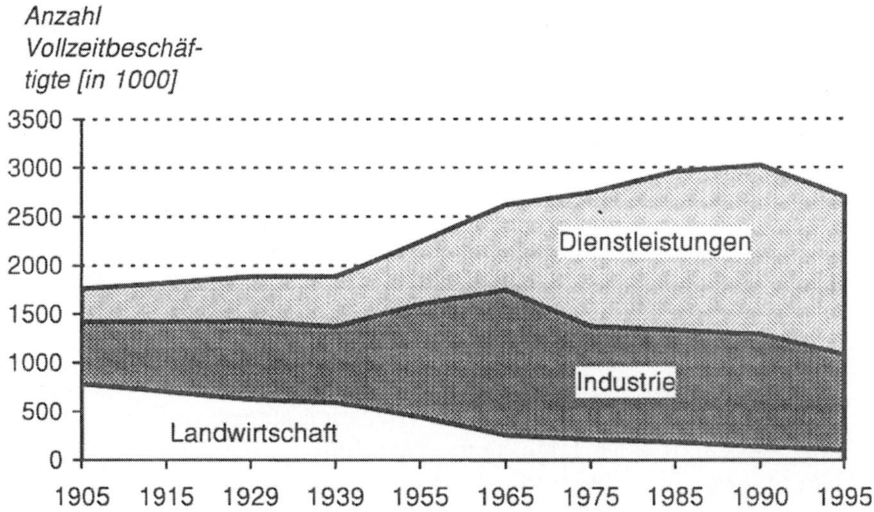

Abbildung 3.1
Entwicklung der Anzahl in der Schweiz vollzeitlich Beschäftigter nach den drei Wirtschaftssektoren zwischen 1905 und 1995 (Bundesamt für Statistik: Beschäftigungsstatistik).

Strukturwandel als gesellschaftlicher Hoffnungsträger

Mit dem wirtschaftlichen Strukturwandel wurden immer auch Hoffnungen verbunden. Fourastié formulierte im Hinblick auf einen abnehmendem Industriesektor: «So verlässt der Mensch nach und nach die knechtischen Tätigkeiten zugunsten geistiger Aufgaben» (Fourastié 1954: 250). Zwanzig Jahre später beschrieb der Soziologe Daniel Bell den Strukturwandel von der Industrie- zur Dienstleistungsgesellschaft. Diese sich herausbildende «Nachindustrielle Gesellschaft» charakterisiert er als «Spiel zwischen Personen», bei dem Information wichtiger wird als Energie, und beschreibt den Unterschied zur Industriegesellschaft wie folgt (Bell 1975: 134):

Gesellschaftliche Hoffnungen
«Bemisst sich der Lebensstandard der Industriegesellschaft nach der Quantität der Güter, so bemisst sich die Lebensqualität der nachindustriellen Gesellschaft nach den Dienstleistungen und Annehmlichkeiten – Gesundheits- und Bildungswesen, Erholung und Künste – die nun jedem wünschenswert und erreichbar scheinen.»

Diese Vordenker des wirtschaftlichen Strukturwandels erhofften sich von der Entwicklung nicht nur eine verbesserte Qualität der Arbeitsplätze, sondern auch Optimierung im Umwelt- und Ressourceneinsatz. Folgende Aussagen fassen die ökologischen Hoffnungen zusammen (M. Binswanger 1994: 5, der sich auf Jänicke, Lutz, Bugliarello, und Hawken bezieht):

Ökologische Hoffnungen
1. Substitution von natürlichen Ressourcen durch Wissen, was zu einem geringeren Ressourcenverbrauch führt.
2. Übergang von einer Überflussgesellschaft («affluent society») zu einer neuen genügsamen Gesellschaft («influent society»), die nach dem Prinzip «doing more with less» funktioniert.
3. Wiederanpassung der ökonomischen Prozesse an die ökologischen Kreisläufe durch Entwicklung in Richtung «Sustainable Development».

Die ökologischen Hoffnungen scheinen zumindest theoretisch begründet: Verlieren ressourcenintensive Branchen zugunsten weniger ressourcenintensiver Dienstleistungen an Bedeutung, so sollte auch gesamthaft der Ressourcenverbrauch zurückgehen. Dies gilt allerdings nur, wenn Dienstleistungen tatsächlich weniger Ressourcen verbrauchen als die industrielle Produktion, bei gleicher Wertschöpfung bzw. Arbeitsleistung.

Dass tatsächlich ein Potential für einen ökologisch wirksamen Strukturwandel vorhanden ist, zeigt der Vergleich der Energieintensität (Energieeinsatz pro Wertschöpfungseinheit) in verschiedenen Branchen. In Abb. 3.2 wird an der Höhe der Säulen deutlich, dass die Branchen des Dienstleistungssektors in der Regel eine deutlich tiefere Energieintensität aufweisen als diejenigen des Industriesektors. Eine gewichtige Ausnahme bildet allerdings die den Dienstleistungen zugerechnete Transportbranche. Die Energieintensität des gesamten Dienstleistungssektors ist rund drei mal geringer als diejenige des Industriesektors (Erdmann 1994: 245, ohne Verkehrsbranche). Im Vergleich zur ausländischen Struktur ist diese Differenz in der Schweiz jedoch eher gering, weil bei uns keine Unternehmen der besonders energieintensiven Schwerindustrie angesiedelt sind.

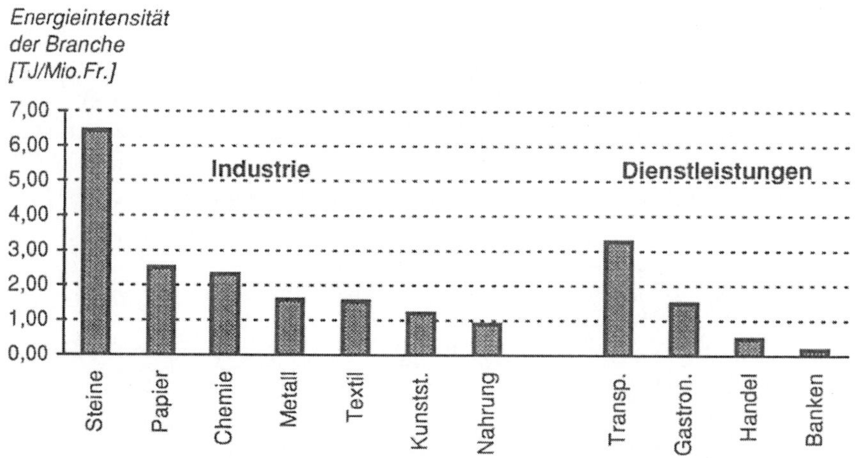

Abbildung 3.2
Energieintensitäten verschiedener Branchen des Dienstleistungs- und Industriesektors in der Schweiz 1991 (Eigene Berechungen nach Daten von BFS, Volkswirtschaftliche Gesamtrechnung; Gesamtenergiestatistik 1992; Aebischer/Spreng/ Schwarz 1994)

3.2 Veränderungen verschiedener Umwelt-Indikatoren in der Schweiz

Es ist nun zu untersuchen, ob tatsächlich ein Wandel in Richtung ökologischer Entlastung stattfindet, unter Berücksichtigung der Wirkungen der Umweltpolitik. Konkret werden die Veränderungen der (menschlichen) Nutzung von Umweltgütern (Inputs) sowie der dabei resultierenden Abfälle und Emissionen (Outputs) anhand verschiedener Indikatoren für die Schweiz dargestellt. Wir verzichten mit Ausnahme des Indikators «Energieverbrauch» und einzelner erklärungsbedürftiger Indikatoren auf eine detaillierte Kommentierung der einzelnen Ergebnisse (vgl. hierzu M. Binswanger 1993) und konzentrieren uns darauf, die langfristigen Wachstumsraten (1970-1994) und die aktuellsten Entwicklungen (1989 bis 1993 bzw. 1994) exemplarisch darzustellen. Als Vergleichsgrösse wird das reale Bruttoinlandprodukt (BIP) beigezogen, das sich zwischen 1970 und 1994 mit einer jährlichen Wachstumsrate von 1.4 Prozent und zwischen 1989 und 1994 mit 0.5 Prozent vergrösserte. Es werden folgende Indikatoren behandelt:

Output-Indikatoren
- Luftschadstoffe
- Gewässerbelastungen
- Abfälle

Input-Indikatoren
- Energieverbrauch
- Material-/ Grundstoffverbrauch
- Wasserverbrauch (sauberes Wasser)
- Bodennutzung (Fläche)

Zusätzliche Indikatoren
- Verkehrsentwicklung
- Grossrisiken

Die ausgewählten Indikatoren repräsentieren wichtige Umweltbeziehungen, sie sind jedoch nicht vollständig. Es fehlen in dieser Untersuchung quantifizierbare Daten zum Landschaftsverbrauch, Daten zur Bodenqualität sowie zur Entwicklung der Lärmemissionen. Auch über die Artenvielfalt bzw. den Gesundheitszustand der Biosysteme existieren keine Veränderungsraten über kurzfristige Zeiträume.

Für eine erste Interpretation der dargestellten Belastungszunahmen (Wachstumsraten) im Hinblick auf das Ziel der Nachhaltigen Entwicklung gehen wir von folgenden Annahmen aus:

1. *Wachstumsraten* im Bereich der einzelnen Indikatoren (das heisst Verbrauchszunahmen oder Belastungszunahmen), die grösser sind als Null, können *nicht* zu einer Nachhaltigen Entwicklung führen. Selbst wenn im Sinne der Postulate der Nachhaltigen Entwicklung die zulässigen Nutzungsgrenzen noch nicht erreicht sind, sind sie dauerhaft nicht aufrechtzuerhalten.

2. *Nullwachstum*, das heisst eine Stabilisierung des Umweltverbrauchs im Sinne des qualitativen Wachstums, *kann* Nachhaltige Entwicklung bedeuten, dann, wenn das Niveau, auf dem die Stabilisierung stattfindet, den Nachhaltigkeitspostulaten entspricht (beispielsweise wenn eine erneuerbare Ressource im Rahmen der Regenerationsfähigkeit genutzt wird oder wenn Emissionen die Absorptionsfähigkeit der Umwelt nicht überschreiten). Eine Stabilisierung über dem Nachhaltigkeitsniveau verletzt hingegen früher oder später die Ziele der Nachhaltigen Entwicklung.

3. *Negative Wachstumsraten*, das heisst eine Reduktion der Umweltbelastungen und -verbräuche, sind Zeichen für eine Entwicklung, die in die *richtige* Richtung einer nachhaltigen Wirtschaft führt. Damit ist aber noch nicht gesagt, ob das Tempo der Reduktion genügt, um Beeinträchtigungen der Bedürfnisbefriedigung späterer Generationen auszuschliessen.[1]

Nur teilweiser Rückgang der Emissionen und Abfälle (Output-Indikatoren)

Luftschadstoffentwicklung

Nach einer massiven Zunahme der Luftschadstoffe seit den fünfziger Jahren gelang es in der Schweiz, die Luftschadstoffe Schwefeldioxid, Kohlenmonoxid und Staub/Russ-Emissionen seit 1970 auf rund die Hälfte zu reduzieren. Bleiemissionen verringerten sich sogar auf rund einen Viertel. Das Beispiel der SO_2-Verminderung in Abbildung 3.3 illustriert diese Entwicklung. Im Vergleich zu 1970 können bereits sinkende Emissionen festgestellt werden. Diese günstige Entwicklung setzte sich auch in den letzten fünf Jahren fort, wenngleich in abge-

1 Systeme, die nahe an der Belastungsgrenze sind, können auch bei einer sich vermindernden Belastung noch endgültig zerstört werden: Beispielsweise ein Gewässer mit bereits gestörtem Sauerstoffhaushalt; oder die Fruchtbarkeit eines Bodens, dessen Schwermetallbelastung nicht abgebaut werden kann.

schwächter Form. Die Emissionsmengen der Luftschadstoffe NO_x (Stickoxide) und VOC (Sammelbegriff für flüchtige organische Verbindungen) überschreiten zwar noch die politisch vorgegebenen Ziele, eine Wende mit absolutem Rückgang der Emissionen scheint jedoch eingeleitet zu sein. Dies verdeutlichen die seit Anfang der neunziger Jahre stark negativen Wachstumsraten.

Die für die Klimaproblematik wesentlichen CO_2-Emissionen haben seit 1950 immer zugenommen, wobei der stärkste Anstieg zwischen 1950 und 1970 erfolgte. Seit 1970 wird die Zunahme der Emissionen vor allem durch den motorisierten Strassenverkehr verursacht, der zum grössten CO_2-Emittenten geworden ist. CO_2 -Emissionen nahmen auch seit 1989 noch zu, jedoch langsamer als das Wirtschaftswachstum. Seit 1992 zeichnet sich sogar ein (temporärer) Rückgang der Emissionen ab (vgl. auch Prognos 1994: 87).

Gewässerbelastung

Im Jahr 1992 waren nur noch acht Prozent der Schweizer Bevölkerung nicht an eine Kläranlage angeschlossen. Damit gelang es, die herkömmliche organische Belastung der Gewässer trotz steigenden Abwasseraufkommens in den letzten Jahrzehnten zu vermindern, was zu einer substantiellen Verbesserung der Wasserqualität führte. In vielen Gewässern sanken die Verschmutzungen durch Phosphate, Ammonium und Quecksilber zum Teil drastisch (BUWAL 1994: 183). Diese Entwicklung wird anhand der seit längerem wirksamen Verringerung der Phosphatkonzentrationen (Oberflächengewässer, Durchschnitt aus Rhein und Rhone; OECD 1995: 78) in Abbildung 3.3 repräsentiert. Allerdings zeigt sich, dass bereits gewisse Grenzen der Verminderung erreicht worden sind, da seit den letzten fünf Jahren kaum mehr weitere Verbesserungen in der Gewässerqualität messbar sind.[2]

Das Grundwasser wird vor allem durch Nitrate, Chlorkohlenwasserstoffe und weitere Chemikalien belastet, die zu einem grossen Teil von Dünge- und Pflanzenschutzmittel stammen. Der durchschnittliche Nitratgehalt des Grundwassers hat sich seit 1970 stark erhöht, wobei die Belastung in Ackerbaugebieten besonders hoch ist (BUWAL 1994: 191). Das Grundwasser wird vor allem auch durch biologisch schwer

---

2 Die Werte unterscheiden sich allerdings je nach Messort und Jahr sehr stark. So stieg die Phosphatbelastung des Sempachersees im Gegensatz zu den anderen Seen zwischen 1980 und 1990 noch stark an (BUWAL 1994: 193). Zwischen 1989 und 1993 nahmen die Phosphatkonzentrationen in Rhein und Aare ab, blieben in der Limmat konstant und nahmen in der Rhone deutlich zu (OECD 1995: 78).

abbaubare Reinigungs- und Lösungsmittel auf der Basis von Chlorkohlenwasserstoffen aus Industrie und Gewerbe belastet. In den Oberflächengewässern zeichnet sich seit 1992 bzw. 1993 erstmals eine gewisse Entlastung ab (vgl. Abb. 3.3).

Abfälle

Die Menge der Siedlungsabfälle ist seit 1970 stärker als das Bruttoinlandprodukt (BIP) angestiegen, was eine Erhöhung der Abfallintensität bedeutet. Allerdings ist seit 1989 eine Verflachung im Zuwachs der Abfallmengen und in den letzten Jahren gar eine leichte Reduktion eingetreten. Trotzdem ist die Abfallproduktion in der Schweiz mit einer Abfallmenge von etwa 400 kg pro Einwohner und Jahr (1992) im internationalen Vergleich nach wie vor hoch.

Zusammenfassung: Entwicklung der Outputs

Abbildung 3.3 gibt die Veränderungen der oben beschriebenen Outputindikatoren wieder. Bemessungszeitraum für die mittelfristige Entwicklung ist der Zeitraum zwischen 1970 und 1994 (graue Säulen), wobei die aktuellste Entwicklung im Durchschnitt der Jahre 1989-1994 speziell ausgewiesen wird (weisse Säulen). Es ist dies jene Zeitspanne, in der einerseits wichtige Umweltschutzbestimmungen in Kraft traten und sich andererseits die wirtschaftliche Entwicklung konjunkturell abkühlte. Die horizontale Achse drückt die durchschnittlichen jährlichen Wachstumsraten der einzelnen Indikatoren in Prozent aus.

Die Wachstumsraten vieler Outputindikatoren haben sich günstig entwickelt. Bei SO_2 und Blei-Emissionen sind sie schon seit langem negativ. Bei NO_x und VOC Emissionen sowie bei den Siedlungsabfällen ist nach langjährigem Ansteigen mit Wachstumsraten zwischen zwei und drei Prozent seit Ende der achtziger Jahre eine Abnahme zu beobachten. Dagegen wächst tendenziell immer noch der CO_2-Ausstoss und der Nitrat-Eintrag in die Gewässer. Die Entwicklung der verschiedenen Output-Indikatoren zeigt, dass zumindest teilweise der Weg in Richtung Nachhaltige Entwicklung im Sinne einer Rücksichtnahme auf die nicht zu überschreitenden Absorptionskapazitäten eingeschlagen wurde.

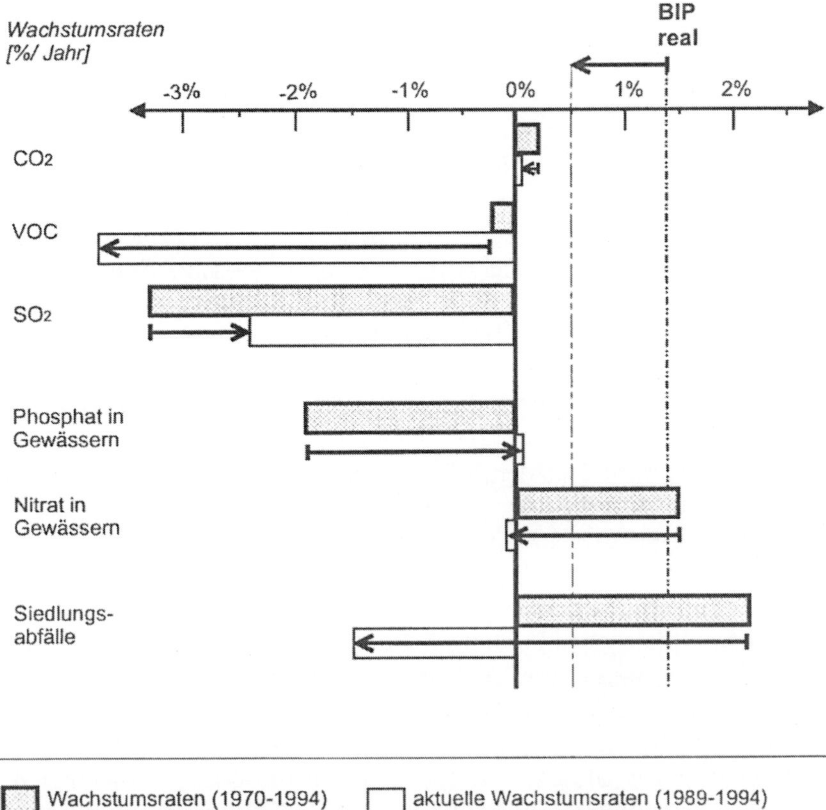

Abbildung 3.3
Wachstumsraten verschiedener Output-Indikatoren zwischen 1970 und 1994 bzw. 1989-1994 in der Schweiz (Quellen: BUWAL 1994, BFS, OECD 1995)

Weiteres Wachstum der Input-Indikatoren und zusätzlicher zentraler Indikatoren

Energieverbrauch

Der «Energieverbrauch» ist zweifellos der wichtigste Indikator für die Umweltbeanspruchung. Energie verursacht bei der Gewinnung, bei der Umwandlung, beim Transport und beim Gebrauch hohe Umwelteinwirkungen, sei es in Form von Emissionen (fossile Energieträger), Abfällen (Kernenergie), Landschafts- bzw. Bodenverbrauch (Wasserkraft, Kohletagbau, Windenergie). Ausserdem werden hauptsächlich nichterneuerbare Ressourcen als Energieträger verbraucht. Steigender Energieverbrauch stellt deshalb langfristig alle Postulate der Nachhaltigen Entwicklung in Frage. Der grosszügige Einsatz von Energie schafft überhaupt erst die Möglichkeit, Ressourcen in der heutigen Geschwindigkeit zu gewinnen und umzuwandeln.

Der Energieverbrauch ist in der Schweiz in den letzten Jahrzehnten stark angestiegen (um rund ein Drittel von 1970-1990) und zwar ungefähr im gleichen Ausmass wie das BIP. Erst seit Anfang der neunziger Jahre lässt sich eine Stabilisierung erkennen. Diese geht aber einher mit einer Stagnation des Wirtschaftswachstums (vgl. Abb. 3.4: Energieverbrauch), so dass die Energieintensität des BIP seit 1970 konstant geblieben ist. In der Schweiz hat also im Unterschied zu den meisten anderen Industrieländern keine Entkopplung zwischen Wirtschaftswachstum und Energieverbrauch stattgefunden. Mit der relativen Grösse «Energieverbrauch pro BIP-Einheit» steht die Schweiz im internationalen Vergleich dennoch gut da. Die schweizerische Volkswirtschaft hat die geringste Energieintensität von allen Industrieländern, was sich durch den Import der meisten Rohstoffe und das Fehlen einer eigenen Schwerindustrie erklärt.

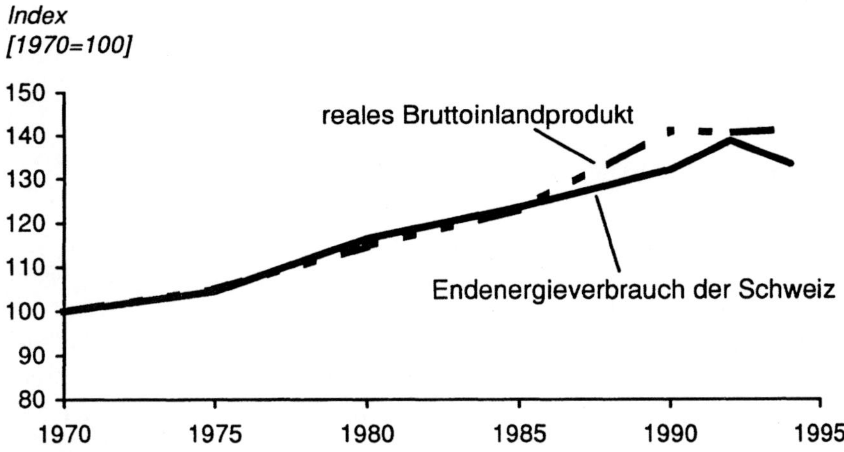

Abbildung 3.4
Energieverbrauch und Wirtschaftswachstum (BIP) in der Schweiz (Quelle: Gesamtenergiestatistik 1994)

Die Entwicklung des Energieverbrauchs verlief je nach Verbrauchergruppen und Energieträgern unterschiedlich: Einem sinkenden relativen Anteil des Verbrauchs durch die Industrie steht eine markante Erhöhung des Anteils des Verkehrs gegenüber (Gesamtenergiestatistik 1994). Am heutigen Energieverbrauch ist der Verkehr mit einem Drittel beteiligt und massgebliche Ursache dafür, dass keine Entkopplung von Energieverbrauch und BIP stattgefunden hat. «Haushalte» folgen im Verbrauch mit einem Anteil von 29%, «Gewerbe, Landwirtschaft und Dienstleistungen» mit 20% und die «Industrie» mit 18%. In der Statistik werden allerdings weder die Dienstleistungen separat erfasst, noch die Verkehrsleistungen den tatsächlichen Verbrauchergruppen zugeordnet. Somit ist der «wahre» Verbrauch der Wirtschaftssektoren Industrie und Dienstleistungen aus den offiziellen Statistiken nicht erkennbar.

Die für die auftretenden Emissionen wichtige Frage nach der Zusammensetzung des Verbrauchs nach Energieträgern zeigt, dass der Anteil der Elektrizität am gesamten Energieverbrauch in den letzten Jahren zugenommen hat. In der Schweiz wird die benötigte Strommenge (plus Nettoexporte), die 1994 22 Prozent des gesamten Endenergiebedarfs abdeckt, nahezu vollständig durch Wasserkraft (62%) und Kernenergie (36%) erzeugt. Der Anteil fossiler Energieträger am Gesamtenergieverbrauch nahm zwischen 1989 und 1994 von 83.0 auf 73.5 Prozent ab. Innerhalb der fossilen Energieträger weisen Treibstoffe und

Gas überproportionale Verbrauchszunahmen auf. So stieg der Anteil von Treibstoffen am Gesamtenenergie-Endverbrauch zwischen 1970 und 1994 von 23.5 auf rund 32 Prozent und derjenige von Gas von 1.3 auf 11.1 Prozent (vgl. Gesamtenergiestatistik 1994: 21).

Verbrauch von Grundstoffen

Zur Beurteilung des Ressourcenbedarfs der Schweizer Wirtschaft wird die mengenmässige Entwicklung der Grundstoffe Aluminium, Eisen/Stahl, Kunststoffe, Phosphatdünger, Papier/Karton und Zement betrachtet. Die Entwicklung des Verbrauchs der untersuchten Grundstoffe lässt sich in drei Kategorien einteilen: Stoffe, deren Verbrauch gleich oder stärker als das BIP zugenommen hat, solche, deren Verbrauch weniger stark als das BIP angewachsen ist und Stoffe, deren Verbrauch absolut abgenommen hat (Vgl. Tab. 3.1).

Tabelle 3.1
Verbrauchsentwicklung im Vergleich zum Bruttoinlandprodukt (BIP) zwischen 1970 und 1994 in der Schweiz

Quantitatives Wachstum Stoffe, deren Verbrauch gleich stark oder stärker als das BIP zugenommen hat	**Wachstum entkoppelt** Stoffe, deren Verbrauch langsamer als das BIP zugenommen hat	**Abnahme** Stoffe, deren Verbrauch absolut abgenommen hat
Kunststoffe, Aluminium (Konsum) Papier, Karton (Konsum) Stickstoffdünger	Zement Aluminium (Neuproduktion) Papier (Neuproduktion)	Eisen und Stahl, Phosphatdünger

Der Verbrauch der untersuchten Stoffe wächst, bis auf Eisen/Stahl und Phosphatdünger, seit 1970 an. Lediglich bei Aluminium und Zement zeichneten sich in den letzten fünf Jahren sinkende Verbräuche ab. Der Input an Neu-Zellulose zur Papierherstellung blieb dank einem steigenden Recyclinganteil insgesamt konstant und nahm in den letzten Jahren sogar leicht ab. Ähnlich entwickelte sich der Neuverbrauch von Aluminium. Mit Berücksichtigung der Verwertung von 35000 Tonnen Aluminiumschrott der industriellen Produktion und 2400 t gesammelter Getränkedosen aus Aluminium (BUWAL 1994: 215) resultiert heute trotz zwischenzeitlichem quantitativem Wachstum insgesamt ein stabiler Verbrauch von Neu-Aluminium.

Wasserverbrauch

Das Trink- und Brauchwasser in der Schweiz stammt zu rund 43% aus Grundwasser. Der Rest kommt aus Seen und Flüssen. Insgesamt ist der Wasserverbrauch aus der öffentlichen Wasserversorgung in der Schweiz seit Beginn der siebziger Jahre mehr oder weniger konstant geblieben, nachdem er sich von 1950 bis 1970 noch um rund 60% erhöht hatte. Damit hat sich der Wasserverbrauch seit 1970 deutlich vom Wirtschaftswachstum entkoppelt, was sowohl den Verbrauch bei den Haushalten (Anteil am Verbrauch seit 1960 immer um 50%) als auch den Verbrauch bei Industrie und Grossgewerbe (Anteil um 20%) betrifft. Allerdings wird mit diesen Zahlen nicht der gesamte Wasserverbrauch der Industrie in der Schweiz erfasst; die Industrie besitzt zum Teil eigene Wasserversorgungen (Steiger u.a. 1995: 35).

Bodenverbrauch

Der Verbrauch von Boden für Siedlungszwecke nimmt in der Schweiz weiterhin stark zu. Seit 1950 hat sich die Siedlungsfläche mehr als verdoppelt. Heute wird der Bodenkonsum durch Siedlungs- und Verkehrsflächen auf 30 Quadratkilometer pro Jahr geschätzt (BUWAL 1994: 147).

Verkehrsentwicklung

Beim Verkehr ist der Zuwachs besonders gross. Sowohl Personen- als auch Güterverkehr gemessen in Personen- bzw. Tonnenkilometern haben wesentlich stärker als das BIP zugenommen. Zwischen 1970 und 1993 haben sich die mit privaten Fahrzeugen zurückgelegten Personenkilometer von 46 auf über 80 Mrd. Pkm beinahe verdoppelt. Die beförderten Tonnenkilometer wuchsen in der gleichen Zeit von 13217 auf 20642 Mio. Tonnenkilometer. Gleichermassen hat sich der Flugverkehr entwickelt. Zwischen 1970 und 1992 wuchsen die im Luftverkehr zurückgelegten Personenkilometer von 18.7 auf 29.4 Mio Pkm im Inland bzw. von 3293 auf 12127 im internationalen Verkehr. Der Index der Gütertransportleistungen stieg parallel mit den auf der Strasse zurückgelegten Tonnenkilometern, seit 1992 sogar noch stärker (vgl. Verkehrsstatistik 1994: 84 f.) Etwas weniger rasch ist der Bahnverkehr angestiegen. Die Bahn-Personenkilometer wuchsen zwischen 1970 und 1992 von 9.3 auf 12.7 Mrd. Pkm (BUWAL 1994: 31). Die hohen Wachstumsraten der verschiedenen Verkehrsleistungen erklären den starken Anstieg von Energieverbrauch und Luftschadstoffemissionen im Verkehrssektor.

Konjunkturbedingt sank in den letzten Jahren das Wachstum im Güterverkehr von durchschnittlich 2 Prozent vorübergehend auf -0.5 Prozent (GS EVED: 1994/95). Die Entwicklung der Personenkilometer blieb hingegen unverändert.

Risiken

Die Risiken, die auf menschliche Aktivitäten zurückgehen, wurden in den letzten Jahrzehnten durch verschiedene Unglücksfälle (Bophal, Seveso, Schweizerhalle, Tschernobyl u.s.w.) deutlich vor Augen geführt. Dabei ist zu berücksichtigen, dass das (zähl- und erfahrbare) Eintreffen eines Schadens nur die eine Komponente des Risikos ist, die andere ist das dabei entstehende Schadensausmass. Je grösser das Ausmass und je kleiner die Eintretenswahrscheinlichkeit ist, desto weniger sind die Risiken im Alltag erfahrbar. Als Näherungsgrössen müssen dann Modellschätzungen beigezogen werden.

Es stellt sich die Frage, welche Grossrisiken überhaupt in Betracht gezogen werden sollen. Einen Anhaltspunkt gibt eine Untersuchung des Schweizerischen Zivilschutzes. Als technische Risiken, die ein Gefährdungspotential in der Grössenordnung einer Stadt, eines Kantons oder gar der ganzen Schweiz aufweisen, werden dort die Risiken aus der Stromproduktion (Kernkraftwerke, Wasserkraftanlagen) und aus Grossunfällen mit chemischen Stoffen genannt (BZS 1995). Neben diesen Risiken scheinen uns aber auch die noch schwieriger abzuschätzenden (und deshalb in obigem Bericht explizit ausgelassenen) Risiken, wie Auswirkungen gentechnisch veränderter Organismen oder die Risiken aus Veränderungen natürlicher Gleichgewichte (Klimaerwärmung, Ozonloch), von Bedeutung.

Aufgrund der zahlreichen Unsicherheiten und der schlechten Datenlage verzichten wir auf eine Abschätzung der Grossrisiken und ihrer Entwicklung, machen aber gleichzeitig auf den Forschungsbedarf aufmerksam. Jedenfalls nehmen die Grossrisiken insgesamt eher zu als ab.

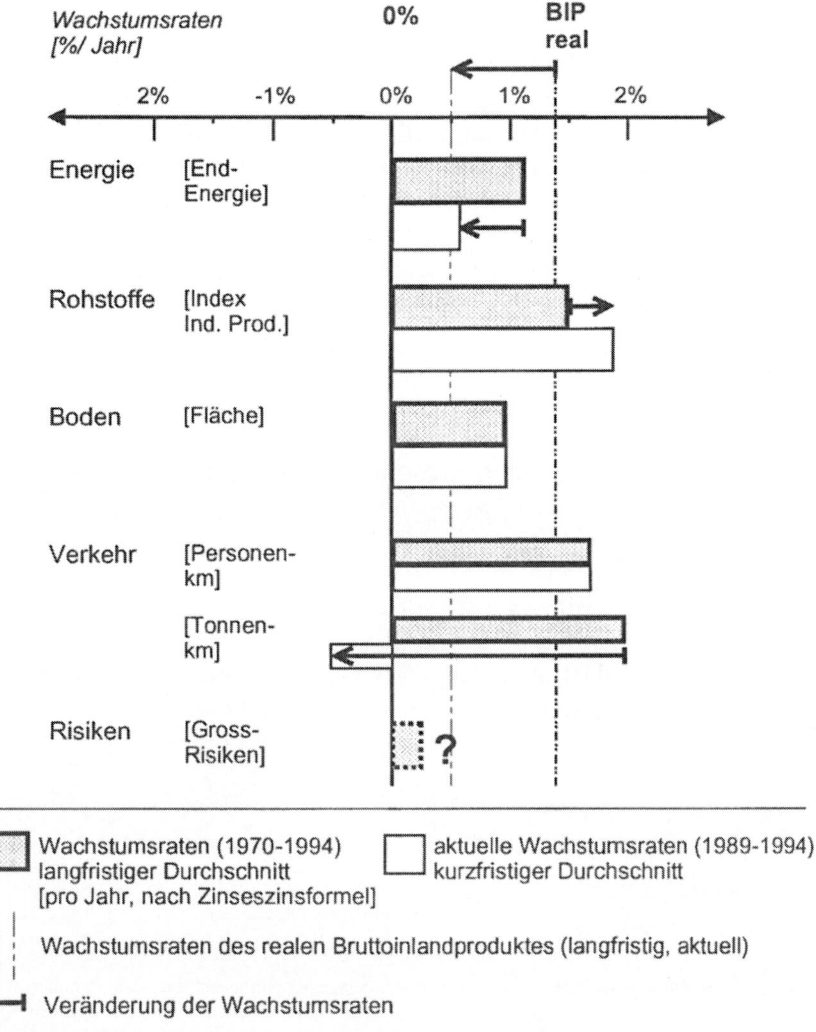

Abbildung 3.5
Wachstumsraten verschiedener Input-Indikatoren zwischen 1970 und 1994 bzw. 1989 bis 1994 in der Schweiz (Quellen: Gesamtenergiestatistik, BFS, Verkehrsstatistik)

Zusammenfassung: Entwicklung der Inputs

In Abb. 3.5 werden die Veränderungen der oben beschriebenen Inputindikatoren wiedergegeben, wobei aus Gründen der Übersichtlichkeit möglichst zusammenfassende Indikatoren verwendet werden.

Insbesondere wird als Mass für den (nicht zu Energiezwecken benötigten) Ressourcenverbrauch der Wirtschaft der Sammelindex der industriellen Produktion verwendet. Bemessungszeitraum für die mittelfristige Entwicklung ist wiederum die Periode zwischen 1970 und 1994, für die kurzfristige Entwicklung diejenige von 1989 bis 1994. In Abb 3.5 drückt die horizontale Achse die jährlichen Wachstumsraten der einzelnen Indikatoren in Prozent aus. Im Vergleich zur Wachstumsrate des Bruttoinlandproduktes (BIP) in der gleichen Periode können sodann die verschiedenen Entwicklungspfade der ökologischen Entwicklung abgelesen werden: Absolute Reduktion, Entkopplung vom BIP, quantitatives Wachstum (= gleiches bzw. stärkeres Wachstum als das BIP).

Die Figur zeigt, dass in der längerfristigen Betrachtung bei allen Input-Indikatoren ein Wachstum zu verzeichnen ist. Die etwas gesunkenen Wachstumsraten der aktuellen Entwicklung laufen parallel mit dem gedämpften wirtschaftlichen Wachstum. Angesichts dieser Ergebnisse kann festgehalten werden, dass sich der Wirtschaftsprozess insgesamt nicht in Richtung Nachhaltige Entwicklung bewegt.

3.3 Diskrepanz zwischen wirtschaftlichem und ökologischem Strukturwandel

Die Industrie: Wachsende Produktionsmengen bei sinkendem Wertschöpfungsanteil

Wirtschaftlicher Strukturwandel wird in den Statistiken durch Veränderungen der Beschäftigungszahlen oder durch eine Verschiebung von Wertschöpfungsanteilen zwischen Wirtschaftssektoren gemessen. Betrachtet man die mengenmässige Entwicklung im Industriesektor (gemessen durch den Index der industriellen Produktion), lässt sich feststellen, dass die Produktionsmengen trotz abnehmendem Anteil des Industriesektors an der gesamtwirtschaftlichen Wertschöpfung weiterhin in ähnlichem Tempo wie das Bruttoinlandprodukt (BIP) gewachsen sind (vgl. Abb. 3.6). In einzelnen Branchen sind die Produktionsmengen zum Teil sogar wesentlich stärker angestiegen als die Wertschöpfung der entsprechenden Branche. Die im Vergleich zu den

Dienstleistungen billiger gewordenen industriellen Produkte dieser Branchen erreichen nur durch Mengenausweitung eine gleichhohe absolute Wertschöpfung (für weitere Ausführungen vgl. Dyllick u.a. 1995: 64 ff.).

Ein Sinken des Anteils des Industriesektors am BIP sagt also nichts aus über die Veränderung der Menge an produzierten Gütern oder des Ressourcenbedarfs der Wirtschaft.

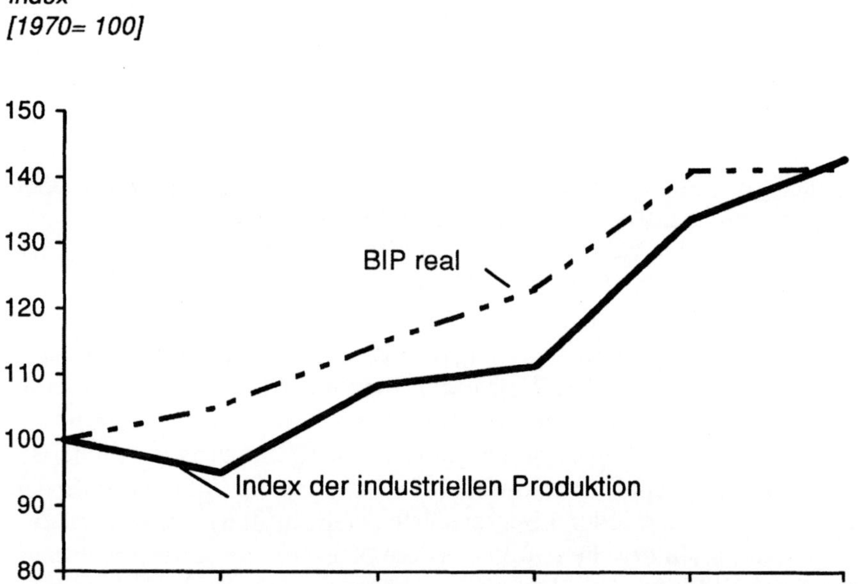

Abbildung 3.6
Entwicklung von Produktionsmenge im Industriesektor und Bruttoinlandprodukt der Schweiz (BIP) zwischen 1970 und 1992 (Quelle: BFS)

Effizienzfortschritte werden durch Wachstum überkompensiert

Am Beispiel des Energieverbrauchs von Industriebranchen kann untersucht werden, welche Komponenten den Verbrauchsveränderungen zugrunde liegen. Da die Energieerzeugung und -nutzung selbst die Umwelt erheblich belastet und als Motor der Wirtschaft weitere belastende Umwandlungen nach sich zieht, sind die hier erhaltenen Ergebnisse allgemein von Interesse. Ausserdem kann die am Beispiel Energie erarbeitete Methodik auf andere Gebiete übertragen werden.

Im folgenden werden die drei Komponenten der Verbrauchsänderung «Struktureffekt», «Spareffekt» und «Wachstumseffekt» untersucht[3]. Da diese Komponenten in Realität nicht einzeln beobachtet werden können, müssen sie rechnerisch unter Annahme der Konstanz der jeweiligen anderen Faktoren separiert werden (Vgl. auch den Kasten zu den mathematischen Grundlagen weiter unten).

Struktureffekt als erste Komponente der Verbrauchsänderung

Der *Struktureffekt* beschreibt, wie sich die Verschiebung des Anteils der wirtschaftlichen Bedeutung einzelner Branchen auf den Energieverbrauch auswirkt.[4] Der Struktureffekt wird rechnerisch ermittelt, indem der Energieverbrauch von 1991 mit dem hypothetischen Verbrauch ohne Strukturverschiebungen seit 1979 verglichen wird. In Tab. 3.2 werden diese rechnerisch ermittelten Änderungen des Energieverbrauchs infolge des Struktureffektes wiedergegeben.

Der Vergleich zeigt, dass sich vor allem der Rückgang der Produktion in der Branche Steine und Erden auf den Energieverbrauch ausgewirkt hat. Dies ist die einzige Branche in der Schweiz, die den für das Ausland typischen Rückgang der Schwerindustrie charakterisiert. In den übrigen Branchen führte der Struktureffekt, wenn überhaupt, nur zu geringen Reduktionen. Deutlich ist hingegen die Zunahme des Verbrauchs der Chemiebranche, deren gestiegene wirtschaftliche Bedeutung die Einsparungen durch den Rückgang von Steine und Erden etwa zur Hälfte wieder kompensierte (siehe unten). Insgesamt entspricht der rechnerische Effekt aus dem Strukturwandel der Wirtschaft mit 10'580 TJ[5] pro Jahr einer theoretischen Energieverbrauchsminderung von etwas weniger als zehn Prozent des gesamten Jahresbruttoenergiebedarfs des Schweizerischen Industriesektors.

3 Grundlagen zu diesen Ausführungen finden sich in den Arbeiten von Jänicke u.a. 1992; die folgenden für die Schweiz gemachten Analysen stammen von M. Binswanger 1994. Details vergleiche dort.

4 In verschiedenen Arbeiten wird dieser Effekt dem «intersektoriellen Strukturwandel» zugeordnet; diese Bezeichnung ist jedoch angesichts der hier verwendeten Definition der Wirtschaftssektoren irreführend. Eine korrekte Bezeichnung wäre in unserem Fall «Interbranchen-Strukturwandel».

5 TJ steht für Terajoule ($=10^{12}$ J).

Tabelle 3.2
Struktureffekt: Rechnerische Energieverbrauchsänderung in der Industrie durch den Strukturwandel zwischen 1979 und 1991 bei konstanter Energieintensität, Niveau 1991

Struktureffekt 1979-1991 Branche	**TJ**
Aluminium	– 1360
Chemie	+ 6120
Metalle/Maschinen (ohne Alu)	– 1650
Nahrungs- und Genussmittel	+ 250
Papier	+ 420
Steine und Erden	– 12050
Textil	– 2310
Gesamt	– 10580

Energiespareffekt als zweite Komponente der Verbrauchsänderung

Durch Ausklammern der strukturellen Veränderungen und der Wachstumseffekte ergeben sich die Energieeinsparungen, die Branchen durch ihr eigenes Handeln ausgelöst haben. Diese Komponente der Verbrauchsänderung kann als *Energiespareffekt* bezeichnet werden. Entscheidend für den Energiespareffekt ist die Veränderung der Energieintensität der Produktion in den einzelnen Branchen. Je höher der absolute Energieverbrauch einer Branche ist und je grösser die Effizienzsteigerung ausfällt, desto markanter wirkt sich der Energiespareffekt der Branche gesamtwirtschaftlich aus.

Um den Energiespareffekt erfassen zu können, wurde der Energieverbrauch von 1991 mit dem hypothetischen Energieverbrauch verglichen, der sich ergeben hätte, wenn der Verbrauch pro Produktionseinheit seit 1979 konstant geblieben wäre (M. Binswanger 1994: 23). In der folgenden Tabelle (Tab. 3.3) werden die errechneten Energieverbrauchsänderungen infolge des Spareffekts wiedergegeben.

Tabelle 3.3
Energiespareffekt: Rechnerische Energieverbrauchsänderung in der Industrie infolge des Spareffekts zwischen 1979 und 1991 bei konstanter Branchenstruktur, Niveau 1991

Energiespareffekt 1979-1991 Branche	**TJ** Mehr- (+) bzw. Minderverbrauch (-)
Aluminium	– 210
Chemie	– 19470
Metalle/Maschinen (ohne Alu)	– 7730
Nahrungs- und Genussmittel	+ 1330
Papier	+ 510
Steine und Erden	+ 3420
Textil	– 220
Gesamt	– 22740

Beim Strukturwandel innerhalb des Industriesektors fällt vor allem die hohe rechnerische Einsparung in der Chemiebranche auf. Eine deutliche Abnahme des Energieverbrauchs ergab sich auch in der Metall- und Maschinenindustrie. In den Branchen Steine und Erden, Papier sowie Nahrungs- und Genussmittel erhöhte sich hingegen der Energieverbrauch.

Wachstumseffekt als dritte Komponente der Verbrauchsänderung

Unter dem Wachstumseffekt wird die Zunahme des Energieverbrauchs in der Industrie verstanden, die allein durch wirtschaftliches Wachstum der gesamten Volkswirtschaft entstanden wäre. Ausgeblendet werden also Sparanstrengungen und branchenstrukturelle Einflüsse. Im gesamten Industriesektor hätte der Wachtumseffekt zwischen 1979 und 1991 die folgende Zunahme des Verbrauchs bewirkt:

Tabelle 3.4
Wachstumseffekt: Rechnerische Energieverbrauchsänderung in der Industrie infolge des Wachstumseffekts zwischen 1979 und 1991 bei konstanter Branchenstruktur, Niveau 1991

Wachstumseffekt 1979-1991 Total	**TJ**
gesamter Industriesektor	**+ 34190 TJ**

Vergleich der Effekte

Sowohl der intersektorielle Strukturwandel zwischen den Branchen als auch die Einsparungen innerhalb der Branchen führen zu günstigen Effekten beim Energieverbrauch: Infolge des Energiespar- und des Struktureffektes konnten verbrauchsmindernde Wirkungen festgestellt werden. Allerdings kompensiert der Wachstumseffekt die günstigen Wirkungen der beiden anderen Effekte wieder. Die rechnerische Zunahme des Energieverbrauchs infolge des Wachstumseffekts ist wesentlich grösser ist als die entsprechende Abnahme durch den Energiespar- und den Struktureffekt. Die im Modell errechneten einzelnen Resultate stimmen allerdings in der Summe nicht mit der realen Entwicklung überein, da Wechselwirkungen zwischen den Effekten vernachlässigt werden (vgl. «Methodische Erläuterungen» im Kasten am Schluss dieses Kapitels). Somit sollen auch in der Interpretation keine Summen gebildet, sondern Vorzeichen und Grössenordnungen der einzelnen Effekte verglichen werden. Zur Verdeutlichung werden die relativen Veränderungen der einzelnen Effekte gezeigt und diese dem real beobachtbaren Gesamtergebnis gegenübergestellt. Im Vergleich zum Energieverbrauch des Industriesektors im Ausgangsjahr 1979 von 134'000 TJ führte der Struktureffekt alleine zu einer Verbrauchsminderung von knapp 10 Prozent, der Spareffekt zu einer Abnahme von 15 bis 20 Prozent. Der Wachstumseffekt alleine führt aber zu einer Verbrauchszunahme von rund 25 Prozent (vgl. Abb. 3.7).

Dass letztlich der Wachstumseffekt überhand genommen hat, zeigt der Vergleich der Werte aus der Gesamtenergiestatistik (vgl. Abb. 3.7). Danach nahm der Verbrauch im gesamten Industriesektor zwischen 1979 und 1991 um **17'500 TJ** oder 13 Prozent zu. Diese Zunahme ist dank der günstigen Effekte des Strukturwandels und der Einsparungen geringer als die Auswirkung der Produktionssteigerungen (+30%) und geringer als die Zunahme der Wertschöpfung des Industriesektors in der gleichen Zeitspanne (+17%). Für den Industriesektor zeichnet sich also eine gewisse Entkoppelung zwischen Produktions- bzw. Wertschöpfungsentwicklung und dem Energieverbrauch ab – jedoch immer ohne Berücksichtigung der grauen Energie (vgl. den Abschnitt weiter unten).

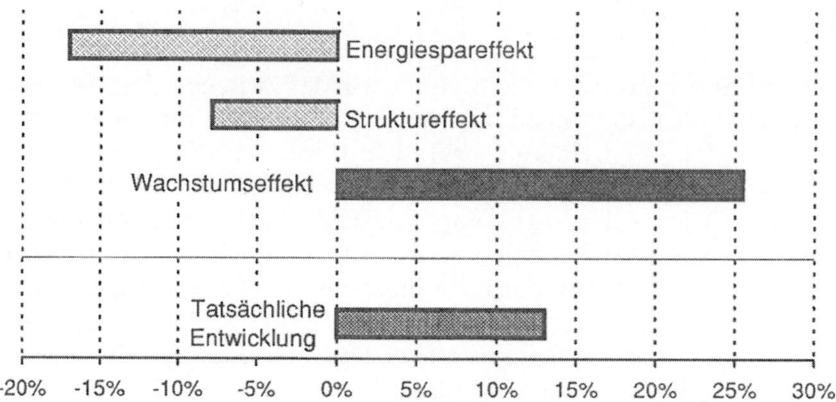

Abbildung 3.7
Änderung des Energieverbrauchs im Industriesektor der Schweiz von 1979 bis 1991: tatsächliche Entwicklung und Komponenten der Änderung (Quelle: M. Binswanger 1994: 47)

Der Dienstleistungssektor verliert seine ökologische Unschuld

In den vorangegangenen Abschnitten wurde gezeigt, dass sich zwar ein Strukturwandel in der Schweizer Industrie beobachten lässt, dieser jedoch infolge des Wachstums keine relevanten ökologischen Effekte hat. Am Beispiel des Energieverbrauchs im Industriesektor wurden die hierfür verantwortlichen Komponenten aufgezeigt. Für die in den Strukturwandel gesetzten ökologischen Hoffnungen waren aber insbesondere die Verschiebungen hin zum Dienstleistungssektor wichtig. Um deren zukünftigen ökologischen Effekt zu beurteilen, ist es notwendig, die Verflechtungen zwischen den einzelnen Sektoren näher zu betrachten. Von Bedeutung sind aufgrund des hohen Energiebedarfs besonders die durch den Verkehr erbrachten Vorleistungen.

Wie stark solche Verflechtungen sind, mögen einige Zahlen aus einer Input-Output-Tabelle illustrieren (Schnewlin 1990). Gastgewerbe und öffentlicher Strassenverkehr beziehen beispielsweise Vorleistungen aus den Sektoren Industrie und Landwirtschaft in der Grössenordnung eines Drittels des Bruttoproduktionswertes ihrer Dienstleistungen. Die Vorleistungen für das Gesundheitswesen und den Staat aus den Sektoren Industrie und Landwirtschaft betragen 26 bzw. 20 Prozent.

Verbrauchsrelevante Einflüsse innerhalb des Dienstleistungssektors

Die Analyse der Veränderung des Energieverbrauchs innerhalb des Dienstleistungssektors ist aufgrund der Datenlage und der Heterogenität des Sektors vergleichsweise schwierig. Um die Resultate des Industriesektors in einen gesamtwirtschaftlichen Kontext zu stellen, werden hier gleichwohl einige interessante Resultate aus dem Dienstleistungssektor vorgestellt und in bezug auf die im Industriesektor analysierten Komponenten interpretiert. Grundlage der folgenden Aussagen bildet die Studie «Perspektiven des Energieverbrauchs im primären und tertiären Sektor» (Aebischer/ Spreng/ Schwarz 1994).

Obwohl teilweise erhebliche technische Verbesserungen der Geräte und Anlagen stattgefunden haben (Spareffekt), blieb der spezifische Verbrauch, gemessen an der Energiekennzahl Elektrizität [MJ/ m^2 Jahr] innerhalb der einzelnen Dienstleistungsgruppen in den siebziger und achtziger Jahren konstant. Dies ist damit zu erklären, dass Spareffekte durch erhöhten Komfort der Arbeitsplätze und vermehrte Informatisierung kompensiert wurden (Wachstumseffekt). Im Sinne des Struktureffekts ist eine Zunahme der Verbrauchsgruppen mit hoher Energiekennzahl zu beobachten. Dies widerspiegelt die Verbesserung des Angebots (mehr Hochschulen, mehr 5-Sterne-Hotels, mehr grosse Einzelhandelsfilialen usw.). Auch dieser Effekt führt zu einer verbrauchssteigernden Wirkung (Aebischer/Spreng/Schwarz 1994: 45).

Für die Zukunft rechnen die Autoren der hier zitierten Studie in einem Szenario, das die heute bereits beschlossenen, nicht jedoch die geplanten und diskutierten politischen Massnahmen berücksichtigt, für die meisten Branchen des Dienstleistungssektors mit einer steigenden Energiekennzahl Elektrizität. Insgesamt ist mit einer Zunahme der Mengenkomponente zu rechnen (Wachstumseffekt), so dass trotz Effizienzsteigerung in den einzelnen Verbrauchsgruppen zwischen 1990 und 2030 eine Zunahme des Elektrizitätsverbrauchs im Dienstleistungssektor von fast 50 Prozent resultiert. (a.a.O.: 70 f.) Für die fossilen Brennstoffe, die vorwiegend zum Heizen gebraucht werden, spielt der Strukturwandel eine untergeordnete Rolle. Dominierend sind die technischen Verbesserungen. So überwiegt hier der Spareffekt über die Wachstums- und Struktureffekte. (a.a.O.: 63 ff.).

Auch bei den Dienstleistungen zeigen sich also gegenläufige Effekte im Energieverbrauch. So wirken sich technologische Verbesserungen energiesparend aus (Spareffekt). Umgekehrt besteht jedoch die Tendenz, dass die höhere Effizienz pro Einheit durch eine grössere Anzahl Einheiten kompensiert wird (Wachstumseffekt) oder dass zusätzliche Bedürfnisse gedeckt werden, die einen Sprung in eine energieintensivere Gruppe verursachen (Struktureffekt).

Es gibt auch Branchen, die kaum von Vorleistungen abhängig sind, wie zum Beispiel die Banken. Hier betragen die sektorfremden Vorleistungen lediglich 2 Prozent.

Mit einer vereinfachten Input-Output-Tabelle (Aebischer et al. 1987; Masuhr et al. 1988; vgl. auch Kasten «Analytische Instrumente» am Schluss des Kapitels) kann errechnet werden, wie sich die Energieintensitäten der Wirtschaftssektoren unter Berücksichtigung der Vorleistungen verändern. Zunächst lassen sich die **direkt** zurechenbaren Energielieferungen (Gas, Öl, Elektrizität, Importe) sektorweise berechnen und mit den Wertschöpfungen der Sektoren vergleichen. Ausserdem können die **indirekten** Energiebezüge infolge der von jedem Sektor bezogenen Vorleistungen ermittelt werden. Dabei zeigt sich, dass der Dienstleistungssektor unter Berücksichtigung dieser Vorleistungen beim Verbrauch fossiler Energien gar den Industriesektor bezüglich der Energieintensität überholen kann (vgl. Abb. 3.8). Beim Vergleich des Elektrizitätsverbrauchs pro Wertschöpfungseinheit nähern sich diese Werte unter Berücksichtigung der Vorleistungen an.

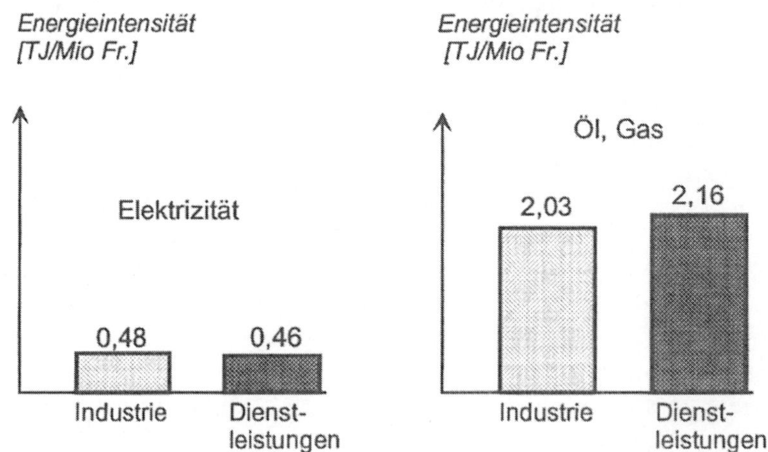

Abbildung 3.8
Endenergieintensität aufgrund von direktem und indirektem Energieverbrauch in TJ/Mio. Fr. (Quelle: Erdmann 1994: 148)

Bei ähnlicher Energieintensität der Sektoren Industrie und Dienstleistungen spielt eine Veränderung der Wertschöpfungsanteile zwischen diesen Sektoren für den Gesamtenergieverbrauch keine Rolle mehr. Eine ökologische Entlastung allein durch eine Änderung der Wirtschaftsstruktur kann bei ähnlichen Energieintensitäten nicht stattfinden. Hingegen bleiben die Wachstums- und Energiespareffekte für beide Sektoren zentral.

Probleme entstehen im Ausland

In der Schweiz ist der über Importe bezogene indirekte Energieverbrauch (graue Energie) von grosser Bedeutung, da die Schweiz zu einem grossen Teil energieintensive Rohstoffe importiert und diese nicht selbst produziert. Importiert werden dabei nicht nur Rohmaterialien sondern auch Produktbestandteile von Importgütern (z.B. von Autos) oder Verpackungsmaterial. Die mit der Herstellung dieser Stoffe verbundenen Umweltbelastungen und der entsprechende Energieverbrauch fallen im Ausland an.

Die Höhe der Importe an grauer Energie, die die Schweiz netto über den Import von Produkten bezieht, werden unterschiedlich geschätzt. Sie erreichen jedoch mit einer Grössenordnung von 190'000 TJ (Mauch et al. 1992) bis 310'000 TJ (Biedermann et al. 1992) beachtliche Grössen, die 19 bzw. 31 Prozent des Bruttoenergieverbrauchs der Schweiz entsprechen. Unter Einbezug der grauen Energie übersteigt der schweizerische Energie-Pro-Kopfverbrauch denjenigen der Nachbarländer Deutschland und Frankreich. Die graue Energie spielt auch in den anderen betrachteten Ländern eine Rolle, doch heben sich dort die Importe und Exporte grauer Energie mindestens teilweise auf, da alle diese Länder Branchen der Schwerindustrie besitzen. Der Einbezug der grauen Energie hat deshalb in diesen Ländern im Gegensatz zur Schweiz keinen signifikanten Einfluss auf den Energieverbrauch.

Bezogen auf die Art der Güter ist der Verbrauch der grauen Energie gemäss übereinstimmenden Ergebnissen von Biedermann und Mauch (vgl. oben) hauptsächlich den Gütergruppen «Chemische Produkte» (90'000 TJ), «Eisen, Guss, Stahl» (41'000 TJ) und «Maschinen, Apparate, Transportmittel» (53'000 TJ) zuzurechnen. Diese Ergebnisse relativieren die weiter oben festgestellte vergleichsweise niedrige Energieintensität der schweizerischen Volkswirtschaft.

In Kapitel 3 verwendete analytische Instrumente

Komponentenzerlegung der Energieverbrauchsänderung

Zur Separierung der drei Komponenten der Energieverbrauchsänderung wurde der Energieverbrauch einer Branche mit folgender Formel erfasst:

$$E_i = \frac{E_i}{P_i} \times \frac{P_i}{P} \times P$$

E_i: Energieverbrauch der Branche i
P_i: Produktion der Branche i
E: Energieverbrauch des gesamten Industriesektors
P: Produktion des gesamten Industriesektors

Der erste Term $\mathbf{E_i/P_i}$ gibt Auskunft über die Energieintensität der Branche i. Eine Veränderung dieses Terms wird durch brancheninternen Strukturwandel verursacht (Energiespareffekt). Der zweite Term $\mathbf{P_i/P}$ gibt Auskunft über den Anteil der Branche i an der gesamten industriellen Produktion. Eine Veränderung dieses Terms wird durch branchenübergreifenden Strukturwandel bewirkt (Struktureffekt). Eine Zunahme des dritten Terms **P** bedeutet Wachstum der industriellen Produktion (Wachstumseffekt). Ausgehend von der oben dargestellten Formel können wir nun den Einfluss der drei Terme getrennt untersuchen, indem wir die Branchenenergieverbrauchszahlen des Basisjahres 1979 selektiv mit denjenigen von 1991 vergleichen (vgl. M. Binswanger 1994: 23; Jänicke et al., 1992). Bei der Separierung einzelner Komponenten gehen allerdings Informationen über gegenseitige Abhängigkeiten der Komponenten verloren. Dies erklärt, weshalb die drei Teilkomponenten zusammengezählt nicht dem real beobachtbaren Gesamtergebnis entsprechen.

Input-Output Analyse

Mit der Input-Output-Analyse (zurückgehend auf Leontief) lassen sich eine Vielzahl ökonomischer Variablen systematisch erfassen und funktional verbinden. Grundlage der Analyse bildet die sogenannte Input-Output-Tabelle. In dieser Tabelle werden die zwischen fest eingeteilten Wirtschaftssektoren ausgetauschten Waren und Dienstleistungen erfasst, was die wirtschaftlichen Verflechtungen zwischen den Einheiten (Branchen oder Sektoren) ausdrückt. Die aktuellste Tabelle, die Aussagen über den Energieverbrauch erlaubt, stammt aus dem Jahr 1985 (erstellt von M. Schnewlin, KOF, ETH Zürich). Darin wird dargestellt, wie gross der Anteil der Vorleistungen am Bruttoproduktionswert einer Branche in Prozent ist, wobei sowohl die Vorleistungen der Industrie für den Dienstleistungssektor als auch die Vorleistungen der Verkehrsbranchen für die übrigen Branchen relevant sind. Zeilenweise gelesen informiert die Matrix über die Vorleistungslieferungen einer Branche an die übrigen Branchen. Spaltenweise gelesen informiert die Matrix über den Vorleistungsbezug einer Branche von den übrigen Branchen. Kennt man die Energieintensitäten der Bruttoproduktion in den einzelnen Sektoren, dann lässt sich der direkte und indirekte Energiegehalt der Endnachfrage nach der Produktion eines Sektors bestimmen.

3.4 Fazit: Der ökologische Strukturwandel kommt nicht von selbst

Eine wirtschaftliche Neuorientierung im Sinne einer postindustriellen Informationswirtschaft, die quasi automatisch die Umwelt entlastet, ist bis heute ausgeblieben. Zwar fand eine gewisse Entlastung bei einzelnen Emissionen und Abfällen statt, diese ist aber nicht durch den Strukturwandel zu erklären, sondern eine Folge umweltpolitischer Massnahmen sowie der konjunkturellen Abschwächung.

Informationstechnologien erlangten eine immer grössere wirtschaftliche Bedeutung, doch führte dies bisher nicht zu einem Rückgang der mengenmässigen Produktion von Gütern und damit auch nicht zu einem entscheidenden Rückgang von Naturverbrauch und Umweltbelastungen. Mehr als zwanzig Jahre nach dem Bericht des «Club of Rome» über die Grenzen des Wachstums wurde das Ziel der Entkopplung von Ressourcenverbrauch und Wirtschaftswachstum trotz Teilerfolgen im Ganzen noch nicht erreicht. Erfolgreiche technische Entwicklungen finden zwar statt, sie werden jedoch häufig durch Mengenausweitungen wettgemacht; zudem ersetzen Dienstleistungen nicht materielle Güter, sondern dienen im Gegenteil häufig dazu, deren Produktion zu beschleunigen. Der Strukturwandel führt *nicht* zu einer ökologischen Entlastung, da die Energieintensität des Dienstleistungssektors unter Berücksichtigung der Vorleistungen aus der Industrie und des Verkehrs demjenigen des Industriesektors kaum mehr nachsteht. Zudem fallen (insbesondere in Form von Nettoimporten an grauer Energie) Umweltbelastungen im Ausland an, was die Schweizer Bilanz zwar verbessert, die Umweltsituation insgesamt jedoch nicht verändert.

Die Analyse der bisherigen Entwicklung zeigt, dass die Effizienzsteigerung und die Sparbemühungen innerhalb der Branchen die grösste Entlastung gebracht haben. Die relative Abnahme des Industriesektors zugunsten des Dienstleistungssektors weist dagegen in der Schweiz nur ein geringes Potential an ökologischen Verbesserungen auf. Die gegenläufig wirkenden Wachstumseffekte zeigen aber auch, dass es nicht von selbst zu einer Umweltentlastung kommen wird.

Teil II

Stand der ökologischen Innovationen

Zusammenfassung

Der ökologische Strukturwandel kommt nicht von selbst, so lautet das Fazit des letzten Kapitels. Es bedarf der aktiven Neugestaltung unseres Wirtschaftens, um den Postulaten einer Nachhaltigen Entwicklung gerecht zu werden. Eine solche Forderung richtet sich insbesondere an zwei Gruppen von Akteuren: an Unternehmen und an die Politik. Der heutige Stand der ökologischen Innovationen und zukunftsweisende Innovationsperspektiven dieser beiden Akteurgruppen stehen im Mittelpunkt der Kapitel 4 und 5. Perspektiven bedürfen der Konkretisierung und Umsetzung. Hier spielen Akteurnetze eine zunehmend wichtige Rolle. Nachhaltige Entwicklung durch Innovationen benötigt daher auch neue Koordinationsformen zwischen Akteuren (Kapitel 6). Aus ökologischen Innovationsperspektiven für Unternehmen und Politik – gekoppelt mit einem besseren Verständnis für bestehende Umsetzungshindernisse – lassen sich die Anforderungen an ökologische Innovationsstrategien für eine Nachhaltige Entwicklung definieren (Kapitel 7).

4 Ökologische Innovationen in der Unternehmenspraxis – von Prozessen und Produkten zu Funktionen und Bedürfnissen

Zusammenfassung

Unternehmen bringen heute, wie u.a. im Zusammenhang mit dem Spareffekt beim Energieverbrauch aufgezeigt wurde, den ökologischen Strukturwandel entscheidend voran. Durch ihre Innovationen stossen sie auch unter den aktuellen politischen Rahmenbedingungen ökologische Verbesserungen in vielen Branchen an. Das vorliegende Kapitel widmet sich diesem «ökologischen Strukturwandel von unten»: Es zeigt, mit welchen Innovationen einzelne Unternehmen ökologische Veränderungen auslösen können und wo die ökologischen Potentiale und Grenzen für solche Verbesserungen liegen.

4.1 Vier Bereiche ökologischer Innovationen von Unternehmen

Schon in Kapitel 3 wurde deutlich, dass sich die ökologisch relevanten Wirkungen unseres Wirtschaftens durch die Inputs, die aus der Ökosphäre in den Wirschaftsprozess einfliessen, und die Outputs, die vom Wirtschaftsprozess wieder an die Ökosphäre abgegeben werden, ausdrücken lassen. Bisher wurde der Wirtschaftsprozess als eine Art Black Box betrachtet. Am Beispiel der Schweizer Wirtschaft wurde gezeigt, wie sich ökologisch relevante Inputs und Outputs absolut und im Vergleich zum Bruttoinlandsprodukt entwickelt haben. Ökologische Unternehmensinnovationen spielen sich innerhalb der Black Box ab (vgl. Abb. 4.1). Sie soll im folgenden näher betrachtet werden.

Unternehmen und Branchen sind oft eng miteinander vernetzt: So liefert zum Beispiel die agrochemische Industrie Pflanzenschutzmittel und Dünger an die Landwirtschaft. Deren Produkte dienen nach der Weiterverarbeitung durch die Lebensmittelindustrie schliesslich der

Befriedigung des Bedürfnisses nach Ernährung. Ähnliches gilt für die Pharmaindustrie (Arzneimittel zur Befriedigung des Bedürfnisses nach Gesundheit), die Vorprodukte aus der (fein-)chemischen Industrie bezieht. Alle Unternehmen und Branchen, die zusammenwirken müssen, um ein bestimmtes Bedürfnis zu befriedigen, werden als Akteure eines *Bedürfnisfeldes* bezeichnet. Der gesamte Wirtschaftsprozess ist nichts anderes als die Summe aller Aktivitäten in den unterschiedlichen Bedürfnisfeldern. Aus der Perspektive eines Bedürfnisfeldes lassen sich nun *vier Ebenen* definieren (Schneidewind 1994), um die ökologischen In- und Outputs des Wirtschaftens zu beeinflussen:

Prozessinnovationen: Unternehmen stellen die gleichen Produkte wie bisher im Rahmen eines *ökologisch optimierten Produktionsprozesses* her. Für einen Pflanzenschutzmittelhersteller könnte dies beispielsweise heissen, bei der Produktion eines existierenden Pflanzenschutzmittels eine Lösemittelregeneration anzuwenden. Bei solchen Innovationen ändern sich weder die Art der Vernetzung zwischen den Unternehmungen noch die ausgetauschten Produkte. So liefert ein Pflanzenschutzmittelhersteller weiterhin das identische Pflanzenschutzmittel an die Landwirtschaft. Er hat lediglich dessen Produktionsprozess ökologisch verbessert. Eine Prozessinnovation spielt sich daher vollständig *innerhalb der Unternehmensgrenzen* ab (vgl. Abb. 4.2).

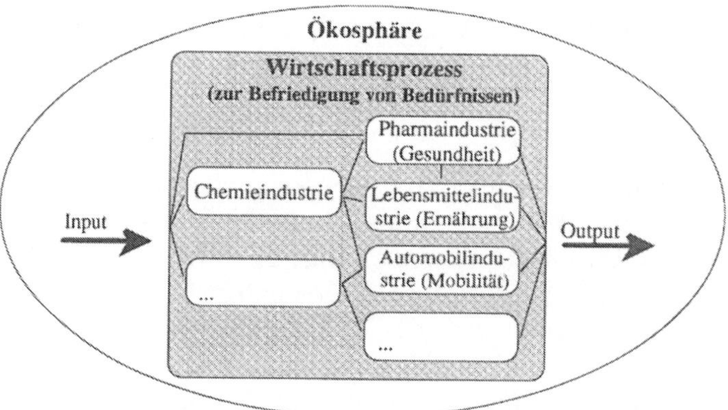

Abbildung 4.1
Einbettung des Wirtschaftsprozesses in die Ökosphäre

Produktinnovationen: Unternehmen stellen Produkte mit identischen Funktionen her, die jedoch *reduzierte ökologische Belastungen während des gesamten Produktlebenszyklus* aufweisen. Die Substitution eines bisher schwermetallhaltigen Farbpigments durch eine schwermetallfreie, aber in ihren Farbwirkungen identische Alternative wäre hierfür ein Beispiel. In diesem Fall ist das *zwischen zwei Unternehmen* ausgetauschte Produkt betroffen. Der Kunde verwendet das ökologisch optimierte Produkt jedoch in der gleichen Weise wie bisher. So fliesst zum Beispiel das Farbpigment in eine schon bisher verwendete Lackrezeptur für Autolacke ein.

Funktionsinnovationen: Die Leistungserstellung der Unternehmen zielt auf die Befriedigung *unveränderter Kundenbedürfnisse* ab, diese hat jedoch auf *ökologisch optimierte* Weise zu erfolgen. Die ökologische Innovation bezieht sich demzufolge auf die ökologische Optimierung des dafür notwendigen Funktionsverbundes. Wenn also ein Pharmaunternehmen, das bisher ausschliesslich Medikamente hergestellt hat, auch Ansätze zur Gesundheitsvorsorge entwickelt und am Markt anbietet, dann verändert es den Funktionsverbund, der für die Befriedigung des Bedürfnisses nach Gesundheit notwendig ist: Anstelle von Feinchemieunternehmen, die pharmazeutische Vorprodukte liefern, und Verpackungsunternehmen für die Medikamentenverpackungen, bedarf es zur Erfüllung der Funktion dann beispielsweise eines Netzes von Gesundheitsberatern. In abgeschwächter Form liegt eine Neugestaltung des Funktionsverbundes auch dann vor, wenn ein Lebensmittelhersteller als Inputfaktoren Lebensmittel aus biologischem Anbau bezieht. Der Bezug von Pflanzenschutzmitteln und Dünger in der Vorstufe Landwirtschaft fällt ersatzlos dahin. Bei Funktionsinnovationen ist nicht nur der unmittelbare Austausch zwischen Lieferanten und Kunden betroffen, sondern vielmehr *das Zusammenspiel aller Akteure* in einem Bedürfnisfeld.

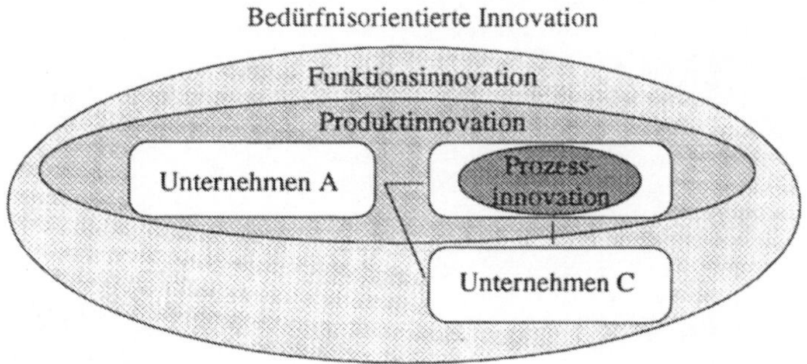

Abbildung 4.2
Vier Innovationsebenen und die betroffenen Akteure

Bedürfnisorientierte Innovationen: Schliesslich lässt sich eine ökologische Entlastung auch dadurch erreichen, dass *über das Bedürfnis selbst nachgedacht* wird. Dies ist insbesondere dann von Bedeutung, wenn keine hinreichenden ökologischen Entlastungen auf den vorgenannten drei Ebenen erreicht werden können. Eine solche Bedürfnisreflexion kann zur Bereinigung des Produktportfolios von Unternehmen, zur Konzentration auf neue Produktformen oder zur aktiven Einflussnahme auf Bedarfsmuster führen. Für ein Lebensmittelunternehmen könnte dies etwa die Konzentration auf saisonale und vegetarische Produkte bedeuten, um ökologische Belastungen zu beschränken.

Referenzpunkt für diese vierstufige Innovationsbetrachtung ist immer das jeweilige Bedürfnisfeld, in dem ein Unternehmen tätig ist. Die vier Ebenen bauen hierarchisch aufeinander auf und ermöglichen es, Innovationen aus einer ökologischen Perspektive zu klassifizieren (vgl. Abb. 4.3). Die vier Ebenen öffnen den Blick über die heute weit verbreiteten ökologischen Prozess- und Produktverbesserungen hinaus. Ökologische Effizienzverbesserungen auf einer Stufe werden immer wieder an einer übergeordneten ökologischen Effektivität gemessen: So ist eine Abfallreduzierung bei der Pigmentherstellung um 50% auf der Produktionsstufe zwar eine äusserst öko-effiziente Massnahme eines Pigmentherstellers (das Verhältnis von Output zu Schadschöpfung verdoppelt sich), kann jedoch ökologisch völlig ineffektiv sein, dann nämlich, wenn sich das so hergestellte Pigment nicht in Pulver- oder Wasserlacksystemen, sondern nur in lösemittelbasierten Lacken einsetzen lässt. Auf diese Weise leistet das Pigment keinen Beitrag zur Reduzierung der in der Farbenchemie eigentlich relevanten Umweltbelastung – den Lösemittelemissionen. Der Pigmenthersteller hätte durch die Entwicklung eines in der Produktion eventuell abfallträchtigeren Pigmentes, das sich aber in Wasser- und Pulverlacksystemen einsetzen lässt, einen grösseren ökologischen Beitrag leisten können.

Innovationsform	Ziel
Prozessinnovation	Reduktion der ökologischen Prozessbelastungen bei vorgegebenem Produkt
Produktinnovation	Reduktion der ökologischen Belastungen entlang des gesamten Produktlebenszyklus zur Erfüllung einer vorgegebenen Funktion
Funktionsinnovation	Ökologische Optimierung eines Funktionsverbundes im Hinblick auf ein gegebenes Befürfnis
Bedürfnisorientierte Innovation	Anpassungen des Produkt-/ Dienstleistungssortiments als Ergebnis von Bedürfnisreflexionen

Abbildung 4.3
Ökologische Innovationen auf vier Ebenen

Im folgenden sollen die einzelnen Innovationsformen näher betrachtet und ihr ökologisches Potential abgeschätzt werden.

Ökologische Prozessinnovationen

Ökologische Prozessinnovationen sind Innovationen, die zu einer umweltverträglicheren Herstellung eines fest vorgegebenen Produktes bzw. einer fest vorgegebenen Produktpalette führen. Dabei lassen sich verschiedene Prozesse unterscheiden: Beschaffungsprozesse, Transport- und Logistikprozesse, Entwicklungsprozesse sowie Produktionsprozesse, wobei die letzteren in ökologischer Hinsicht zumeist von zentraler Bedeutung sind. Bezogen auf Produktionsprozesse werden zwei Ausprägungen prozessbezogener Innovationen unterschieden: End-of-Pipe (EOP)-Massnahmen und produktionsintegrierte Massnahmen (Produktionsintegrierter Umweltschutz: PIUS). In einzelnen Branchen reichen prozessbezogene Innovationen noch darüber hinaus und umfassen das ökologisch optimierte Management von Produktionsverbünden (Chemiebranche) oder den geeigneten Modalsplit, d.h. die Verteilung auf die Verkehrsträger Strasse, Schiene und Wasser bei Transportdienstleistungen (Güterverkehrsbranche).

EOP-Umweltschutz beschreibt alle Umweltschutzlösungen, die Emissionen und Abfälle aus Produktionsprozessen nach deren Entstehen behandeln und ihre ökologisch schädlichen Wirkungen abschwächen. Kläranlagen, Technologien zur Abluftreinigung, Verbrennungsöfen und Sondermülldeponien sind Beispiele hierfür. Es handelt sich um additive Technologien, die den eigentlichen Produktionsanlagen *hinzugefügt* werden, um die gewünschte Umweltwirkung zu erreichen. Dieses Charakteristikum ist sowohl ökonomisch als auch ökologisch relevant: So stellen die entsprechenden Anlagen in der Regel unproduktiv gebundenes Kapital dar und verursachen zudem laufende Kosten (u.a. für Personal, Energie und Materialeinsatz). Sie tragen nicht zur Wertschöpfung des Unternehmens bei. Die Dominanz dieser Form von Massnahmen führt dazu, dass in vielen Industrien Umweltschutzmassnahmen als reiner Kostenfaktor wahrgenommen werden.

Der **produktionsintegrierte Umweltschutz (PIUS)** zielt darauf ab, Umweltbelastungen von vorneherein nicht oder nur in erheblich geringerem Ausmass als beim bisher angewendeten Herstellungsverfahren entstehen zu lassen. Dies kann dadurch erreicht werden, dass das bisherige Produktionsverfahren umgestellt, verändert oder völlig ersetzt wird. Produktionsintegrierte Umweltschutzmassnahmen sind EOP-Lösungen in der Regel ökologisch überlegen, da sie die Entstehung ökologischer Belastungen schon im Ansatz verhindern und sowohl den Ressourceneinsatz als auch den ökologisch bedenklichen Output des Produktionsprozesses reduzieren. Sie können jedoch mit einem erhöhtem Energieverbrauch oder mit qualitativ veränderten ökologischen Belastungen einhergehen (z.B. der Ersatz einer bisher sehr abfallintensiven chemischen Synthese durch einen biotechnischen Produktionsprozess).

Aus der Kostenperspektive ist zwischen einer kurz- und langfristigen Betrachtung zu unterscheiden. Kurzfristig erscheinen EOP-Massnahmen zumeist vorteilhaft, weil bestehende Anlagen und Abläufe nicht verändert werden müssen. Diese stellen gerade in Prozessindustrien (Papier, Chemie, etc.) einen Kernbereich gebundener Kosten- und Wettbewerbsvorteile dar. Erst langfristig ist es sinnvoll und möglich, Verfahrensentwicklungen voranzutreiben.

Ökologische Prozessinnovationen werden in den meisten Branchen schon seit vielen Jahren realisiert. Insbesondere lokale Wasser- und Luftbelastungen sowie das Abfallaufkommen waren der Ausgangspunkt für gesetzliche Regulierungen in vielen Branchen. Die meisten Unternehmen reagierten in einem ersten Schritt mit EOP-Lösungen, um die gesetzlich vorgeschriebenen Grenzwerte und Auflagen einzuhalten. In einer zweiten Phase wurde darüber hinaus versucht, die Entstehung ökologischer Belastungen durch produktionsintegrierte Massnahmen schon im Ansatz zu vermeiden und zu verringern.

Heute ist die Wirtschaft in den meisten Industrieländern durch eine Mischung aus EOP- und produktionsintegrierten Lösungen geprägt. Angaben aus Deutschland zeigen z.B., dass der Anteil an additiven Umweltschutzinvestitionen bis 1988 bei rund 75% aller Umweltschutzinvestionen lag (Projektträger 1994: 11). Trotz Ermittlungsschwierigkeiten und einer zunehmenden Bedeutung des produktionsintegrierten Umweltschutzes seit Ende der 80er-Jahre zeigt dies, dass EOP-Umweltschutzmassnahmen auch in Zukunft eine starke Bedeutung behalten werden. Dies hängt u.a. damit zusammen, dass in vielen Branchen der prozessbezogenen Reduzierung von Luft-, Abwasseremissionen und Abfällen absolute technische Grenzen gesetzt sind.

Ökologische Produktinnovationen

Ökologische Produktinnovationen sind Innovationen, die auf die ökologische Optimierung von Produkten entlang des gesamten *ökologischen Produktlebenszyklus* zielen. Ökologische Prozessinnovationen sind eine Teilmenge ökologischer Produktinnovationen, die sich auf die Phase der Produktion beziehen.

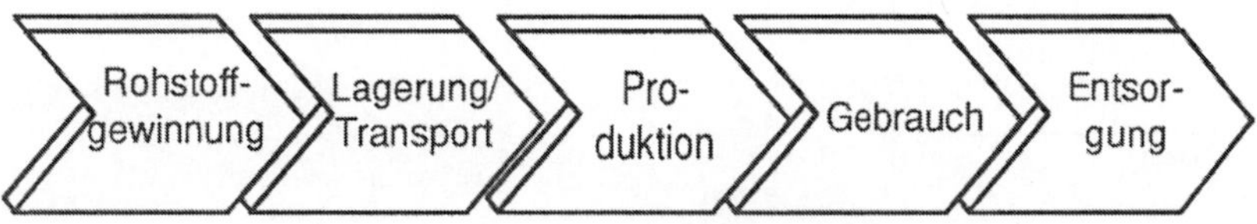

Abbildung 4.4
Ökologischer Produktlebenszyklus

Die Idee des Produktlebenszyklus ist für die Betrachtung von ökologischen Innovationen auf Unternehmensebene von zentraler Bedeutung. Denn in vielen Branchen entstehen die ökologisch relevanten Belastungen eines Produktes nicht bei seiner Herstellung, sondern in den vor- und nachgelagerten Phasen (vgl. Abb. 4.5).

Beispiele für Produktinnovationen sind in Unternehmen heute zahlreich zu finden. Wichtige Ansatzpunkte hierzu sind

- die Verwendung ökologisch weniger bedenklicher Ressourcen (beispielsweise der Einsatz von nachwachsenden Rohstoffen – Holz – im Gebäudebau),

- der Ersatz ökologisch bedenklicher Inhaltsstoffe (z.B. bei Textilien, Farben/Lacken, Baumaterialien),
- die ökologische Verbesserung von Produktverpackungen (z.B. bei Lebensmitteln, Getränken),
- verminderte ökologische Belastungen beim Gebrauch des Produktes (z.B. geringerer Stromverbrauch von Maschinen oder Computern),
- die Gewährleistung der Recyclingfähigkeit von Produkten (z.B. bei Kunststoffen).

Der Anstoss zu solchen ökologischen Produktinnovationen kommt zum Teil von gesetzlichen Bestimmungen (zum Beispiel die Getränkeverpackungsverordnung oder das Verbot bestimmter Inhaltsstoffe wie das Phosphatverbot bei Waschmitteln), teilweise jedoch auch von Seiten des Marktes: So ermöglichen ökologisch verbesserte Produkte die Differenzierung gegenüber Wettbewerbern.

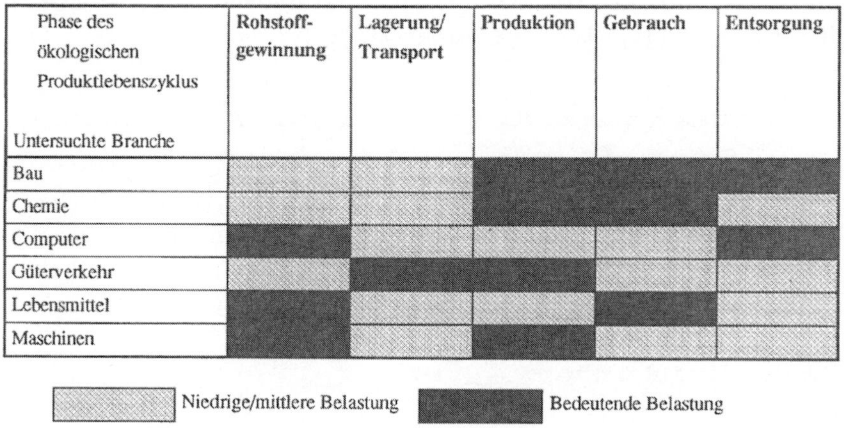

Phase des ökologischen Produktlebenszyklus / Untersuchte Branche	Rohstoff-gewinnung	Lagerung/ Transport	Produktion	Gebrauch	Entsorgung
Bau	Niedrige/mittlere Belastung	Niedrige/mittlere Belastung	Bedeutende Belastung	Bedeutende Belastung	Bedeutende Belastung
Chemie	Niedrige/mittlere Belastung	Niedrige/mittlere Belastung	Bedeutende Belastung	Bedeutende Belastung	Niedrige/mittlere Belastung
Computer	Bedeutende Belastung	Niedrige/mittlere Belastung	Niedrige/mittlere Belastung	Niedrige/mittlere Belastung	Bedeutende Belastung
Güterverkehr	Niedrige/mittlere Belastung	Bedeutende Belastung	Bedeutende Belastung	Niedrige/mittlere Belastung	Niedrige/mittlere Belastung
Lebensmittel	Bedeutende Belastung	Niedrige/mittlere Belastung	Niedrige/mittlere Belastung	Bedeutende Belastung	Niedrige/mittlere Belastung
Maschinen	Bedeutende Belastung	Niedrige/mittlere Belastung	Bedeutende Belastung	Niedrige/mittlere Belastung	Niedrige/mittlere Belastung

(Legende: hell schattiert = Niedrige/mittlere Belastung; dunkel schattiert = Bedeutende Belastung)

Abbildung 4.5
Belastungsschwerpunkte in den untersuchten Branchen[1]

Das Ausmass solcher Differenzierungsmöglichkeiten schwankt dabei von Branche zu Branche erheblich. Es ist in der Regel besonders hoch, wenn

1 In den zugrundeliegenden Branchenstudien wurden an die jeweilige Branchensituation angepasste Variationen des ökologischen Produktlebenszyklus verwendet. Die hier vorliegende Übertragung gibt diese Differenzierung zugunsten einer vereinheitlichten Darstellung auf und nimmt dafür bewusst gewisse Unschärfen in Kauf.

- eine hohe ökologische Betroffenheit der Kunden vorliegt (z.B. aufgrund gesetzlicher Bestimmungen, ökologischen Wettbewerbsdrucks, massiver öffentlicher Forderungen) und
- die ökologischen Eigenschaften auch andere wichtige Qualitätseigenschaften des Produktes fördern (z.B. Gesundheit bei Lebensmitteln, Kosteneinsparungen durch geringeren Stromverbrauch bei Computern, etc.).

Vor dem Hintergrund dieser Differenzierungsmöglichkeiten und den relevanten ökologischen Belastungen, die durch die Branche ausgelöst werden, reagieren Unternehmen heute mit zahlreichen ökologischen Produktinnovationen. Einige Beispiele aus den in Abb. 4.5 aufgeführten Branchen sollen dies verdeutlichen: In der *Baubranche* gewinnen Niedrigenergiehäuser (geringerer Energiebedarf während der Gebrauchsphase) und recyclingfähige Baumaterialien (Entsorgung) zunehmend an Bedeutung. In der *Chemiebranche* wurden insbesondere in den Feldern Pflanzenschutz und Farbenchemie in den letzten Jahren zahlreiche Pflanzenbehandlungsmittel, Pigmente und Farbstoffe entwickelt, die in der Produktanwendung nur noch einen Bruchteil der ökologischen Belastungen ihrer Vorgänger erzeugen. In der *Computerbranche* gibt es Anstrengungen zu einer recycling- und wiederwertungsgerechten Produktkonstruktion (Entsorgung): Kunststoffteile werden eindeutig gekennzeichnet, die Computer so konstruiert, dass sie möglichst leicht auseinanderzubauen sind. Einzelne Transporteure setzen für den *Güterverkehr* gezielt LKW mit niedrigen Schadstoffwerten und Dieseltreibstoffe mit niedrigem Schwefelgehalt ein, um die ökologischen Belastungen während des Gütertransportes zu reduzieren. Sie greifen dabei auf die entsprechenden Innovationen aus der Fahrzeug- und Mineralölindustrie zurück. In der *Lebensmittelbranche* gewinnen sogenannte Bioprodukte, d.h. Produkte aus biologischem Anbau (Rohstoffgewinnung) immer grössere Marktanteile. Schliesslich reagiert auch die *Maschinenbranche* mit neuen, ökologisch unbedenklicher herzustellenden Produktkomponenten (z.B. bei Gussteilen) auf die ökologischen Herausforderungen in der Produktionsphase.

Ökologische Funktionsinnovationen

Selbst die ökologische Optimierung von Produkten entlang ihres gesamten Produktlebenszyklus vermag viele ökologische Probleme nicht vollständig zu entschärfen. So benötigen auch recyclingfähige Solarenergiefahrzeuge einen erheblichen Energie- und Rohstoffeinsatz zu ihrer Herstellung, Verkehrsinfrastruktur zum Betrieb und schliesslich

Energie zu ihrem Recycling. Bei anderen Produkten sind der ökologischen Optimierung technische Grenzen gesetzt. Die Synthese und Produktgestaltung von Pharmazeutika zum Beispiel lässt sich nur sehr begrenzt verändern, wenn diese ihre eigentlich beabsichtigte Wirkung nicht verlieren sollen.

Ökologisch weitergehende Lösungen sind in diesen Fällen nur möglich, wenn der Blick über das ökologisch belastende Produkt hinausgeht und sich auf die Funktion richtet, die mit dem Produkt erfüllt werden soll. Problemlösungen, die weiterhin die gleiche Funktion erfüllen, aber das bisher verwendete Produkt in einen erweiterten Kontext einbinden, sollen als *Funktionsinnovationen* bezeichnet werden. Beispiele für solche Innovationen sind Ansätze von Gebrauchsgüterherstellern (insbesondere im Bürobereich: Computer, Kopiergeräte u.s.w.), ihren Kunden Geräte nicht mehr zu verkaufen, sondern in Form eines Leasings lediglich eine vereinbarte Menge an Dienstleistungen (z.B. Anzahl Kopien) zu gewährleisten. Das Gerät bleibt Eigentum des Herstellers, der sich um die ökologische Optimierung von der Herstellung und Wartung bis zur Entsorgung bemüht. Der kombinierte Verkehr ist eine Funktionsinnovation beim Gütertransport: Nicht die ökologische Optimierung einzelner Verkehrsträger, sondern ihre geschickte Kopplung stehen im Mittelpunkt dieser Optimierung. Ein weiteres Beispiel für eine Funktionsoptimierung ist die Strategie von Lackherstellern, nicht lediglich ihr eigenes Produkt, sondern gleichzeitig die Anwendung bei den Kunden zu optimieren, um durch eine geeignete Produkt-Anwendungskombination ein Optimum an ökologischen Entlastungen zu erreichen. Schliesslich sind alle Ansätze der Gesundheitsvorsorge eine Funktionsinnovation im Bedürfnisfeld Gesundheit. Dank ihnen lässt sich der Einsatz von Medikamenten reduzieren, bei bestimmte Krankheiten können Medikamente gar völlig überflüssig werden.

Trotz ihres grossen ökologischen Potentials lassen sich Funktionsinnovationen in den meisten Branchen erst in Ansätzen erkennen. Die Gründe hierfür sind vielfältig, jedoch noch nicht umfassend erforscht (Leinkauf/Zundel 1994, Pfriem 1995: 257 ff., Hockerts 1995, Deutsch 1994). Einige seien im folgenden genannt:

- Das Eigentum an einem Produkt stellt für den Kunden selbst einen wichtigen Produktnutzen dar.
- Der niedrige Preis für viele Gebrauchsgüter schafft keine Anreize für andere Nutzungsformen; bei gleichzeitig hohen Lohnkosten bestehen keine Anreize für Wartungsdienstleistungen durch den Hersteller.

- Vom Produkt losgelöste Funktionsinnovationen (z.B. Gesundheitsvorsorge statt Medikamentenverkauf) bedrohen bestehende Märkte von Unternehmen. Sie bevorzugen daher produktbezogene Dienstleistungen.

Bedürfnisorientierte Innovationen

Bedürfnisorientierte Innovationen bewegen sich auf einer grundsätzlich anderen Ebene als die drei vorher skizzierten Innovationsformen: Jene stellen Veränderungen von Prozessen, Produkten und Funktionsverbünden in einem vorgegebenen Bezugssystem dar: Prozessinnovationen orientieren sich an einer bestehenden Produktlogik, Produktinnovationen an der zu erfüllenden Funktion und Funktionsinnovationen an einem vorgegebenen Bedarf. Bedürfnisorientierte Innovationen zielen nun nicht analog auf die Veränderung von Bedürfnissen im Rahmen eines übergeordneten Bezugssystems – denn Bedürfnisse sind selber das oberste Bezugssystem für jedes unternehmerische Handeln. Bedürfnisorientierte Innovationen sind vielmehr alle die zielgerichteten Neugestaltungen unternehmerischen Handelns, die sich aus der *Reflexion* über die vom Unternehmen befriedigten Bedürfnisse ergeben.

Ist eine solche Reflektion für Unternehmen überhaupt notwendig und sinnvoll? Sie ist es aus zwei Gründen (vgl. auch Kasten «Bedürfnis, Bedarf, Nachfrage»): (1) Grundsätzliche Verschiebungen in Bedarfsausprägungen können erheblich auf die Geschäftstätigkeit von Unternehmen zurückwirken. Daher ist es schon aus Gründen der Bestandssicherung rational, nicht nur nach Prozess-, Produkt- und Funktionsinnovationen für bestehende Bedarfsmuster zu suchen, sondern auch über die Veränderung dieser Bedarfsmuster und die sich daraus ergebenden strategischen Konsequenzen nachzudenken. (2) Zudem findet die Herausbildung von Bedarfsmustern nicht unabhängig vom Handeln einzelner Unternehmen und Branchen statt. Diese prägen durch ihre Kommunikationspolitik und ihre konkreten Produkt- und Dienstleistungsangebote die Bedarfsmuster vielmehr mit. Bedürfnisreflexion heisst daher auch über die Kriterien nachzudenken, nach denen eine solche Mitgestaltung erfolgen soll, und aus der Anwendung dieser Kriterien Konsequenzen für die eigene Produkt- und Sortimentspolitik abzuleiten.

Bedürfnis, Bedarf, Nachfrage

Insbesondere in der Marketing-Forschung ist es üblich, zwischen Bedürfnis, Bedarf und Nachfrage zu unterscheiden (vgl. z.B. Nieschlag/Dichtl/Hörschgen 1994: 206 f.). Demnach sind **Bedürfnisse** die grundlegendste dieser drei Kategorien. Maslow (vgl. dazu und ähnlichen Abgrenzungen anderer Autoren Hopfenbeck 1991: 221) unterscheidet z.B. fünf Bedürfnisebenen: Physiologische Bedürfnisse, Sicherheitsbedürfnisse, Soziale Bedürfnisse (Zugehörigkeit, Liebe, Zuneigung), Achtung- und Wertschätzungsbedürfnisse sowie Bedürfnisse der Selbstverwirklichung. Diese Bedürfnisdimensionen sind nach Maslow bei jedem Menschen vorhanden. Die Existenz eines Bedürfnisses sagt jedoch noch nichts über die Form seiner möglichen Befriedigung aus. Durst als ein physiologisches Grundbedürfnis kann beispielsweise mit Wasser, Orangensaft oder Bier gestillt werden. Die Konkretisierung eines Bedürfnisses in Form eines Verlangens nach einer ganz bestimmten Art der Bedürfnisbefriedigung kann als **Bedarf** gekennzeichnet werden. Es findet eine «Objektausrichtung» des Bedürfnisses statt (vgl. Nieschlag/Dichtl/Hörschgen 1994: 207). Der Bedarf wird durch Tradition, Bildung, soziale Stellung u.ä., aber auch durch unternehmerisches Handeln (z.B. durch das Angebot und die Kommunikation konkreter Produktalternativen) geprägt. Die **Nachfrage** ist schliesslich der mit Kaufkraft versehene Bedarf, der an Märkten auftritt. In der herkömmlichen Betrachtung besteht die Aufgabe von Unternehmen darin, Bedarfe zu identifizieren, die dadurch zu Nachfrage werden, dass Unternehmen Produkte und Dienstleistungen anbieten, bei denen Preis und Nutzenvorstellung in einem für den Kunden attraktiven Verhältnis stehen. Prozess-, Produkt- und Funktionsinnovationen zielen in diese Richtung. Der Bedarf selber wird hier als fest angenommen. Bedürfnisorientierte Innovationen nehmen nun gerade vom Nachdenken über den Bedarf ihren Ausgang: Auf der Grundlage einer Bedürfnisreflexion sollen die (ökologisch orientierten) Geschäftsstrategien von Unternehmen überdacht werden. Dies ist notwendig, weil einzelne Bedarfe (z.B. derjenige nach individueller Mobilität oder dem Wohnen in Einfamilienhäusern) sich auch bei Realisierung aller Effizienzpotentiale in Zukunft kaum werden verallgemeinerungsfähig befriedigen lassen. Für die Befriedigung der zugrundeliegenden Bedürfnisse wird es in Zukunft vielmehr notwendig sein, auch andere Bedarfsformen in

Erwägung zu ziehen. Für Unternehmen können sich aus solchen Reflexionen unterschiedliche Konsequenzen ergeben:

- Sie können sich im Sinne einer Portfoliobereinigung aus bestimmten Bedarfsfeldern zurückziehen. Dies kann auch ökonomisch rational sein, wenn zu befürchten ist, dass aufgrund abzusehender ökologischer Probleme und zunehmender Regulierung mit schrumpfenden Märkten zu rechnen ist. Eine solche Portfoliobereinigung wäre in diesem Fall eine bedürfnisorientierte Innovation.
- Unternehmen können weiterhin die Reflexion über Bedürfnisse dazu nutzen, bewusst Produkte und Dienstleistungen für Bedarfsformen zu konzipieren, die die Befriedigung von gegebenen Bedürfnissen auch in Zukunft verallgemeinerungsfähig ermöglichen. Wenn sich Bauunternehmen auf das Renovierungsgeschäft von Altbauten oder Lebensmittelhersteller auf vegetarische, regionale und saisonale Produkte konzentrieren, so kann dies das Ergebnis einer solchen Bedürfnisreflexion sein. Bedürfnisorientierte Innovationen konkretisieren sich hier in Produkten, ordnen diese jedoch in einen neuen Zusammenhang ein.
- Schliesslich können Unternehmen auch aktiv neue Bedarfsformen mitprägen. Die Konkretisierung menschlicher Bedürfnisse in Form von Bedarfen ist von vielen kulturellen Faktoren mitgeprägt. Unternehmen spielen eine wichtige Rolle in der Prägung von Lebensstilen und Konsummustern. Diese Rolle lässt sich durchaus auch dazu nutzen durch eine entsprechende Produkt- und Kommunikationspolitik ökologisch verallgemeinerungsfähige Bedarfsmuster mitzuprägen. Bedürfnisorientierte Innovationen drücken sich in diesem Fall in einem spezifischen ökologischen Marketingmix aus.

Bedürfnisorientierte Innovationen konkretisieren sich somit letztlich in der Umgestaltung von unternehmerischen Produkt- und Dienstleistungssortimenten einschliesslich ihrer Vermarktung. Dies kann durch die Gestaltung neuer Produkte und Dienstleistungen, die aktive Einflussnahme auf Bedarfsausprägungen, aber auch den Rückzug aus bestimmten Bedarfsfeldern geschehen (vgl. Kasten «Bedürfnis, Bedarf, Nachfrage»). Die Beispiele zu bedürfnisorientierten Innovationen in Tabelle 4.1 reichen daher auch von neuen Produktalternativen im Sortiment über umfassend verstandene Problemansätze bis zum bewussten Ausstieg aus bestimmten Sortimentsbereichen. So können z.B. neue vegetarische, saisonale oder regionale Produktangebote von Lebensmittelunternehmen eine Antwort auf die Nichtverallgemeinerbarkeit der heutigen fleischbetonten und transportintensiven Ernährungsmuster in der industrialisierten Welt sein. Ähnliches gilt für die Konzentration auf Nahreisen oder «sanfte» Reiseformen durch Reiseanbieter. Nachhaltige Informationskonzepte in der Computerbranche orientieren sich am eigentlichen Informationsbedarf des Nutzers und verzichten auf eine ständige, technologiegetriebene Generierung vermeintlicher Zusatzbedarfe, die den Nutzer häufig überlasten statt entlasten. Der Austieg aus bestimmten Produktsegmenten wie z.B. ökologisch nicht verträglich zu gewinnende Farbtöne oder Verarbeitungsmaschinen für ökologisch bedenkliche Produkte ist schliesslich die extremste Form einer durch Bedürfnisreflexion getriebenen Sortimentsgestaltung.

Solche bedürfnisorientierten Innovationen beschränken sich heute noch auf Einzelfälle und Nischen (Reformhäuser, kleine Ökotextilienhersteller). Unternehmen nehmen in der Regel lediglich die ökonomischen Einschränkungen solcher Innovationen wahr und verkennen, dass sie auch -wie weiter oben oder im Kasten dargelegt- gerade langfristig mit erheblichen ökonomischen Chancen verbunden sein können. Denn mit dem wachsenden ökologischen Problemdruck und der zunehmenden Bedeutung postmaterieller Lebensstile (Scherhorn 1994) werden bedürfnisorientierte Innovationen an Bedeutung gewinnen, da sie Unternehmen als Ganzen Profilierungsmöglichkeiten bieten.

Weiterhin darf nicht übersehen werden, dass Unternehmen mit ihren Produkten und Dienstleistungen nicht nur einen konkreten Gebrauchsnutzen, sondern immer auch «Sinn» (Pfriem 1995: 266) verkaufen. Ökologisch geprägte Sinnmuster gewinnen heute an Bedeutung – insbesondere in Bereichen, in denen mit dem Konsum eines Produktes oder einer Dienstleistung auch Weltanschauungen nach aussen getragen werden und dieser Aspekt des Konsums eine zunehmend wichtigere Rolle spielt: Bekleidung, Reisen und die Ausübung individueller Mobilität sind hierfür Beispiele. Bedürfnisinnovationen scheinen weiterhin dort erfolgversprechend, wo sie unmittelbar an die Gesundheit gekoppelt sind: Der Verzicht auf Rindfleisch als Reaktion auf die «Rinderskandale» in Grossbritannien oder die Wahl von Naturtextilien aus gesundheitlichen Gründen deuten solche Entwicklungen heute schon an. Hier vermitteln bedürfnisorientierte Sortimentsentscheidungen der Konsumentin und dem Konsumenten Sicherheit.

Tabelle 4.1
Beispiele für ökologische prozess-, produkt-, funktions- und bedürfnisorientierte Innovationen in den untersuchten Branchen

Branche	Prozess-innovation	Produkt-innovation	Funktions-innovation	Bedürfnis-orientierte Innovation
Bau	Ökologisch optimierte Baumaterialien	Ökologisch optimierte Haustypen (z.B. Niedrigenergiehaus)	Ökologisch optimierte Wohnformen/ Siedlungskonzepte	Renovieren statt Neubau
Chemie (z.B. Pigmenthersteller)	Ökologisch optimierte Prozessführung (weniger Energieverbrauch)	Entwicklung eines schwermetallfreien Pigmentes	Entwicklung von Pigmenten für Einsatz in Wasserlacken	Verzicht auf bestimmte Farbtöne
Computer	Verzicht auf FCKW bei der Platinenherstellung	Niedrigenergiecomputer	Einrichtung von Computerpools zur effizienten Computernutzung	Nachhaltige Informationskonzepte
Güterverkehr	Erstellung der Transportleistung mit schadstoffarmen LKW	Wahl ökologisch besserer Verkehrsträger (z.B. Bahn)	Ökologisch optimierte Verkehrssystemlösungen	Konzentration auf bestimmte Transportformen
Lebensmittel	Einsatz ökologisch optimierter Landmaschinen	Produkte aus ökologisch-dynamischen Anbau	Ökologisch optimierte(r) Nahrungsmittelmix/Mahlzeit	Vegetarische, saisonale, regionale Lebensmittelangebote
Maschinenbau	Ökologisch optimierte Gussverfahren bei der Herstellung	Energiesparende Maschine	Verpackungsmaschine, die auch Recyclate verarbeitet	Verzicht auf bestimmte Maschinen (z.B. für Aluminiumdosen)

4.2 Ökologische Wirkungen der Unternehmensinnovationen

Nachhaltiges Wirtschaften erfordert eine erhebliche Verringerung der heutigen ökologischen Belastungen. Wissenschaftler wie E.U. v. Weizsäcker und A. Lovins fordern Reduktionen um den «Faktor 4» (Weizsäcker u.a. 1995), F. Schmidt-Bleek gar um den «Faktor 10», um die Voraussetzungen einer nachhaltigen Wirtschaft zu gewährleisten (Schmidt-Bleek 1994: 168). Ohne über die exakten Grössen streiten zu wollen, zeigt dies, dass es bei einem ökologisch nachhaltigen Strukturwandel nicht lediglich um Reduktionen von 10% oder 15% geht. Der vorliegende Abschnitt prüft, ob die dargestellten ökologischen Innovationen von Unternehmen das Potential besitzen, um zu Verbesserungen in diesen Grössenordnungen beizutragen.

Prozessinnovationen: Opfer von Wachstumsdynamik und Produktlogik

Ökologische Prozessinnovationen haben in vielen Schweizer Branchen in den letzten Jahren die grösste Bedeutung von allen ökologischen Innovationen gehabt. Insbesondere ausgelöst durch gesetzliche Vorschriften konnten einzelne Branchen/Unternehmen beträchtliche Entlastungen wichtiger Umweltmedien erreichen (vgl. die Zahlen in Kapitel 3): Dennoch vermag der Erfolg dieser Prozessinnovationen nicht vollständig zu befriedigen. Dies aus mehreren Gründen:

- Die meisten der wichtigen ökologischen Entlastungen gehen auf den Einsatz von EOP-Technologien zurück (Abwasserreinigungsanlagen, Filter, Müllverbrennung). Hierdurch wurden zum einen keine Entlastungen bei den Inputs erzielt. Für die Errichtung und den Betrieb solcher Anlagen ist vielmehr noch ein zusätzlicher Energie- und Stoffeinsatz notwendig. Zum anderen verlagern die EOP-Ansätze häufig die ökologischen Probleme von einem Medium in ein anderes. Gefilterte Luftschadstoffe fallen als Filterschlacken, verbrannte Abfälle als Luftemissionen oder Verbrennungsrückstände, wasserbelastende Substanzen als Klärschlamm an.
- Die Betrachtung ökologischer Entlastungen in der Produktion bezieht sich lediglich auf den Standort Schweiz. Viele Entlastungen wurden jedoch dadurch erreicht, dass ökologisch belastende Wertschöpfungsstufen in den letzten Jahren aus der Schweiz ausgelagert worden sind und heute in anderen Teilen Europas und der Welt stattfinden. Die Auslagerungen sind selten ökologisch, sondern in der Regel durch die Spezialisierung vieler Schweizer Branchen auf

wertschöpfungsstarke Segmente begründet (z.B. in der Maschinenbranche: vgl. Laubscher 1995). Global ist es hierdurch zu keiner ökologischen Entlastung gekommen. Die Umweltbelastungen werden vielmehr über Vorprodukte als «graue» Umweltbelastungen wieder in die Schweiz importiert oder im Zuge der Weiterverwendung und abschliessenden Entsorgung von Gebrauchsgütern exportiert.
- Die ökologischen Entlastungen konzentrieren sich auf einen engen Kanon (gesetzlich regulierter) Wasser- und Luftschadstoffe und z.T. den Energieverbrauch. Andere Belastungen wie die Versiegelung von Bodenflächen, die Zunahme der Stoffvielfalt in der Produktion, aber auch das Sonderabfallaufkommen haben dagegen kaum abgenommen.
- In Branchen, die eine hohe relative ökologische Entlastung bezogen auf eine Produkteinheit erzielten, wurden diese Verbesserungen durch Wachstumseffekte wieder kompensiert. Ein besonders eindrucksvolles Beispiel hierfür ist der Energieverbrauch in der Schweizer Chemieindustrie, in der die umfassenden Energieeinsparungen pro Wertschöpfungseinheit durch das Wachstum der Branche vollständig neutralisiert wurden (M. Binswanger 1994: 25 f.).

Auch im Hinblick auf weitere Prozessinnovationen scheint das ökologische Potential eher begrenzt zu sein. Umweltbelastungen, bei denen in den letzten Jahren schon erhebliche Reduktionen erzielt wurden, sind nur noch mit überproportional steigenden Kosten weiter zu senken. Die durch die verschärfte Luftreinhalteverordnung angestossenen VOC-Reduktionen scheinen z.B. in der Schweiz eine der letzten grossen, durch Prozessinnovationen ausgelösten Reduktionen von Luftschadstoffemissionen einzuleiten. Lediglich einzelne Branchen bieten noch grössere Möglichkeiten für ökologische Effizienzsteigerungen im Produktionsprozess: so z.B. der Güterverkehr durch eine umfassende Verschiebung des Transports auf die Schiene. Viele andere Produktionsbelastungen sind dagegen durch die Art der Produkte oder vorgeschriebene Qualitätsanforderungen verursacht und können kaum durch Prozessinnovationen entschärft werden: Dies gilt z.B. für die Reinheitsanforderungen bei Pharmazeutika oder der Herstellung von Computerchips. Hier bedarf es ökologischer Innovationen auf der Produkt- und Funktionsebene.

Die Umweltschutzgesetzgebung in den meisten Industrieländern ist heute jedoch immer noch stark produktionsbezogen ausgestaltet. Angesichts der nur noch sehr geringen Optimierungsmöglichkeiten in diesem Feld birgt eine solche Konzentration auf prozessbezogene Regulierungen grosse Gefahren in sich: Sie zwingt die Industrie, Mittel in Umweltschutzmassnahmen zu binden, die für Innovationen auf Produkt- und Funktionsebene ökologisch sehr viel effektiver eingesetzt werden könnten. So konstatiert Braungart beispielsweise für die Chemieindustrie in Deutschland, dass die umfassenden produktionsorientierten Regulierungen lange zu einer Lenkung der Investitionsmittel in diesen Bereich geführt haben, obwohl Produktinnovationen häufig das sehr viel grössere ökologische Potential besitzen (o.V. 1994b).

Produktinnovationen: Die Versuchung selektiver Optimierung

In den letzten Jahren sind in vielen Branchen die Grenzen ökologischer *Prozess*innovationen erreicht worden. Dies führte zu einem feststellbaren Anstieg an ökologischen *Produkt*innovationen. In vielen Fällen erwiesen sich Produktverbesserungen als der weitergehende Ansatz, der Unternehmen auch hilft, produktionsbezogene Belastungen zu reduzieren. Daneben gingen auch von den Absatzmärkten und vom Gesetzgeber Impulse zu einer Ökologisierung von Produkten aus: Infolge der zunehmenden ökologischen Sensibilisierung von Kunden bieten ökologisch optimierte Produkte den Unternehmungen Differenzierungsmöglichkeiten. Dies lässt sich beispielsweise in den Märkten für Lebensmittel sowie in der Agro- oder der Farbenchemie deutlich feststellen. Andererseits führen Abfallsackgebühren in Gemeinden, vorgezogene Rücknahmegebühren und Entsorgungsverpflichtungen für Hersteller zu einer Reduktion von Produktverpackungen und zu einem vermehrt auf Wiederverwertung und Wiederverwendung ausgerichteten Produktdesign.

Ein kritischer Blick auf die heute zu beobachtenden ökologischen Produktinnovationen in Schweizer Branchen zeigt jedoch zweierlei:

Erstens: Selten liegt wirklich der gesamte Produktlebenszkylus der ökologischen Optimierung von Produkten zu Grunde. In der Regel konzentrieren sich Unternehmen auf die ökologische Verbesserung einzelner Produkteigenschaften, die gesetzlich vorgeschrieben oder am Markt als Differenzierungsvorteil einzusetzen sind. So dominieren bei Lebensmitteln Verpackungsinnovationen. Eine breite Ökologisierung der landwirtschaftlichen Anbaumethoden oder der Haltungssysteme für Tiere, die Berücksichtigung ökologischer Belastungen in der Gebrauchsphase (Energieverbrauch, Kühlkette) oder die Optimierung übergreifender Aspekte, wie die der Transportprozesse während des gesamten Produktlebenszyklus, finden sich bisher erst in Ansätzen. Ähnliches ist bei Computern zu beobachten, bei denen sich die Ökologisierung derzeit auf Aspekte wie den Energieverbrauch, die Recyclingmöglichkeit für einzelne Computerteile und die Verbannung einzelner ökologisch bedenklicher Inhaltsstoffe konzentriert. Aspekte der Lebensdauerverlängerung (Modulbauweise, Reparaturfreundlichkeit), die viele ökologische Probleme erheblich entschärfen könnten, spielen bis heute eine eher untergeordnete Rolle.

Zweitens: Die Produktverbesserungen setzen häufig nicht an den grossen und relevanten ökologischen Belastungen an, sondern orientieren sich vielmehr an den Notwendigkeiten des Marktes und der Gesetze. Die Dominanz der Verpackungsoptimierungen im Lebensmittelbereich kann hierfür als ein Beispiel dienen. Ähnliches gilt für Textilien, bei denen sich ökologische Verbesserungen derzeit auf die Verbannung von Schadstoffresten auf fertigen Kleidungsstücken konzentrieren. Ökologisch bedeutendere Fragen des Naturfaseranbaus (Pestizideinsatz), der Textilveredlung (Abwasserbelastungen) und der Textilentsorgung werden bisher kaum aufgegriffen.

Die systematische ökologische Verbesserung von Produkten entlang ihres Produktlebenszyklus bietet mithin noch ein umfassendes Innovationspotential für Unternehmen. Die ökologische Innovationsoffensive steht hier erst am Anfang.

Funktionsinnovationen: In Zusammenhängen denken!

Dennoch vermögen auch weitergehende ökologische Produktinnovationen in vielen Bereichen nicht alle ökologischen Probleme in einer Weise zu lösen, die den Anforderungen einer Nachhaltigen Entwicklung entspricht. Ökologische Funktionsinnovationen eröffnen in diesen Fällen neue Perspektiven. Einige seien schlagwortartig aufgezählt (vgl. die umfassende Systematisierung von Hockerts 1995: 26 f.): Gesundheitsvorsorge statt Pharmazeutika, Car-Sharing statt eigenes Automobil, Ertragsversicherung statt Verkauf von Pflanzenschutzmitteln, Leasing statt Kauf.

All diesen Lösungen liegt ein umfassenderes Problemverständnis zugrunde als bei ökologischen Prozess- und Produktverbesserungen. In gewisser Weise stellen sie die intelligentere Form der Innovation dar, weil sie dem Innovator und dem Nutzer helfen, die Ursachen der ökologischen Belastung besser zu verstehen.

Ein Beispiel hierzu aus der Agrarchemie: Der umfassende Einsatz von Pflanzenschutzmitteln ist eine unmittelbare Folge der starken Mechanisierung und Technisierung der landwirtschaftlichen Produktion der letzten Jahrzehnte. Der Anbau einzelner hochertragreicher Sorten in Monokulturen und ihre Bearbeitung mit modernen Landmaschinen erhöhte zwangsläufig die Anfälligkeit der Kulturen gegenüber

Krankheiten und Schädlingen. Wohl vermag die ökologische Optimierung der eingesetzten Pestizide (als Beispiel für ökologische Produktinnovationen) die bedenklichen Folgen des Pflanzenschutzmitteleinsatzes zu reduzieren, sie beseitigt jedoch nicht die grundlegende Logik des Einsatzes. Ursache des Einsatzes ist die erhöhte Anfälligkeit der Kulturen. Diese kann jedoch nicht durch produktbezogene Massnahmen, sondern nur durch eine Umstellung der Anbaumethoden (Sortenreichtum, Fruchtwechsel, etc.) beseitigt werden. Ähnliches gilt für Pharmazeutika oder die durch individuelle Mobilität ausgelösten ökologischen Probleme. Denn auch ein ökologisch optimiertes Medikament ist ökologisch belastender als die vollständige Vermeidung bestimmter Erkrankungen durch vorbeugende Massnahmen. Gleiches gilt für intelligente Siedlungsstrukturen, die viele Mobilitätsbedürfnisse gar nicht erst entstehen lassen und damit ökologisch optimierte Motorenkonzepte überflüssig machen. Sie greifen weiter als ökologische Produktinnovationen.

Funktionsinnovationen sind in der Regel nicht technischer Natur, sondern organisatorischer oder sozialer Art. Sie nutzen bestehende Produkte und technische Möglichkeiten und kombinieren diese in einer neuen Weise. Dadurch ist auch der Innovationsprozess selbst ökologisch kaum belastend, handelt es sich doch um intelligente, immaterielle Innovationen. Noch stärker als die ökologischen Produktinnovationen stehen die ökologischen Funktionsinnovationen heute erst am Anfang. Gesetzlicher Druck zu solchen Innovationen besteht, anders als bei Produkten und Prozessen, kaum. Zudem scheint die Akzeptanz des Marktes für solche neuen Formen der Problemlösung noch gering – ist jedoch in einzelnen Branchen (z.B. in der Farbenchemie oder bei Investitionsgütern) durchaus vorhanden. Hier ist auf eine wachsende unternehmerische Kreativität in ökologisch betroffenen Branchen zu hoffen.

Bedürfnisorientierte Innovationen: Eine neue Dimension ökologisch orientierter Unternehmensführung

Bedürfnisorientierte Innovationen definieren die Rolle von Unternehmen neu. Sie treten hier nicht mehr nur als Marktpartner auf, die gegebene Kundenbedarfe möglichst effizient befriedigen, sondern sie thematisieren den Bedarf selber, der sich aus Bedürfnissen ergibt, und machen dieses Nachdenken zu einer Grundlage ihrer Sortimentspolitik. Das ökologische Potential eines solchen Ansatzes ist besonders umfassend, denn jede ökologische Belastung des Wirtschaftsprozesses beginnt bei der Befriedigung konkreter Bedürfnisse. In dem Masse, wie die Ausprägung der Bedürfnisse in Form von Bedarfen selbst Gestaltungsvariable für Innovationen wird, zeigt sich, dass Lösungen auch für ökologische Probleme möglich sind, die auf Prozess-, Produkt- und

Tabelle 4.2
Vergleich der ökologischen Potentiale von prozess-, produkt-, funktions- und bedürfnisorientierten Innovationen

Form der Innovation	Ökologische Potentiale und Grenzen
Prozess-innovationen	**Potentiale:** • Hohe lokale, medienbezogene Entlastungsmöglichkeiten **Grenzen:** • Beschränkung auf lediglich eine Phase im Produktlebenszyklus • Prozessbelastungen durch Art des Produktes z.T. determiniert und nicht über bestimmte Grenzen hinweg zu senken • Entlastung immer nur relativ zum Produkt, dadurch anfällig gegen Überkompensation durch Wachstumseffekte
Produkt-innovationen	**Potentiale:** • Entschärfung einzelner ökologischer Schlüsselprobleme entlang des Produktlebenszyklus **Grenzen:** • Gefahr der Überkompensation durch Wachstumseffekte, die vom Produkt selbst ausgelöst werden • Häufig lediglich Beschränkung auf einzelne Produktlebenszyklusphasen
Funktions-innovationen	**Potentiale:** • Denken in Funktionen gewährleistet substitutive Verbesserungen • Möglichkeit nicht-stofflicher oder erheblich stoffreduzierender Lösungen gegeben
	Grenzen: • Noch fehlende marktliche Akzeptanz erlaubt heute nur geringe Diffusion
Bedürfnis-orientierte Innovationen	**Potentiale:** • Möglichkeit der ökologischen Nullösung durch Verzicht • Aktive ökologische orientierte Beeinflussung von Kundenbedürfnissen **Grenzen:** • Vermarktungsmöglichkeiten werden von Unternehmen bisher kaum gesehen, daher nur geringe Verbreitung • Notwendigkeit, Wahrnehmungsbarrieren in Unternehmen und bei Kunden zu überwinden

Funktionsebene nicht beherrschbar scheinen. Dazu zählen z.B. die Reflexion über andere Wege zur Befriedigung des Erholungsbedürfnisses als durch Urlaubsfernreisen. Das Bedürfnis nach vitaminreicher und ausgewogener Kost muss (auch im Winter) keineswegs nur durch Obst und Gemüse von anderen Kontinenten befriedigt werden, und der Wunsch nach einer farbenfrohen Lebenswelt lässt sich auch anders als durch bestimmte, nur synthetisch zu gewinnende Farbtöne verwirklichen! Solche Überlegungen können der Ausgangspunkt für neue, bisher nicht wahrgenommene Geschäftsinnovationen mit grossem ökologischem Entlastungspotential sein (vgl. auch SustainAbility 1995).

Ökonomisch spielen bedürfnisorientierte Innovationen allerdings bisher kaum eine Rolle, stehen sie doch der Kommerzialisierungslogik in vielen Branchen entgegen. Dennoch darf nicht übersehen werden, dass Unternehmen mit ihren Produkten immer auch Lebensstile und Bedürfnisinterpretationen verkaufen. In vielen Konsum- (zum Beispiel Textilien, bestimmte Lebensmittel für Softdrinks, Schokoladenriegel u.s.w.) und in einzelnen Gebrauchsgüterbranchen (Automobil) sind diese Aspekte besonders stark ausgeprägt. Bedürfnisorientierte ökologische Innovationen, die bestimmte Lebensstile vermitteln, scheinen hier durchaus auch am Markt durchsetzbar. Heute nutzen diese Chance jedoch erst Nischenanbieter wie etwa Reformhäuser, Second-Hand-Boutiquen oder spezialisierte Reisebüros.

4.3 Zusammenfassung und Ausblick

Die vorangegangenen Betrachtungen zeichneten ein doppeldeutiges Bild von den Möglichkeiten ökologischer Innovationen auf Unternehmensebene. Einerseits wurde deutlich, dass umfassende Innovationspotentiale für einen ökologischen Strukturwandel existieren. Insbesondere Innovationen auf Produkt-, Funktions- und Bedürfnisebene versprechen erhebliche ökologische Entlastungen. Andererseits spielen die ökologischen Innovationen mit den höchsten ökologischen Potentialen in den meisten Branchen die geringste Rolle. Es dominieren ökologische Prozessinnovationen mit nur beschränkten ökologischen Wirkungen. Die politischen und marktlichen Anreize für Unternehmen bei den einzelnen Innovationsformen scheinen in einem umgekehrten Verhältnis zu deren ökologischer Tragweite zu stehen. Abbildung 4.6 gibt diesen Zusammenhang schematisch wieder.[2]

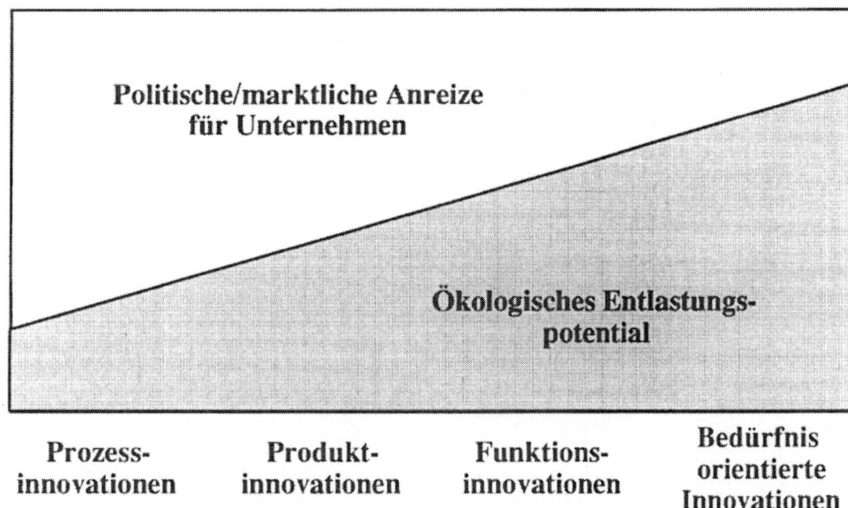

Abbildung 4.6
Ökonomisch-ökologische Bewertung der betrachteten Innovationen

Ökologischer Strukturwandel von unten bedingt, dass die Unternehmen die heute schon bestehenden Anreize für ökologische Innovationen insbesondere auf Funktions- und Bedürfnisebene bewusst nutzen. «Nachhaltige Entwicklung durch ökologische Innovationen» wird aber wohl nur möglich sein, wenn diese Neugestaltungen auf Unternehmensebene von Neugestaltungen auf politischer Ebene und in Akteurnetzen flankiert werden.

2 Die Darstellung ist nicht quantitativ zu verstehen, sondern gibt nur eine grundsätzliche Tendenz an.

5 Innovationen in der Umweltpolitik – von der Feinsteuerung zur Grobsteuerung

Zusammenfassung

Die Umweltpolitik muss in Konkurrenz zu anderen politischen Zielen bestehen. Als administrativ aufwendige, Zeit und Kosten verursachende Politik des erhobenen Zeigefingers ist sie heute gerade angesichts des erreichten hohen Regulierungsgrades im Schussfeld der Kritik. Die Innovationen der Umweltpolitik führen zwar beim Schutz vor schädlichen Einwirkungen zu gewissen Erfolgen. Diese laufen jedoch Gefahr, bei fehlender Behebung der Ursachen kompensiert zu werden. Dies gilt insbesondere angesichts der bisherigen Politik zur Förderung des Wirtschaftsstandortes, die auf eine Verbilligung der natürlichen Inputfaktoren abzielt und den Zielsetzungen der Umweltpolitik entgegenwirkt. Vor dem Hintergrund der Postulate einer Nachhaltigen Entwicklung wird eine Innovationsperspektive aufgezeigt, die vor allem bei den Ursachen, den Inputströmen, ansetzt.

Die ökologischen Handlungsspielräume und Handlungsanreize einzelner innovativer Unternehmen werden zu einem wesentlichen Teil durch die staatlich gesetzten Rahmenbedingungen sowie durch das Tätigwerden des Staates selbst beeinflusst. Der staatliche Wirkungsbereich wird häufig als Struktur verstanden, die einzelnen Unternehmen Handlungsanreize vermittelt. Umweltpolitische Innovationen sind in diesem Fall als ökologisch orientierte Neugestaltungen dieser Anreize zu verstehen.

Ein vom Staat gesetzter Rahmen muss nun verschiedenen Zielen gerecht werden. Ökologische Interessen sind lediglich eines unter vielen Zielen. Dass sich verschiedene Ziele teilweise fundamental widersprechen, wird im folgenden ausgeführt. In diesem – nicht nur für die Schweiz typischen – Umfeld lassen sich sehr unterschiedliche ökologische Innovationen der Umweltpolitik beobachten. Auf ihr ökologisches Potential und auf Innovationsperspektiven für eine Nachhaltige Entwicklung geht das folgende Kapitel ein.

5.1 Umweltpolitische Innovationen der Schweizerischen Politik

Die vergleichsweise junge Umweltpolitik kann bereits einige beachtliche umweltpolitische – ökologische – Innovationen vorweisen. Wie anfangs ausgeführt, werden Innovationen als zielgerichtete Veränderungen bestehender Handlungen bzw. als deren Ergebnisse betrachtet. Diese Veränderungen beziehen sich immer auf das Handlungsumfeld der jeweils handelnden Akteure. Es spielt also keine Rolle, ob andernorts gleiche Lösungen schon existieren. Innovationen sind dadurch abhängig vom Ausgangszustand der jeweiligen Betrachtungseinheit, in diesem Falle der schweizerischen Umweltpolitik. In diesem Sinne waren auch erstmalige Regulierungen von Umweltnutzungen oder die Einschränkungen von Emissionen zu ihrer Zeit Innovationen. In Abbildung 5.1 sind solche historische Innovationen dem oberen linken Feld zuzuordnen. Im folgenden werden zwei Dimensionen von aktuellen Innovationen unterschieden, die in der schweizerischen Umweltpolitik heute anzutreffen sind: inhaltliche Innovationen und instrumentelle Innovationen.

Inhaltliche Innovationen liegen vor, wenn sich die Umweltpolitik auf neue Regelungsinhalte erstreckt. Dies ist z.B. der Fall, wenn statt nur Emissionen zusätzlich auch Grössen wie Mobilitätsmengen, Energie- und Bodenverbrauch, Stoffströme oder Grossrisiken anvisiert werden. Inhaltliche Innovationen werden durch den vertikalen Pfeil in Abbildung 5.1 wiedergegeben.

Als **instrumentelle Innovationen** werden neue Politik**formen** bezeichnet. Sie liegen z.B. vor, wenn die bisher eingesetzten regulativen Instrumente, d.h. die detaillierte Festlegung einzelner Schadstoffgrenzwerte oder Verhaltensnormen, durch neue Instrumente abgelöst oder ergänzt werden. Zu solchen Instrumenten zählen marktwirtschaftliche Ansätze wie Abgaben und Gebühren, handelbare Zertifikate oder die Zuweisung von Eigentumsrechten und Verantwortung (Umwelthaftung). Diese Innovationstypen werden durch den horizontalen Pfeil in Abbildung 5.1 gekennzeichnet. Ergänzend werden verschiedene Innovationen im Bereich des Vollzugs aufgeführt. Diese Innovationen tragen dazu bei, dass inhaltliche und instrumentelle Innovationen der Gesetzgebung wirksam werden können.

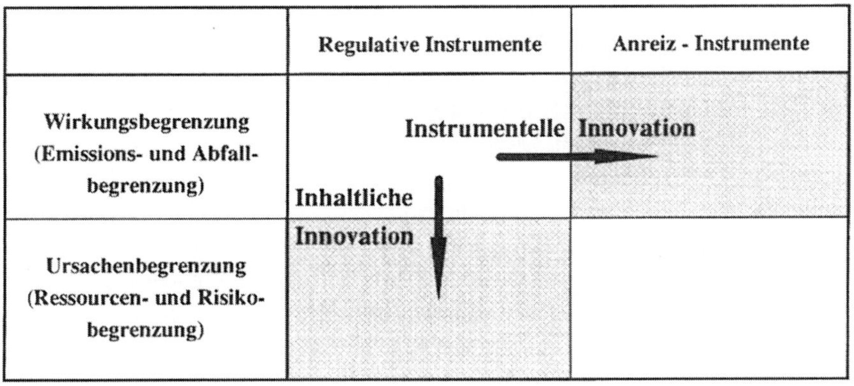

	Regulative Instrumente	Anreiz - Instrumente
Wirkungsbegrenzung (Emissions- und Abfallbegrenzung)	Instrumentelle → Inhaltliche ↓	Innovation
Ursachenbegrenzung (Ressourcen- und Risikobegrenzung)	Innovation	

Abbildung 5.1
Innovationen der staatlichen Akteure bzw. deren Ergebnisse: Von der Output- zur Inputbegrenzung, von regulativen zu Anreizinstrumenten.

Ein Blick zurück: Innovationen in historischer Perspektive

Die Schweiz hatte lange Zeit eine Pionierrolle im Bereich des Umweltschutzes inne. Bereits um die Jahrhundertwende wurde ein Gesetz mit dem Ziel der Erhaltung der gesamten schweizerischen Schutzwälder erlassen. Im Jahr 1955 wurden erstmals im Gewässerschutz Bestimmungen auf Gesetzesebene erlassen. Da jedoch das «Bundesgesetz über den Schutz der Gewässer gegen Verunreinigung» für die Gemeinden nur unzureichende finanzielle Anreize zum Bau von Kanalisationssystemen und Abwasserreinigungsanlagen vorsah, blieb dieses Gesetz zunächst weitgehend unvollzogenes Recht. Dennoch wurde als Nebeneffekt dieses Erlasses mit der Ausweisung von Gebieten der generellen Kanalisationsprojekte die ersten raumplanerischen Bauzonen geschaffen (Knoepfel 1990: 8). Mit grosszügigeren Subventionsbestimmungen löste das revidierte Gewässerschutzgesetz ab 1971 den Bau der erwünschten Gewässerschutzanlagen aus. Als historisches Datum bezeichnet Knoepfel den Erlass der Verordnung vom 8. Dezember 1975 über Abwassereinleitungen, in dem «erstmals in Europa für den Abwasserbereich eine Vielzahl von Emissions- *und* Immissionsnormen erlassen wurden» (Knoepfel 1990: 9). 1966 wurde mit dem Natur- und Heimatschutzgesetz (NHG) eine «Umweltschutzgesetzgebung im engeren Sinne» eingeführt. So bezweckt das Gesetz unter anderem den Schutz der einheimischen Tier- und Pflanzenwelt mit ihren natürlichen Lebensräumen. Seit 1971 schliesslich existiert ein Verfassungsartikel zum Umweltschutz und darauf gestützt wurde 1983 das

Umweltschutzgesetz (USG) verabschiedet. Auch dieses galt zu jener Zeit im internationalen Rahmen als sehr fortschrittlich. Es regelt in Ergänzung zu den anderen Gesetzen die Themen Immissionen, Stoffe, Abfälle und Bodenbelastungen (Müller 1992: 61).

Die hier aufgeführten Gesetze und die zugehörigen Verordnungen galten zu ihrer Zeit als ökologische Innovationen. Jeder einzelne dieser Erlasse erfasste bisher zumindest bundesstaatlich unregulierte Bereiche. Auch instrumentell wurden neue Wege beschritten, wie dies an den Beispielen der Emissions- und Immissionsnormen oder den raumplanerischen Zonenfestlegungen gezeigt wurde. Der Emissionsbegrenzung durch regulative Instrumente entspricht in Abb. 5.1 der erste Quadrant.

Obwohl viele dieser Innovationen aus heutiger Sicht als selbstverständlich empfunden werden, gilt es doch zu berücksichtigen, dass diese Gesetze häufig Neuland betraten. Der Sprung von der Null-Regulierung zum staatlich verordneten Schutz einzelner Umweltgüter muss entsprechend gewürdigt werden. Von dem mit diesen Mitteln erreichten hohen regulatorischen Standard gilt es auszugehen, wenn weitere Innovationen gesucht und beurteilt werden. Zu diesem Standard gehört insbesondere die Festsetzung nicht nur von **Emissions**-, sondern auch von **Immissionsgrenzwerten**. Innovativ war besonders die vom Bundesrat erlassene und vom Parlament bestätigte Festlegung der Luftreinhalteziele. Mit dem Luftreinhaltekonzept vom 10. September 1986 wurde festgelegt, dass die schweizerischen Emissionsfrachten wieder auf den Stand von 1950 (SO_2) bzw. von 1960 (Nox, VOC) zurückgeführt werden sollen.

Schweizer Regulierungen gehen oft weiter und sind schärfer als die Regulierungen anderer Länder (vgl. hierzu z.B. auch Schwager u.a. 1988; BUWAL 1992). Dies gilt für die Luftreinhaltung ebenso wie für den Gewässerschutz, für den Gebrauch einzelner Stoffe, aber auch für Vorschriften zum Düngereinsatz in der Landwirtschaft. Als Folge dieser scharfen Regulierungen mussten beispielsweise nach 1987 aufgrund der erlassenen NO_x-Abgasvorschriften Neuwagen mit Dreiweg-Katalysatoren ausgerüstet werden (Knoepfel 1990: 14). Dabei nahm die Schweiz eine europäische Pionierrolle ein.

Als innovativ zur Zeit ihrer Einführung müssen auch viele der heute noch aktuellen **Begrenzungen des wirtschaftlichen Natur-Inputs** (Ressourcenbeanspruchung) bezeichnet werden. Bereits 1902 schuf die Schweiz mit der Bestandesgarantie von Waldflächen eine absolute Grenze der Bodennutzung (Waldgesetz, ursprünglich 1902). Wesentlich später erhielten die noch verbliebenen Moorgebiete von nationaler Bedeutung ebenfalls entsprechenden Schutz. Dieser Schutz erfolgte auf Verfassungsebene aufgrund einer Volksinitiative (Rothenturm-Initiative 1988). Nicht absolut, jedoch gleichwohl als historische Innovation zu bezeichnen, ist die Begrenzung der Bauzonen durch eine raumplanerische Festlegung der verschiedenen zulässigen Nutzungen (RPG 1979). Die grundlegende Unterscheidung zwischen Bau- und Nichtbaugebiet beschränkt die Siedlungsflächen auf bestimmte Gebiete. Bereits frühzeitig schränkte die Schweiz ausserdem den Güterverkehr auf der Strasse durch Regulierungen und Verbote ein. Neben dem Sonntags- und Nachtfahrverbot (zeitliche Einschränkung der Transportmöglichkeiten) führte die 1972 erlassene Begrenzung der Lastwagentransporte auf 28 Tonnen zu einer Beschränkung der Lastwagentypen, die in der Schweiz verkehren dürfen.

Ein weiteres innovatives Instrument, das heute noch aktuell ist, wurde bereits 1966 mit dem Natur- und Heimatschutzgesetz eingeführt: Das Instrument der **Klagebefugnis** der Gemeinden und gesamtschweizerischer Vereinigungen mit ideeller Zielsetzung (Verbandsbeschwerderecht). Damit wurde erstmals ein Instrument geschaffen, mit dem anwaltschaftliche Interessen der Natur durch private Organisationen wahrgenommen werden können. Analog dazu erhielten auch im Umweltschutzgesetz private Organisationen das Recht, gegen Vollzugsdefizite vorgehen können. Im Sinne eines Kompromisses wurde dieses Recht zwar nur im Zusammenhang mit dem Verfahren der Umweltverträglichkeitsprüfung eingeräumt, hat aber eine grosse politische Bedeutung erlangt. Die vom Bund definierten klageberechtigten Umweltschutzorganisationen haben denn auch vielfach erfolgreich von diesem Recht Gebrauch gemacht. Da mit der Umweltverträglichkeitsprüfung kein neues Recht geschaffen wurde, sondern lediglich die Anwendung des bestehenden Rechts durchgesetzt werden soll, ist durch das Verbandsbeschwerderecht ein effektives Mittel zu einer anwaltschaftlichen Durchsetzung bestehender Gesetze im Interesse der Natur entstanden.

Aktuelle Innovationen der staatlichen Rahmenbedingungen

Inhaltliche Innovationen

Bei inhaltlichen Innovationen ist nicht das Instrument an sich eine Innovation, sondern vielmehr der **Regulierungsgegenstand**. Die Schweiz ist bei der Regulierung einzelner Stoffe auch im Vergleich mit dem Ausland sehr weit gegangen. Besondere Beachtung erhielten ozonschichtabbauende Stoffe im Rahmen der Stoffverordnung (StoV 1986). Die entsprechenden Stoffe wurden ab Januar 1992 stark eingeschränkt und sind seit 1995 weitgehend verboten. Auch ging die Schweiz mit dem 1986 eingeführten Phosphatverbot für Textilwaschmittel zur Reduktion der Phosphatwerte von Vorflutern und Klärschlämmen voraus (Waschmittelverordnung 1977/Stoffverordnung 1986). Verschiedene abfallwirtschaftlich motivierte Regelungen auf der Stufe der Güterproduktion zielen ebenfalls auf eine Begrenzung des Inputs ab (Art. 32 USG, Stoffverordnung, Getränkeverpackungsverordnung). So verbietet die Stoffverordnung das Herstellen, Abgeben, Einführen und Verwenden einer Reihe von namentlich aufgeführten Stoffen und Stoffgruppen oder schränkt deren Anwendung ein (Knoepfel 1990: 18 f.). Mit dem absoluten Verbot für Getränkeverpackungen aus PVC im Rahmen der Getränkeverpackungsverordnung (VGV 1991) wurde vom Bundesrat dieser Weg konsequent beschritten. Er verteidigte diese Innovation erfolgreich gegen Klagen der betroffenen Importeure vor dem Bundesgericht (BGE 118 Ib 367).

Das Setzen **absoluter (Fracht)grenzen** ist ein bekanntes Instrument, das jedoch bei der **Anwendung auf Outputströme** als Innovation bezeichnet werden kann. In der Schweiz gibt es hierfür ein Beispiel in der Abfallpolitik mit der Begrenzung der zulässigen Abfallfrachten einzelner Verpackungsstoffe. Mit der Getränkeverpackungsverordnung (VGV 1991) wurde in Zusammenarbeit mit Industrie und privaten Organisationen eine innovative Lösung gefunden, die relativ starre Abfallrestmengen der Verpackungsstoffe Glas, Stahlblech, Kunststoff (PET) und Aluminium definiert. Die konkreten Massnahmen zur Erreichung dieser Ziele werden dabei den Adressaten überlassen. Erst bei Nicht-Einhaltung der gegebenen Ziele werden hoheitliche Massnahmen wie die Pfandpflicht erlassen. Zum Schutze der Gewässer vor zu hohem Nährstoffeintrag wurden im 1991 revidierten Gewässerschutzgesetz flächenbezogene und gesetzlich verbindliche Höchsttierbestände festgelegt, um so den anfallenden Hofdünger beschränken zu können.

Als eine **Begrenzung des Inputs** im weiteren Sinn können die im Gewässerschutzgesetz enthaltenen Bestimmungen bezeichnet werden, die über den Schutz vor Verunreinigungen hinaus gehen und auch vor Eingriffen in die Fluss- und Bachläufe, in ihre Umgebung und in ihren Wasserhaushalt schützen (GSchG 1991). Wasserkraftwerke benötigen als Input Wasser der Bäche aus der Region bzw. des Hauptstromes. Die Wasserführung der ursprünglichen Bach- bzw. Flussläufe wurde dadurch zum Teil massiv reduziert, einzelne Bachläufe infolge zu geringer Restwassermengen sogar für mehrere Monate des Jahres trokken gelegt. Das revidierte Gewässerschutzgesetz greift korrigierend ein: Der Bund verlangt nun eine Restwassermenge, mit der das Leben der vom Gewässer abhängigen Lebensgemeinschaften sichergestellt werden soll (vgl. Steiger u.a. 1995: 42 f.).

Mit dem auf den Energieartikel der Bundesverfassung gestützten **Energienutzungsbeschluss** (ENB 1991) hat die Bundesversammlung eine rechtliche Grundlage geschaffen, mit der eine sparsame und rationelle Energienutzung erreicht werden soll (vgl. z.B. G. Müller/Hösli 1994). Der allgemeinverbindliche Bundesbeschluss gilt bis zum 31. Dezember 1998, dem Zeitpunkt, an dem er von einem Energiegesetz abgelöst werden soll. Mit diesem Beschluss wurde eine zeitlich vorgezogene Lösung zur raschen Realisierung von Energiesparmassnahmen geschaffen. Konkret soll jede Energie möglichst sparsam und rationell verwendet sowie erneuerbare Energie verstärkt genutzt werden. Gestützt auf diesen Beschluss hat der Bundesrat Vorschriften über das Typenprüfverfahren und die Zulassungsanforderungen für serienmässig hergestellte Anlagen, Fahrzeuge und Geräte erlassen. Für die Installation neuer Elektroheizungen statuierte er eine Bewilligungspflicht und für weitere energieintensive Anlagen erliess er zudem Vorschriften. Ferner sind Förderungsmassnahmen wie Information und Beratung von Öffentlichkeit und Behörden über das Energiesparen, Aus- und Weiterbildung von Fachleuten, Förderung der Abwärmenutzung sowie der Nutzung erneuerbarer Energien vorgeschrieben (was mit dem Programm «Energie 2000» konsequent in die Tat umgesetzt wurde). Der Bund wird zudem verpflichtet, die Forschung und Entwicklung neuer Energietechniken zu fördern. Diese instrumentell nicht allzu innovativen Massnahmen werden durch die Kantone umgesetzt und in ihren eigenen Energiegesetzen ergänzt und teilweise verschärft. Dabei kommen instrumentelle Innovationen zum Zug, die weiter unten beschrieben werden.

Als inhaltlich innovativ kann weiter die **Begrenzung der Risiken** einer Kernkraftnutzung durch die Festschreibung eines Ausbaustopps der Kraftwerke während 10 Jahren betrachtet werden (Moratoriumsinitiative 1990). Die Initiative erreichte, dass während zehn Jahren eine quantitative Begrenzung von Grossrisiken durch die absolute Begrenzung der Anzahl Kernkraftwerke eingehalten werden muss.

Instrumentelle Innovationen

Marktwirtschaftliche Instrumente sind im Vergleich zu den historisch gewachsenen und etablierten Instrumenten des polizeirechtlich-administrativen Umweltschutzes als Innovationen zu bezeichnen. Einige prominente Beispiele seien im folgenden angeführt:

Verursachergerechte Gebühren: Mit unterschiedlicher Geschwindigkeit setzen sich im Abfallbereich allmählich verursachergerechte Entsorgungsgebühren durch. Anstelle von pauschalen Beträgen werden Kehrichtsackgebühren erhoben, die sich nach der Menge des zu entsorgenden Abfalls richten. Dank den ökonomischen Anreizen gelang es, die Abfallmengen teilweise erheblich zu reduzieren und gleichzeitig die Separatsammlungen von rezyklierbarem Material zu steigern (BUWAL 1994: 210).

Auch Trinkwasser sowie die Abwasserentsorgung werden künftig teurer. Mit dem Abbau von Bundesbeiträgen an Abwasserreinigungsanlagen, den zu erwartenden Erneuerungsinvestitionen der in die Jahre geratenen und häufig nicht mehr dem Stand der Technik entsprechenden Anlagen und dem Willen, verursachergerechte Tarife zu verlangen, dürften künftig die Trinkwassergebühren um bis zu 400 Prozent ansteigen (Steiger u.a. 1995: 36). Dadurch erhält die Trinkwassernutzung einen Preis, der unbedachten Verbrauch deutlich bestraft.

Im Energienutzungsbeschluss (ENB 1991) hat der Bundesrat angeordnet, dass bei zentral beheizten Neubauten mit mehreren Wärmebezügern der Wärmeverbrauch individuell zu erfassen und abzurechnen ist. Im Kanton Basel Stadt wurde eine solche Vorschrift zur Umsetzung der verursachergerechten Heizkostenabrechnung bereits 1986 eingeführt (Wärmekostenverordnung vom 18.11.86), vom Kanton Zürich im Rahmen der Revision des Energiegesetzes 1995 nachvollzogen. Damit werden Energiesparbemühungen der Wohnungsmieter finanziell belohnt.

Vorgezogene Entsorgungsgebühren: Besonders umweltbelastende Konsumgüter wie Batterien sind seit 1992 mit einer vorgezogenen Entsorgungsgebühr belegt, was die Mittel zu deren umweltgerechter Entsorgung gewährleisten soll. Nebenbei entsteht dadurch ein gewisser Lenkungseffekt durch die relative Verteuerung der entsprechenden Produkte. Zusammen mit der Rücknahmepflicht durch Verkaufsstellen soll ein möglichst hoher Anteil dieser Güter auf dem vorgesehenen Weg entsorgt werden und nicht über den Abfall am Ende in Luft, Wasser oder Boden gelangen.

Lenkungsabgaben: Dieses marktwirtschaftliche Instrument mit dem Ziel einer teilweisen Internalisierung externer Kosten wurde bisher in der Schweiz in den Bereichen Lärmschutz (lärmabhängige Start- und Landegebühren für Flugzeuge) und Stoffpolitik (Zolldifferenzierung verbleites/unverbleites Benzin) eingesetzt. Die vom Parlament 1995 bei der Revision des Umweltschutzgesetzes verabschiedeten ökonomischen Instrumente zeigen ein weiteres Einlenken der Politik in Richtung marktwirtschaftlicher Instrumente. Beschlossen wurde die zwingende Einführung von Lenkungsabgaben auf flüchtige organische Verbindungen (VOC) und auf Heizöl »Extraleicht» mit einem Schwefelgehalt von mehr als 0,1 Prozent. Die VOC-Lenkungsabgabe wird eingeführt, weil bisherige Bemühungen zur Senkung der Ozon-Konzentration nicht erfolgreich waren. Die Vorläufersubstanz zur Bildung von Ozon wird auf eingeführten und auf von inländischen Herstellern in Verkehr gebrachte VOCs erhoben. Ohne den Einsatz dieser Lenkungsabgabe hätten zahlreiche konventionelle Vorschriften eingeführt werden müssen, um das gleiche Ziel zu erreichen (BUWAL 1994: 322). Die Abgabe auf den Heizöltyp «Extraleicht» soll zur Verminderung der SO_2-Emissionen beitragen.

Handelbare Zertifikate im Rahmen der eidgenössischen Immissionsgrenzwerte: Erstmals in Europa wurden Anfang 1992 in der Region Basel ökonomische Instrumente der Emissionsbegrenzung eingeführt: Handelbare Emissionsgutschriften («Zertifikate») und Kompensationslösungen innerhalb eines Emissionsverbundes («Bubbles»). Die Regierungen der beiden Halbkantone Basel-Stadt und Basel-Landschaft begründeten diese Instrumente mit der Steigerung der ökonomischen Effizienz der Umweltschutzregulierung innerhalb ihres Rechtssetzungspielraumes (Kölz 1990; Jeanrenaud 1996).[1]

Das Grundprinzip dieser ökonomischen Instrumente lässt sich wie folgt beschreiben: Die saubere Luft bzw. die zur Verschmutzung freigegebene Menge wird vom Staat festgelegt und als knappes Gut dem Markt übergeben. Dies geschieht in Form handelbarer Emissionszertifikate (auch Verschmutzungsrechte oder Emissionsgutschriften genannt), die den Inhaber zum Ausstoss einer festgelegten Menge bestimmter Schadstoffe pro Zeiteinheit berechtigen.

In Basel wurde dieses Modell so modifiziert, dass es den eidgenössischen Rahmenbedingungen Rechnung tragen konnte. In der Schweiz erfolgt die Kontrolle der Gesamtfracht über Emissionsgrenzwerte. So wird nicht die Gesamtfracht als Emissionsrechte dem Markt angeboten, sondern nur die Abweichung zum kantonalen Grenzwert als Emissionsgutschrift handelbar gemacht. Unternehmungen, welche ihre Emissionen so vermindern, dass die kantonalen Emissionsgrenzwerte um einen bestimmten Betrag unterschritten werden, erhalten dafür Emissionsgutschriften. Diese können an Unternehmungen verkauft werden, welche die Grenzwerte nicht einhalten können. Emissionsgutschriften können innerhalb eines Emissionsverbundes beliebig unter

1 Eine zu detaillierte und restriktive Ausgestaltung des Instrumentes und der durch die Verschärfung der Immissionsgrenzwerte zu eng gewordene Handlungsspielraum verhinderten allerdings bis heute einen effizienzsteigernden Einsatz dieser Instrumente (vgl. Staehlin-Witt/Spillmann 1994) .

den Beteiligten getauscht werden. Es werden nur die Emissionen des gesamten Verbundes beurteilt. Beim Verbund handelt es sich vom Prinzip her um eine institutionalisierte Form der Absprache und des Tausches von Emissionsgutschriften (Staehelin-Witt/Spillmann 1994: 63).

Integrierte Ressourcenplanung bzw. Least-Cost Planning: Dieses in der amerikanischen Elektrizitätsversorgung angewandte Konzept zur Minimierung der volkswirtschaftlichen Kosten der Energiebereitstellung wird ansatzweise auch in der Schweiz angewendet. Die Grundidee besteht darin, Kraftwerksneubauten erst dann zu bewilligen, wenn alle kostengünstigeren Sparinvestitionen ausgenützt worden sind. So wird die effiziente Energiebereitstellung und -nutzung erzwungen (vgl. ausführlicher zum Konzept in der Schweiz: Ecoplan 1993). Unterstützt vom WWF und vom Bund im Rahmen des Energiesparprogrammes (Energie 2000) erproben die «Energiesparstädte» Schaffhausen und Olten das Konzept (vgl. Horbaty 1994; Schaffhausen 1994). Auch andere Städte fördern Energiesparanstrengung der Verbraucher. Grundlage hierzu sind die im Konzept des Least-Cost Planning vorgesehenen, über die Stromtarife finanzierten Energiesparfonds, mit deren Hilfe Informationskampagnen und temporäre Subventionen von Geräten höherer Effizienz finanziert werden können. So betreiben beispielsweise die städtischen Elektrizitätswerke von Zürich und St. Gallen Energieberatungsbüros. Explizit hat der Regierungsrat des Kantons Basel Stadt beschlossen, einen Strompreiszuschlag zur Finanzierung der sich aus dem Energiespargesetz ergebenden finanziellen Verpflichtungen zu erheben (SG 772.150, 1.12.1992).

Konkret wird das Konzept im Münstertal (Kanton Graubünden) in einer geschlossenen Region erfolgreich durchgeführt. Es wurde im Rahmen des Impulsprogrammes von Energie 2000, «Rationelle Verwendung von Elektrizität» (RAVEL), initiiert und unterstützt und vom Kanton Graubünden sowie den beteiligten Elektrizitätswerken getragen. Das Elektrizitätsversorgungsunternehmen schulte seine Mitarbeiter zu Energieberatern und wurde zum Energiedienstleistungsunternehmen. Durch verschiedenste angebots- und nachfrageseitige Sparmassnahmen, die über höhere Stromtarife finanziert werden, liessen sich die prognostizierten Nachfragesteigerungen vermeiden. Dies wiederum hielt die Auslastung des bestehenden Kraftwerkes in einem optimalen und wirtschaftlich günstigen Bereich und machte die suboptimale Investition in ein neues, Überkapazitäten schaffendes Werk überflüssig. Auch die unerwünschte Abhängigkeit von importiertem Strom kann so reduziert werden (vgl. Gloor 1995).

Förderung der Eigenverantwortung: Innovative Instrumente sind auch solche, die an die Eigenverantwortung der Adressaten appellieren, so etwa die Ansätze in der Stoffverordnung (StoV 1986) und in der Störfallverordnung (StFV 1991). Das Konzept der Stoffverordnung basiert auf der Eigenverantwortung der Hersteller von umweltgefährdenden Stoffen. Da die Behörden gar nicht in der Lage wären, die Vielzahl verschiedener Stoffe zu kontrollieren, sollen Hersteller die Umweltwirkungen ihrer Produkte selbst beurteilen und, wo nötig, Massnahmen zum Schutze der Umwelt treffen. Die Behörden überprüfen diese Selbstkontrollen lediglich stichprobenweise (BUWAL 1994: 164 f.). Auch die im April 1991 in Kraft getretene Störfallverordnung setzt auf die Eigenverantwortung der Anlagebetreiber. Die Inhaber von Anlagen, die chemische oder biologische Gefahrenpotentiale bergen, müssen in eigener Verantwortung geeignete Sicherheitsmassnahmen zur Verminderung des Risikos treffen. Die Vollzugsbehörden haben wiederum die Kontrollfunktion inne (BUWAL 1994: 123f).

In der Umsetzung des Energienutzungsbeschlusses revidierte der Kanton Zürich 1995 sein Energiegesetz. Dabei wurde unter anderem den Grossverbrauchern von Energie freigestellt, sich Massnahmen zum Energieverbrauch vorschreiben zu lassen oder aber sich zu verpflichten, individuell oder in einer Gruppe die vom Regierungsrat vorgegebenen Ziele für die Entwicklung des Energieverbrauchs einzuhalten. So können die Betriebe die für sie effizientesten Massnahmen nach freier Wahl treffen, wenn sie die vorgegebenen Ziele erreichen (Änderung des Energiegesetzes vom 19. Juni 1993, Annahme durch das Stimmvolk am 25. Juni 1995).

Innovationen im Vollzug

Ergänzend zu den inhaltlichen und den instrumentellen Innovationen werden auch Innovationen auf Stufe des Vollzugs aufgeführt. Auf kantonaler Ebene kann die Schweiz hier mit einigen Innovationen aufwarten.

Lufthygienische Massnahmenpläne der Kantone: Zur Erreichung der Immissionsgrenzwerte wurden die Kantone gestützt auf die 1986 in Kraft getretene Luftreinhalteverordnung verpflichtet, Massnahmenpläne zur Verbesserung der Luftqualität zu erarbeiten. Diese Massnahmenpläne für Gebiete mit übermässigen Immissionen sind sehr umfassend angelegt. Immissionsgrenzwerte werden damit direkt an Rechtsfolgen geknüpft (Knoepfel 1990: 14). Um die geforderten Immissionswerte zu erreichen, sind die Kantone frei, eigene Massnahmen gemäss ihrer Präferenz und Handlungsnotwendigkeit zu treffen. Dabei kommen bei stationären Anlagen verkürzte Sanierungsfristen sowie ergänzende oder verschärfende Emissionsbegrenzungen und beim Verkehr bauliche, betriebliche, verkehrslenkende oder -beschränkende Massnahmen in Betracht.

Da die vorgeschriebenen Immissionsgrenzwerte vor allem in Ballungsgebieten und entlang stark befahrener Achsen beim NO_x und Ozon nicht eingehalten werden können, was für alle Kantone zutrifft, müssen von allen Kantonen Massnahmenpläne verfasst werden. Eine besondere Funktion der Massnahmenpläne ist die verwaltungsinterne Koordination der am Vollzug der Luftreinhalteverordnung beteiligten Behörden. Dabei muss der Massnahmenplan sowohl vertikale als auch horizontale Koordinationsbedürfnisse (zwischen Bund, Kanton und Gemeinden) erfüllen.

Kunden- bzw. produktorientierte Vollzugsorganisation in den Kantonen: Die Vollzugsorgane der Kantone, die eine Hauptlast der Umsetzung des Rechtes zu tragen haben, üben eine entscheidende Wirkung auf die Effektivität der Umweltschutzgesetzgebung aus. Nicht nur die personelle und materielle Ausstattung der Vollzugsbehörden, sondern auch die Organisation und «Betriebsphilosophie» beeinflussen die Umsetzung bzw. die Umsetzbarkeit des gesetzgeberischen Willens erheblich.

Reorganisation des Amtes für Umweltschutz des Kantons St. Gallen (AFU)

Die Regierung des Kantons St. Gallen wird ab 1. Juli 1996 für das AFU die organisatorischen Voraussetzungen schaffen, um diesem ein effizientes, bürgernäheres sowie kohärenteres Handeln zu ermöglichen. Zudem soll eine Beschleunigung der Verfahren erreicht werden. Nach der zu realisierenden neuen Aufbauorganisation wird das AFU noch fünf Abteilungen umfassen: «Recht und UVP», «Ressourcen», «betrieblicher Umweltschutz», «Gemeinden/Infrastruktur» sowie «Dienste». Mit dieser Struktur kann den unterschiedlichen Kundengruppen am besten Rechnung getragen werden. Auch für den Schutz der Umweltgüter wird durch die Zusammenführung der im Bereich «Umweltbeobachtung» Beschäftigten in einer neuen Abteilung «Ressourcen» eine positive Auswirkung erwartet. Nicht nur das bisherige Amt, sondern auch weitere am Vollzug der Umweltschutzgesetzgebung beteiligte Ämter (Planung, Feuerschutz, Tiefbau etc.) wurden in die Reorganisation einbezogen, die Zuordnung von Funktionen überprüft und die Zusammenarbeit optimiert. (Umweltschutz im Kanton St. Gallen 1995: 4 ff.)

Zur Verbesserung der Verwaltungstätigkeit sind gegenwärtig einige Trends feststellbar, die für schweizerische Verhältnisse durchaus innovativ sind. Die «ergebnisorientierte Verwaltungsführung» oder – umfassender – das sog. New Public Management (vgl. beispielsweise Buschor 1995, Hablützel/Schedler 1995; speziell zur Umweltpolitik vgl. Schaltegger 1996) fordern eine Rückbesinnung der Verwaltung auf ihre zu erbringenden Dienstleistungen (Produkte). Verwaltungen sollen nicht gesetzgebungs- sondern produkteorientiert aufgebaut sein. Dadurch lassen sich unnötiger Koordinationsaufwand senken und Einheiten bilden, welche die Probleme homogener Adressatengruppen durch integriertes Verwaltungshandeln angehen können. Massgeschneiderte Paketlösungen, die gleichzeitig mehrere Gesetzgebungen mit geringem Zeitaufwand umsetzen, gelten heute als kundenfreundlicher, insgesamt wirksamer und verwaltungsmässig effizienter. Dieses Postulat des New Public Management entspricht auch dem Postulat einer integrierten Vollzugspolitik für die Umweltgesetzgebung.[2] Die dadurch resultierende Abkürzung von Verfahrenswegen und die frühzeitige Abwägung zwischen verschiedenen (möglicherweise widersprüchlichen) Umweltanforderungen erhöht zudem die Akzeptanz der Umweltpolitik. Das St. Gallische Amt für Umweltschutz führte als erstes kantonales Umweltschutzamt in der Schweiz eine Reorganisation durch, die eine solche Kundenorientierung auch im Vollzug der durch Rechtsgrundlagen separierten Fachgebiete ermöglichen soll[3].

5.2 Ökologische Wirkung der Innovationen

In den vorherigen Abschnitten wurde die strategische Ausrichtung der Instrumente der schweizerischen Umweltpolitik vorgestellt. So beeindruckend die Vielfalt der verschiedenen Konzepte und Mittel ist, so wenig ist dabei noch über deren Wirkung ausgesagt. Deshalb muss die Verbindung zur messbaren Entwicklung des Umweltzustandes hergestellt werden.

Die Veränderung der Umweltindikatoren (vgl. Kapitel 3) darf jedoch nicht unbedacht mit dem Erfolg der Umweltpolitik gleichgesetzt werden. Ein direkter Zusammenhang zwischen Regulierung und Veränderung eines Indikators lässt sich nur in Einzelfällen klar zeigen. Wie das Beispiel des Energieverbrauchs deutlich machte, hängt eine

2 Unter der Einschränkung, dass nicht nur Nutzungsinteressen, sondern auch Naturinteressen bzw. deren Vertreter als gleichwertige Kunden verstanden werden.

3 Unter der Leitung von Professor Knoepfel (IDHEAP), vgl. Knoepfel/Baitsch/Eberle 1995

solche Entwicklung von Massnahmen der Effizienzsteigerung bzw. der Reinigungsleistung ebenso ab wie von strukturellen Einflüssen und insbesondere von Wachstumseffekten. Grundsätzlich spielen die wirtschaftliche Entwicklung (Konjunktur, Marktpreise), aber auch das Verhalten der Konsumenten und Produzenten eine wichtige Rolle (Umweltbewusstsein, Image). Zudem ist mit äusseren Bedingungen zu rechnen, wie dies beispielsweise im Falle des Heizölverbrauchs und den klimatischen Einflüssen offensichtlich ist.

Teilerfolge bei der Begrenzung von Emissionen und Immissionen (Output)

Die Innovationen der Schweizerischen Umweltpolitik zeigten einen relativ hohen Standard in bezug auf die Bemühungen, Emissionen und somit auch Immissionen zu begrenzen. Zwar dominieren noch die als traditionelle Innovationen bezeichneten Instrumente wie Grenzwerte, Gebote und Verbote, doch werden sie heute schon durch einige innovative Instrumente im Bereich der Schadstoffreduktion flankiert (zum Beispiel die Emissionszertifikate der beiden Basler Kantone oder die VOC-Abgabe).

Um den Erfolg der bisherigen Instrumente in bezug auf die Reduktion der **outputseitigen** Umwelteinwirkungen (Emissionen, Abfälle, Abwasser) beurteilen zu können, bedarf es vertiefter Analysen. Einige Beispiele outputorientierter Belastungen (NO_x, SO_2, Phosphateintrag in Gewässer, Abfallaufkommen) sollen im folgenden illustrieren, wie die Reduktion einzelner Umweltbelastungen auf eine erfolgreiche Umweltpolitik zurückgeführt werden kann; sichtbar werden jedoch auch die Grenzen dieser emissionsorientierten Umweltpolitik.

Vorläufige Verminderung der NO_x-Emissionen: Abbildung 5.2 zeigt den Verlauf der primär durch den Motorfahrzeugverkehr verursachten NO_x-Emissionen. Der Kurvenverlauf lässt sich offensichtlich auf die staatlichen Regulierungen zurückführen. Die verschärften Abgasvorschriften (FAV 1 1986) enthielten implizit eine Pflicht zur Verwendung von Katalysatoren, wodurch vom Zeitpunkt des Inkrafttretens der Regelung die Emissionen dieses Schadstoffes rapide sanken (Spareffekt). Dies, obwohl die gefahrenen Kilometer mehr oder weniger kontinuierlich zugenommen haben (Wachstumseffekt). Da eine strukturelle Verschiebung, etwa durch Umsteigen auf Elektromobile oder öffentliche Verkehrsmittel ausgeschlossen werden kann, ist die Verminderung der Schadstoffe klar auf die Regulierung zurückzuführen. Die Grenzen dieses Erfolges werden allerdings bereits absehbar, wenn der Strassenverkehr weiter wächst und die technischen Möglichkeiten ausgereizt sind. Nach den neusten BUWAL-Prognosen sinkt der NO_x-Ausstoss des Strassenverkehrs bis etwa im Jahre 2005, steigt danach aber infolge der Zunahme des Schwerverkehrs wieder an (BUWAL 1995).

Als weiteres Beispiel für die teilweise erfolgreiche Umweltpolitik sei die **Verminderung des Schwefeldioxids** genannt: Analysen der Wirkung staatlicher Regulierung zeigen an diesem Beispiel, dass der Erfolg verschiedener regulierender Massnahmen nicht selbstverständlich ist (vgl. Widmer 1991: 182 ff.). Im Zeitraum von 1972 bis 1986 wurden vier staatliche Massnahmen und private Programme der Schweizerischen Normenvereinigung vollzogen. Nur die Einführung der Luftreinhalteverordnung (LRV 1985) kann als mittelmässig erfolgreich beurteilt werden, und dies auch nur bei Industrieheizölen.

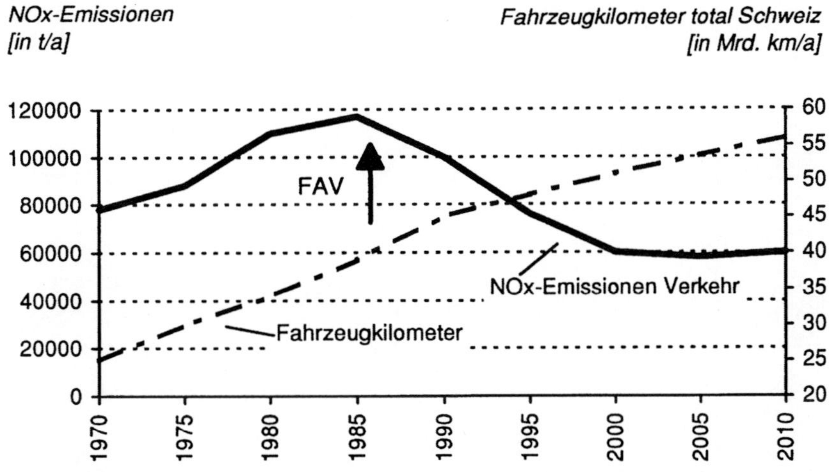

Abbildung 5.2
NOx-Emissionen und Verkehrsentwicklung in der Schweiz 1970-1990 (Quelle: BUWAL 1995)

Nicht signifikant positiv wirkten sich die Richtlinien zur Auswurfbegrenzung bei Haus- und Industriefeuerungen (1972) sowie die Verordnung über Luftreinhalte-Massnahmen bei Feuerungen (LMFV 1985) aus. Ebenso erfolglos verliefen die privaten Programme der Normenvereinigung. Einzig die Richtlinien über den Schwefelgehalt von Heizölen und Dieseltreibstoff (1983) vermochten die Emissionen zu senken, allerdings nur bei Industrieheizölen. Keines der untersuchten Programme war aber in der Lage, den Schwefelgehalt von Heizöl Extraleicht oder jenen vom Dieselöltreibstoff zu beeinflussen.

Der empirisch dennoch deutlich feststellbare Rückgang der Schwefeldioxid-Emissionen (vgl. Abb. 5.3), kann also nur zum Teil auf eine erfolgreiche Regulierung zurückgeführt werden. Andere Einflussfaktoren haben hier geholfen. Dazu gehören Fortschritte in der technischen Entwicklung und globale Tendenzen auf den internationalen Heizölmärkten. Regelungen in anderen europäischen Staaten haben den Qualitätsstandard der Brennstoffe ebenfalls verändert.

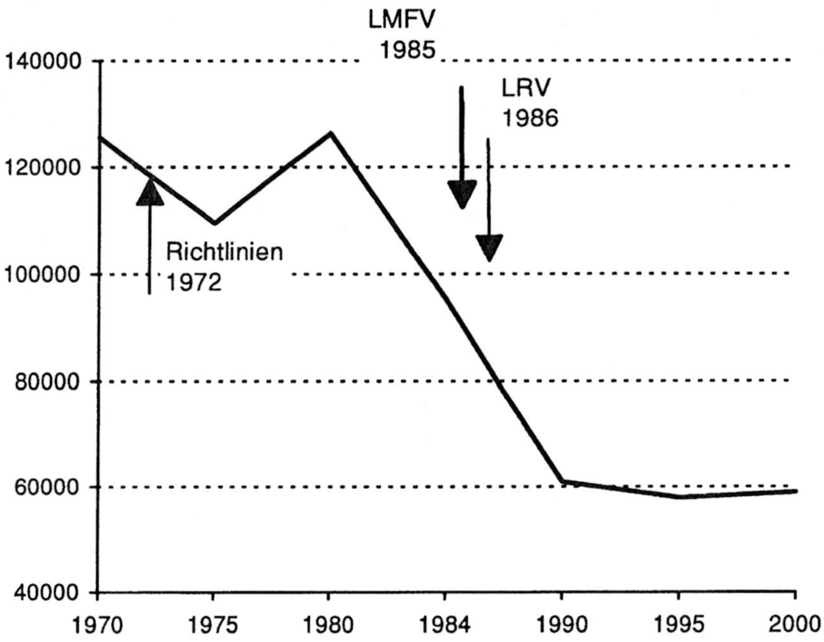

Abbildung 5.3
Entwicklung der SO_2-Emissionen in der Schweiz zwischen 1970 und 1994 (Quelle: BUWAL 1995)

Soweit Programme zur Reduktion der SO_2-Emissionen eine Wirkung entfalteten, war dies nur dann der Fall, wenn sie mit genügend strengen Grenzwerten ausgestattet waren (z.B. bei der Luftreinhalteverordnung). Zusätzlich wurden Sanktionsmöglichkeiten vorgesehen, um

Vollzugslücken zu vermeiden (Widmer 1991: 184). Insgesamt können die SO_2-Programme unter Einbezug der internationalen Bemühungen als erfolgreich betrachtet werden.

Erfolgreiche Reduktion des Phosphateintrags in die Gewässer: Durch den Ausbau der Abwasserreinigungsanlagen und insbesondere das 1986 erlassene Verbot der Phosphatverwendung in Waschmitteln konnte eine markante Trendänderung der Phophatbelastung Schweizer Gewässer erreicht werden (Waschmittelverordnung 1977, Änderung 1986, Art. 5). Abbildung 5.4 zeigt beispielhaft, dass die Phosphatkonzentration im Rhein mit der Ankündigung und Einführung des Verbotes markant sank. Allerdings steht diesem Erfolg eine steigende Belastung aus der Landwirtschaft gegenüber, so dass die Gesundung einzelner Seen (beispielsweise des Sempachersees) erst mit einer Verringerung dieser Phosphateinträge eine Chance bekommt (Steiger u.a. 1995).

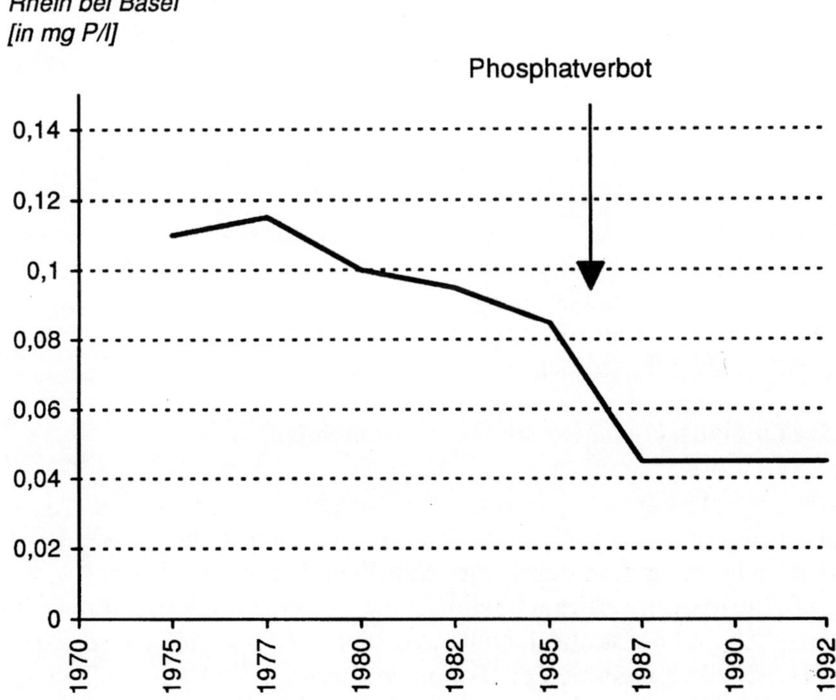

Abbildung 5.4
Wirkung des Phosphatverbots, Ortophosphatkonzentration im Rhein bei Basel (Quelle: NADUF, in BUWAL 1994: 193)

Leichter Rückgang der Abfallmengen: Die sinkenden Abfallmengen korrespondieren mit den entsprechenden Rahmenbedingungen. Die erfolgreiche Einführung verschiedener marktwirtschaftlicher Instrumente wie der verursachergerechten Gebührenerhebung in Gemeinden, vorgezogene Entsorgungsgebühren (Batterien, Elektronik), aber auch die Errichtung von Sammelinfrastrukturen und breit angelegte Informationskampagnen mögen als Gründe für das geringere Abfallaufkommen genannt werden. Insbesondere auch die Massnahmen der Getränkeverpackungsverordnung scheinen zu greifen, denn die Mengen der separat gesammelten und dem Recycling zugeführten Verpackungsmaterialien steigen seither enorm an (vgl. BUWAL 1994: 210).

Diesen Erfolgsgeschichten stehen jedoch auch die Misserfolge der output- beziehungsweise emissionsorientierten Umweltpolitik gegenüber:

Klimaschutz: Keine Reduktion der CO_2-Emissionen. Bis vor kurzem galt CO_2 nicht als zu regulierender Schadstoff. Erst das Erkennen der Treibhauswirkung dieses Gases führte zu einem Handlungsbedarf. Dem CO_2-Ausstoss ist bis heute noch nicht durch End-of-Pipe-Techniken sinnvoll beizukommen, ein kontinuierliches Ansteigen dieser Emissionen ist die Folge. Auch für die Zukunft (1990-2010) wird beispielsweise durch den zunehmenden Strassenverkehr eine Erhöhung der CO_2-Emissionen von 12 bis 27 Prozent vorhergesagt (BUWAL 1995). Eine Regulierung muss hier an der Ursache, also dem Verbrauch fossiler Energieträger ansetzen.

Weitere Outputwirkungen, die nur mit mässigem oder gar keinem Erfolg eingedämmt worden sind, sind VOC-Emissionen sowie der Nitrateintrag in die Gewässer (vgl. Kap. 3). Wenig erfreulich ist schliesslich die Aussicht auf die zunehmenden Mengen an radioaktiven Abfällen. Die Zunahme ist mengenmässig hauptsächlich durch die Entsorgung alter Reaktoren begründet, deren Abschaltung ab 2010 grössere Mengen radioaktiven Materials anfallen lässt.

Nachholbedarf beim Ressourcenverbrauch (Input)

Die Veränderungen bei den Inputs (Energie, Ressourcen, Boden) und bei weiteren ökologisch zentralen Faktoren (Verkehr, Grossrisiken) werden insbesondere durch wirtschaftliche Einflüsse gesteuert.

Beim **Energieverbrauch** wurden die verschiedenen Einflussfaktoren in Kapitel 3 diskutiert. Neben verbrauchssteigernden *Wachstumseffekten* (z.B. Zunahme der Wohnbevölkerung, der Wohnflächen und der Motorfahrzeuge) und dem wenig dominanten *Struktureffekt* ist der *Energiespareffekt* als Untersuchungsgegenstand von Interesse. Dieser kann nun sowohl als Folge der Rahmenbedingungen (Energiepolitik), auch aufgrund von Signalen des Marktes (Energiepreise) oder klimatischer Effekte (Anzahl Heizgradtage) eingetreten sein. Die Preisentwicklung hat dabei in den 80er und 90er Jahren kaum Sparanreize geschaffen, sind doch sowohl der Preis für fossile Energieträger als auch derjenige für elektrischen Strom real gesunken bzw. nicht relevant gestiegen (vgl. zu folgendem BEW 1994: 46-48). Die Anzahl Heizgradtage hat seit langem eine leicht sinkende Tendenz und ist insbesondere zwischen 1991 und 1994 stark zurückgegangen (-20%), was einen Teil des kurzfristigen «Spareffektes» der Haushalte erklärt. Allerdings wird auch längerfristig der Heizenergiebedarf pro beheizte Wohnfläche und auch absolut abnehmen, was vor allem den baulichen Qualitätsstandards (bessere Wärmedämmung) zugeschrieben wird[4]. Im Dienstleistungssektor und in der Landwirtschaft werden Effizienzsteigerungen im Elektrizitätsbereich durch Wachstumseffekte mehr als kompensiert werden, so dass sich dort zusammen mit den Einsparungen im Wärmebereich gesamthaft eine Stagnation des Verbrauchs ergibt. Im Industriesektor wird nach einer Abnahme des Endenergiebedarfs bis ins Jahr 2000 der Energiebedarf wieder ansteigen und sich ab 2010 auf höherem Niveau stabilisieren. Wachstumsträger ist die Elektrizität. Im Verkehrssektor schliesslich ist mit einer Zunahme des Energieverbrauchs von 34 Prozent zwischen 1990 und 2030 zu rechnen, wobei die Zuwachsraten ab 2010 abnehmen sollen. Entscheidend für diesen Anstieg sind die Wachstumseffekte im Strassengüterverkehr und im Luftverkehr.

Insgesamt zeigt sich, dass die heute beschlossenen energiepolitischen Massnahmen zwar Energiespareffekte auslösen, diese insgesamt jedoch den gesamten Energieverbrauch nicht stabilisieren können. Die verschiedenen Verbrauchsprognosen verraten vielmehr, wie wenig verbindlich die im Aktionsprogramm «Energie-2000» formulierten Stabilisierungsziele wahrgenommen werden bzw. wie wenig Wirksamkeit der staatlichen Energiesparpolitik attestiert wird.

Unterschiedlicher Erfolg der inputseitigen Reduktion von Güterströmen: Deutlichere Erfolge sind bei Stoffen, die aufgrund der Stoffverordnung und Getränkeverpackungsverordnung inputseitig verboten worden sind, zu verzeichnen. So sind Quecksilber-, Bleiemissionen, PVC-Abfälle und FCKW-Verbrauch markant zurückgegangen. Neue Stoffe haben dagegen verbotene ersetzt: Über Waschmittel gelangen die biologisch schlecht abbaubaren Ersatzstoffe NTA und EDTA in die Gewässer. Allerdings sind gegenwärtig keine wachsen-

4 Vgl. zu folgendem Prognos 1994, 23 ff; unter Berücksichtigung der «Beschlossenen energiepolitischen Massnahmen», d.h. keine CO2-Abgabe, keine dynamische Verschärfung von Verbrauchsrichtwerten.

den Konzentrationen dieser Stoffe im Grundwasser zu beklagen. Sorgen hingegen bereiten immer mehr neuartige Stoffe wie industriell hergestellte Chemikalien, deren Wirkung in der Umwelt noch unbekannt ist (BUWAL 1994: 183).

Die privatwirtschaftliche Sammlung gebrauchter Getränkeverpakkungen liess die Recycling-Quote von Papier, Altglas, Aluminium (Dosen), Weissblech und Kunststoff (PET) erheblich ansteigen. Dennoch gelang es nicht, die in Herstellung und Recycling energieintensiven Materialinputs von Aluminium und PET-Flaschen zu drosseln (BUWAL 1994: 218).

Wenig erfolgreiche Erhaltung von Naturflächen: Die Erhaltung der *Waldflächen* als eines der ältesten Umweltschutzziele kann zwar als Erfolg verbucht werden. Mehr noch, die Waldfläche in der Schweiz nahm in diesem Jahrhundert sogar stark zu. Allerdings fand diese Zunahme vorwiegend im Berggebiet statt. In den intensiv genutzten Gegenden des Mittellandes wurden zahlreiche Waldgebiete von lockeren, kleinflächigen Beständen in homogenere Flächen umgeforstet. Aufgrund der Trennung zwischen Wald und offener Flur und vermehrten Monokulturen in Wirtschaftswäldern haben die ökologischen und landschaftlichen Werte des Waldes insgesamat abgenommen – trotz Flächenzuwachs (BUWAL 1994: 282).

Von den ursprünglichen *Mooren* in der Schweiz sind über 90% verschwunden. Dem weiteren Rückgang in bestehenden Moorgebieten setzte die Volksabstimmung von 1987 (Rothenturm) ein Ende. Im Vollzug benennen Bundesinventare «Hoch- und Übergangsmoore», «Flachmoore» und «Moorlandschaften», konkret die Moore von nationaler Bedeutung (Steiger u.a. 1995: 22). Die eigentlichen Schutzmassnahmen wurden allerdings oft unterlaufen, wie die Bestrebungen verschiedener Kantone zeigen, die den Schutz im Sinne von Gesamtinteressenabwägungen reduzieren oder gar die Nichtaufnahme in das Inventar herbeiführen wollten (Hasler 1995).

Das landwirtschaftliche Kulturland umfasst heute rund 40 Prozent der schweizerischen Gesamtfläche. Planerische Massnahmen versuchen, diesen Anteil zu stabilisieren, dürften aber weitere Verluste zugunsten von Baugebieten kaum verhindern, namentlich in Randlagen und Grenzertragsstandorten. Auch nicht zu verhindern waren die Verdichtung der Böden durch maschinelle Bearbeitung (keine Regelung) und die Verarmung naturnaher Landschaften: Freistehende Bäume, Hekken und Feldgehölze sowie Kleingewässer fielen der maschinellen Bodenbearbeitung gleich reihenweise zum Opfer. Dies führte zu einer Banalisierung der Landschaft und somit zu einer Beschleunigung des Artenrückgangs (BUWAL 1994: 283).

Die Siedlungsflächen wachsen dank grosszügig bemessener Bauzonen nach wie vor an. Die Versiegelung des Bodens konnte bisher nicht aufgehalten werden. So waren 1986 40% der Siedlungsfläche Baulandreserven. Im Kanton Zürich reichten 1994 die bereits ausgeschiedenen Bauzonen aus, um mit der Geschwindigkeit der Überbauungen der achtziger Jahre noch 25 bis 30 Jahre weiter bauen zu können (NZZ vom 28.12.94: 47). Zudem werden auch ausserhalb der Bauzonen immer mehr Ausnahmebaubewilligungen für verschiedenste Nutzungen erteilt. (Loderer 1995).

Verkehrswachstum trotz selektiver Einschränkungen: Die Einschränkungen im Strassengüterverkehr führten dazu, dass im Vergleich zu den Nachbarländern wesentlich geringere Strassentransporttonnagen durch die Schweiz befördert werden. Umgekehrt befördert die Bahn eine beachtliche Gütermenge. Dieser auf die Schweiz bezogene Erfolg ist den bestehenden Regulierungen zuzuschreiben. Allerdings muss vermutet werden, dass dieser Erfolg grösstenteils zu Lasten des benachbarten Auslands erzielt wurde (BUWAL 1994: 32 f.).

Gemessen an den Wachstumsraten steht die Schweiz nicht gut da: Sie weist im alpenquerenden Strassenverkehr zwischen 1979 und 1993 nämlich wesentlich höhere Wachstumsraten auf als Österreich oder Frankreich. Ausserdem sinkt der Anteil der Verkehrsleistungen durch die Bahn.

Prognosen der Verkehrsentwicklung gehen generell von steigenden Verkehrsmengen aus. Dies gilt sowohl für den Güterverkehr als auch für den Personenverkehr, für Schiene, Strasse und Luft (vgl. zum folgenden GS-EVED 1994 bzw. 1995). Die Wachstumsraten liegen dabei je nach Szenario für die Jahre 1995 bis 2015 in der Grössenordnung von jährlich 1.3 Prozent für den Personenverkehr und 3.5 bis 4.1 Prozent für den Güterverkehr. Die Anteile von Schienen- und Strassenverkehr ändern sich dabei nur leicht.

Grossrisiken: Gegenwärtig bleiben die Grossrisiken der Stromgewinnung relativ stabil. Dies ist vor allem der sogenannten Moratoriumsinitiative zuzuschrieben, die 1990 vom Schweizer Volk angenommen wurde und bis ins Jahr 2000 einen Stopp beim Kernkraftwerkbau verhängte. Unabhängig davon akkumulieren sich allerdings weiterhin die radioaktiven Abfälle. Ein Abnahme der technisch gesetzten Grossrisiken insgesamt ist jedoch für die Zukunft nicht anzunehmen. Die Entwicklung neuer Technologien (Gentechnik) sowie der Ersatz bestehender Energieproduktionsanlagen nach dem Jahr 2000, bei zunehmendem Strombedarf, lassen ein weiteres Ansteigen der Grossrisiken vermuten.

Fazit: Ökologische Feinsteuerung reicht nicht

Zwiespältiges Fazit der Output- beziehungsweise Emissionssteuerung: Teilweise sind beträchtliche, klar auf die Umweltpolitik zurückführbare Erfolge bei den Outputgrössen zu verzeichnen. Sie gehen jedoch einher mit Misserfolgen infolge fehlender Regelung (CO_2), zu lockerer oder nicht vollzogener Regelung (Landwirtschaft) oder infolge einer bloss selektiven Regulierung (Waschmittel). Gerade der zuletzt genannte Mangel – die selektive Regulierung – legt eine erste prinzipielle Schwäche der emissionsorientierten Umweltpolitik bloss: die Tendenz zur *Problemverschiebung.* Zwar können einzelne Schadstoffe durch staatliche Anordnungen reduziert werden, doch betrifft dies jeweils nur einzelne Stoffgruppen, über die genügend Kenntnisse vorhanden sind, um Schädigungen zu erkennen und deren Entstehen einzudämmen. Über die Wirkung der nach erfolgter Regulierung getroffenen Anpassungsstrategien kann vorderhand wenig oder nichts ausgesagt werden. So können Ersatzstoffe neue Probleme verursachen, neue Verfahren anstelle der Luft beispielsweise den Boden oder die Gewässer belasten, oder aber aktuelle Emissionsprobleme werden durch neue technologisch gesetzte Risikopotentiale abgelöst.

Neben der Problemverschiebung krankt die emissionsorientierte Umweltpolitik an einer zweiten prinzipiellen Schwäche: Trotz grundsätzlicher Ausrichtung an Immissionsgrenzwerten (und damit an Indikatoren der Umweltqualität), gelingt es nicht, die angestrebten Qualitäten dauerhaft sicherzustellen, da die *Wachstumseffekte* zu einer steten Verschärfung der ohnehin schon zahlreichen Emissionsregulierungen zwingen würden, was administrativ nicht praktikabel ist. Bleibt die Bekämpfung der tatsächlichen Ursachen der dauernd zunehmenden Naturbeanspruchung aus, so stösst eine emissionsorientierte Umweltpolitik an ihre Grenzen. Dies ist nach unserer Einschätzung heute der Fall.

Fazit zur Inputsteuerung: Die Erfolgsgeschichte der Steuerungsbereiche Energie-, Material-und Bodenverbrauch sowie Verkehr und Grossrisiken ist bescheiden. Sie war bisher auch nicht primäres Ziel der Umweltpolitik. So erstaunt es wenig, dass viele Bereiche nicht reguliert oder aber Rahmenbedingungen erst durch den Druck von Volksinitiativen entstanden sind (Moorschutz, Transit-Strassenverkehr, AKW-Moratorium). Den politischen Prozess überstanden haben lediglich einzelne Teilbereiche des wirtschaftlichen Inputs (z.B. Verbot der Anwendung gewisser Stoffe). Wichtige Grobsteuerungsbereiche wie Energie oder Verkehr werden nicht wirksam reguliert.

Die zaghaften Ansätze der Input- oder Ursachensteuerung sind in der Wirkung gering. Zwar mangelt es nicht an Ideen, jedoch haben es sowohl innovative Instrumente als auch innovative Inhalte schwer, realisiert zu werden[5]. So lassen sich in den letzten Jahren leichter Beispiele von explizitem *Verzicht auf Innovationen* nennen als Beispiele erfolgreicher Implementierungen:

Eine CO_2-Abgabe wurde vertagt;
Der Entwurf des Energiegesetzes (EnG 1994) stiess mit seinen weiterreichenden Sparzielen auf breite Ablehnung;
Eine leistungsbezogene Schwerverkehrsabgabe wurde vom Volk gutgeheissen, die Mittel zur Umsetzung des Vollzugs jedoch von den eidgenössischen Räten gestrichen;
Auf eine Lenkungsabgabe auf Dünger und Pestizide wurde verzichtet.

Dass sich die Entwicklungsmuster der Indikatoren der Inputströme im Vergleich zu den Indikatoren der Outputströme unterscheiden, erstaunt angesichts der Stossrichtung des Umweltschutzgesetzes nicht: Das USG ist trotz der allgemeinen Formulierung des Zweckartikels Abs. 1 ein Immissionsschutzgesetz, denn bereits im zweiten Absatz wird eine Konzentration auf Einwirkungen und auf deren Begrenzung verlangt. Damit wird ein *grundsätzlicher Verzicht* auf den Zugriff der hinter den schädlichen Einwirkungen stehenden Aktivitäten formuliert (Saladin, in Müller 1992: 61). Trotz vorhandener alternativer Ideen beruht Umweltschutzregulierung heute noch zum grössten Teil auf einem Instrumentarium, das sich der detaillierten Steuerung einzelner als unerwünscht erkannter Emissionen und der teilweisen Regulierung einiger weniger Inputstoffe bedient, also auf einer Art *ökologischer Feinsteuerung*, die, gerade weil sie fein steuert, zu wenig greift. Das Fehlen umweltpolitisch motivierter Ansätze im Bereich der zentralen Inputströme ist denn auch **das** zentrale Merkmal der heutigen Umweltpolitik. Dass dieses Manko allerdings nicht nur auf eine blosse Unterlassung zurückzuführen ist, sondern, was die Auswegslosigkeit der heutigen emissionsorientierten Umweltpolitik drastisch vor Augen führt, dass *der Staat in diesen ökologisch zentralen Bereichen sogar eine Politik der Verbilligung der Naturgüter verfolgt*, ist Gegenstand des nächsten Abschnitts.

5 Vgl. zu diesem Sachverhalt z.B. auch Benkert/Bunde/Hansjürgens: Wo bleiben die Umweltabgaben? 1995.

5.3 Staatliche Gegensteuerung zur Umweltpolitik

Die Wirtschaftspolitik hat die Bedeutung der Natur als Produktionsfaktor schon sehr früh erkannt und diese Erkenntnis in ihre Dienste gestellt. Dies allerdings nicht etwa im Bemühen um umfassenden Schutz der Natur, sondern im Gegenteil in «ausbeuterischer» Absicht: In ihrem Bestreben, das Wohlstandsversprechen der Moderne im Rahmen des quantitativen Wachstums zu erfüllen, bediente und bedient sie sich einer Wirtschaftsförderung auf der Basis der Verbilligung von Zentralressourcen. Vor diesem Hintergrund wird das Dilemma der heutigen Umweltpolitik deutlich: Von ihr, das heisst vom Staat, wird die Internalisierung von Umweltexternalitäten verlangt, die von demselben Staat nicht nur zugelassen, sondern gezielt gefördert werden. Der moderne Staat legitimiert seine Existenz aus wirtschaftlicher Sicht zum Teil geradezu durch die Schaffung zentraler Marktversagen. Mit ihnen gestattet er die Durchsetzung stets steigender Ansprüche an die Natur – und gegen die Natur. Diese Ansprüche haben eine alte Tradition und können sich gegenüber den neuen Ansprüchen auf Umwelterhaltung wesentlich leichter durchsetzen. Je mehr die Natur sich wirtschaftlicher Inanspruchnahme verweigert, desto grösser werden die Ansprüche an den Staat, dieser Verweigerung entgegenzuwirken – und desto schwieriger, ja hoffnungsloser wird die Aufgabe der Umweltpolitik.

Die Politik der Durchsetzung steigender Ansprüche an die Natur hat sich fünf ökologisch zentraler Faktoren «angenommen». Es sind dies die *Energie*, die *Materie* (inklusive Abfall), der *Raum* sowie die *Mobilität* und die *Risikopotentiale*. An dieser Stelle geht es nicht um eine lückenlose Bestandesaufnahme beziehungsweise umfassende empirische Fundierung, sondern um die grundsätzliche *Skizzierung* dieser, den Postulaten der Nachhaltigkeit diametral entgegenstehenden *neo-merkantilistischen Politik der Verbilligung von Zentralressourcen* (Minsch 1994).

Die Politik der «Energiegarantie»

Ein erster Anspruch ist jener auf billige und ausreichende Energieversorgung (Energie Report Europa 1991: 33 ff., insbesondere S. 36). Aus ihm ergibt sich die Forderung, der Staat müsse die in Zukunft bei niedrigen Preisen auftretende «Energielücke» (Differenz von Angebot und Nachfrage) durch die Förderung der Energieproduktion und Subventionierung neuer Energiequellen schliessen (World Resources 1994-95: 23 f.). Diese rein angebotsorientierte Konzeption – das eigentliche Fundament der heutigen Energiepolitik – übersieht, dass es im Rahmen einer Marktwirtschaft nur unter der Bedingung konstant tiefer Preise zu Angebotslücken kommen kann. Es ist jedoch gerade eine zentrale Aufgabe einer Marktwirtschaft, bei Nachfrageerhöhungen mit Preiserhöhungen zu reagieren.

Wirtschaftshistorischer Exkurs:
Zur merkantilistischen Politik der Verbilligung von Zentralressourcen

Die Ansprüche zur Bereitstellung billiger Zentralressourcen und ihre Einlösung durch die Wirtschaftspolitik haben eine lange Tradition. Strategien der Verbilligung von Zentralressourcen gehen auf die Zeit des Merkantilismus zurück. Der Begriff «Merkantilismus» kennzeichnet die Wirtschaftspolitk und die zugrundeliegenden Wirtschaftslehren der europäischen Staaten zur Zeit des Absolutismus. Obwohl weit entfernt von einer geschlossenen Theorie, lassen sich zwei wesentliche Eckpfeiler merkantilistischer Lehre und Politik ausmachen, über die allgemeiner Konsens herrscht (Issing 1984: 35 ff.): Allgemeines Ziel war es, ausgehend von einer unterbeschäftigten Wirtschaft, durch Erhöhung der einheimischen Produktion – vor allem im Bereich der besonders wertschöpfenden Gewerbe und Manufakturen – das eigene Land vom Import wichtiger Manufakturwaren unabhängig zu machen und die wirtschaftliche, politische, aber auch militärische Macht des Landesfürsten zu stärken. Das erste wichtige Instrument hierzu war eine (sich auf protektionistische Massnahmen stützende) Politik der aktiven Handelsbilanz zur Erhöhung der Exporte im Verhältnis zu den Importen. Dank des damit verbundenen Zuflusses an Gold erhöhte sich die inländische Geldmenge, was das gewünschte Wirtschaftswachstum auslöste (falls Unterbeschäftigung herrschte).
Das zweite wichtige Instrument setzte bei den Produktionsfaktoren an, die möglichst billig sein sollten, um die Wettbewerbsfähigkeit der Exportgüter auf den internationalen Märkten zu gewährleisten. Absolut zentral für die merkantilistische Wirtschaftspolitik war deshalb die Forderung nach einem möglichst niedrigen Lohnniveau, das durch eine Politik der Arbeitsdisziplinierung (Massnahmen gegen den Müssiggang, Förderung der Kinderarbeit) und der Bevölkerungsvermehrung (z.B. aktive Einwanderungspolitik) angestrebt wurde. Diese «Ökonomie der niedrigen Löhne» (Heckscher 1932: 130 ff. insbes. S. 150), die den Reichtum des Staa-

tes auf der Armut des Volkes aufbaute, wurde ergänzt durch Verbilligungsstrategien bei den Lebensmitteln, aber auch bei anderen Gütern. Dies erlaubte es, die Löhne tief und die Armut in gewissen Grenzen zu halten.
Neben der Landwirtschaft eröffnete sich im Laufe der Zeit eine neues wichtiges Feld merkantilistischer Verbilligungsstrategien: Der Energieträger und Rohstoff Holz. Die Holzpolitik an der Schwelle zur Industriellen Revolution wurde zum paradigmatischen Vorbild der heutigen Politik der Verbilligung von Zentralressourcen. Im 18. Jahrhundert wurde die damals zentrale Ressource Holz zunehmend knapp, was sich in tendenziell steigenden Holzpreisen bemerkbar machte und die Wirtschaft zu behindern drohte. Man schritt daher zu einem dirigistischen Zuteilungssystem, das das Holzangebot für die strategisch wichtigen Erwerbszweige erhöhte (und damit verbilligte) bei gleichzeitiger Einschränkung des Holzangebots (und strikter Reglementierung der Holzverwendung) für nichtprivilegierte Wirtschaftsbereiche. Diese Strategie überwand natürlich nicht die Knappheit an sich, sondern verschob bloss das Problem zu den Unterprivilegierten, wo es sich zu einer eigentlichen Holzkrise verschärfte (Sieferle 1982). Das Unterfangen musste längerfristig scheitern. Tatsächlich erzwang die weiterhin zunehmende Holzknappheit schliesslich doch – in England früher als auf dem Kontinent – einen der tatsächlichen Knappheit entsprechenden Anstieg der Holzpreise und bewirkte Sparanstrengungen sowie den vermehrten Einsatz des damaligen alternativen Energieträgers Kohle.
Beides, die Verbilligungsstrategie und das Bemühen um Abfederung ihrer Nachteile durch Reglementismus sind in ähnlicher Weise auch die Merkmale der heutigen «Arbeitsteilung» zwischen einer nach wie vor merkantilistisch fundierten Wirtschaftspolitik und einer nachträglich korrigierenden Umweltpolitik im Sinne der ökologischen Feinsteuerung. Der moderne Staat hat nämlich das merkantilistische Prinzip der Verbilligung von Zentralressourcen aufgenommen, instrumentell verfeinert, verallgemeinert und demokratisiert. An die Stelle privilegierter Zuweisung der Zentralressourcen an die exportorientierten Wirtschaftszweige ist eine Politik der möglichst ungehinderten Naturbeanspruchung durch alle getreten.

Höhere Preise aber geben nicht nur Anreize zu Kapazitätsausweitungen, sondern auch zu sparsamerem Umgang mit dem knapper (teurer) gewordenen Gut oder Produktionsfaktor und zur Entwicklung von alternativen Problemlösungen. Ebendies wird durch die Konzeption der Energielücke unterbunden. Statt einen Ausgleich von Angebot und Nachfrage über einen höheren Preis zuzulassen, soll der Staat bei weiterhin niedrigem Preis für eine Erweiterung des Angebots durch Erschliessung immer neuer Energiequellen sorgen, wenn die Nachfrage wächst. Eine subtile Variante dieser Strategie ist die Risikoübernahme durch den Staat über verschiedene Arten der Haftungsbeschränkung. In einem der nächsten Abschnitte wird auf diese Politik der «Risikoübernahmegarantie» eingegangen. Eine notwendigerweise subventionsgestützte Politik der billigen Energie steht den umweltpolitischen Anliegen einer Reduktion der ökologischen Belastungen durch Energieproduktion und -verwendung diametral entgegen.

Die Politik der «Materialgarantie»

Ein zweiter Anspruch ist derjenige auf ausreichende Versorgung mit billigen Rohstoffen. Diese Materialgarantie beruht auf einer interessanten Symbiose zwischen der Wettbewerbsdynamik auf den Rohstoffmärkten und gezielten staatlichen Unterstützungsmassnahmen z.B. im Bereich der Montanindustrie. Das Resultat ist eine fortdauernde Steigerung des Ressourcenabbaus bei gleichzeitig sinkenden Preisen. Diese Tendenz ist systemnotwendig mit einer Wettbewerbswirtschaft verbunden. Der Wettbewerb manifestiert sich unterschiedlich, je nachdem, ob es sich um homogene oder um heterogene Güter handelt. Da bei homogenen Gütern alle Konkurrenten das gleiche Gut anbieten, kommt als einziger Aktionsparameter der Preis in Frage. Nur durch Preissenkung kann man einen Vorteil gegenüber den Konkurrenten erzielen, beziehungsweise einer Benachteiligung durch Preissenkung von seiten der Konkurrenten entgehen. Die natürlichen Ressourcen sind ihrem Wesen nach homogene Güter. Im allgemeinen herrscht deshalb bei den Ressourcen strenge Preiskonkurrenz. Falls es nicht gelingt, dieser durch Kartellierung zu entgehen, was insbesondere beim Erdöl eine gewisse Rolle spielt, dann besteht der unerbittliche Zwang zur Reduktion der Durchschnittskosten (Kosten pro geförderte Tonne Rohstoff). Dies erfordert in der Regel die Substitution von Arbeit durch Kapital, das heisst durch grössere und dank der «Energiegarantie» effektivere Maschinen. Während die Produktionsmenge ausgedehnt wird, werden gleichzeitig die variablen durch fixe Kosten ersetzt. Auf diese Weise steigen zwar die Gesamtkosten, die Durchschnittskosten jedoch sinken, weil sich die fixen Kosten auf überproportional grössere Produktionsmengen verteilen. Entsprechend können und müssen auch die

Preise gesenkt werden (Binswanger/Minsch 1992: 50 ff.; World Resources 1994/95: 262).

Die daraus resultierende Tendenz zu steigenden Abbaumengen bei sinkenden Preisen im Rohstoffbereich wird durch staatliche Förderungsprogramme unterstützt. Es ist unverkennbar, dass weltweit die Rohstoffindustrien gezielter staatlicher Förderung teilhaftig werden und den Weltmarkt weiterhin mit verbilligten Rohstoffen beliefern (World Resources 1994/95: 23 f.).

Als rohstoffarmes Land, zumindest was die zentralen Rohstoffe industrieller Produktion betrifft, ist die Schweiz von einer aktiven Politik der Materialgarantie in grösserem Ausmasse entbunden. Sie profitiert von der Verbilligungspolitik der Exportländer, die sich in tiefen Importpreisen dieser Rohstoffe und ihrer Folgeprodukte äussert. Immerhin, zwei einheimischen Rohstoffen kommt grössere wirtschaftliche Bedeutung zu. Es sind dies Holz und Kies. Während die Nutzung des regenerierbaren Rohstoffs Holz traditionell dem forstwirtschaftlichen Nachhaltigkeitsgebot untersteht (und gegenüber dem künstlich verbilligten Stahl im Wettbewerb systematisch benachteiligt wird), herrscht beim Kies eine aktive Politik der Materialgarantie. Dem Primat einer gesicherten, billigen inländischen Kiesversorgung bleiben Erwägungen bezüglich ökologischer und landschaftsästhetischer Knappheiten untergeordnet. «Versorgungsengpässe», die auf der Basis tiefer, nicht knappheitsadäquater Kiespreise prognostiziert werden, wird mit einer rein angebotsorientierten Abbaubewilligungspraxis geantwortet (Vgl. z.B. Siegenthaler/Binswanger 1994).

Der zentrale Ansatzpunkt der schweizerischen Materialpolitik liegt jedoch nicht beim Materialinput, sondern bei der Entsorgung.

Die Politik der «Entsorgungsgarantie»

Ein dritter Anspruch zielt auf eine möglichst billige und reibungslose Abfallentsorgung. In systematischer Ergänzung zur Materialgarantie, die der Wirtschaft billigen Materialinput garantiert, besteht auf der Abfallseite der Wirtschaft eine Entsorgungsgarantie. Es wird erwartet, dass der Staat die Entsorgung der im Zuge der Produktions- und Konsumtionsprozesse anfallenden Abfälle gewährleistet und entsprechende Infrastrukturen bereitstellt. Auch hier liegt nicht das marktwirtschaftliche Entscheidungskalkül zugrunde. Primäre Stossrichtung ist die Erhöhung der Entsorgungskapazitäten, bei möglichst tiefen und damit nicht knappheitsadäquaten Preisen bzw. Gebühren. Als Massgabe für die Höhe der Gebühren werden bislang nur die unmittelbaren Arbeits- und Kapitalkosten der Abholung und der Ablagerung bzw. der Verbrennung akzeptiert. Die Kapazität der Abfallentsorgung soll im Rhythmus der Steigerung der Abfälle erweitert werden, ohne dass sich die Preise der Entsorgung über die unmittelbaren Kosten hinaus erhöhen dürfen (Cabernard 1995).

Die nicht nur ökologische, sondern auch ökonomische Sinnlosigkeit einer (permanent) subventionsgestützten Abfallentsorgung wird zunehmend erkannt. Tatsächlich zwingt die Finanzknappheit der öffentlichen Haushalte, die Subventionen abzubauen und an deren Stelle vermehrt verursachungsorientierte Finanzierungen einzuführen. Ein Beispiel dafür ist der allmähliche Siegeszug der Abfallsackgebühr. Angesichts der nach wie vor billigen Materialinputs wird jedoch zunehmend auch die Begrenztheit dieser outputorientierten Strategie deutlich: Es besteht der systematische Anreiz zu Umgehungshandlungen, die im Extremfall in illegale Entsorgungspraktiken münden.

Die Politik der «Raumgarantie»

Ein vierter Anspruch zielt auf eine möglichst ungehinderte Befriedigung der steigenden Raumbedürfnisse. Zwar hat gemäss Bundesverfassung die Raumplanung das notwendige Gegengewicht zur Eigendynamik des Siedlungswachstums zu setzen. Gewissen Erfolgen auf Gemeindeebene, wo die Zersiedelung «einigermassen gebändigt» werden konnte, stehen aber deutliche Mängel bezüglich der überkommunalen Siedlungsentwicklung gegenüber. Hier hat die Raumplanung noch wenig erreicht. Interessenkonflikten wird oft noch durch Inanspruchnahme zusätzlichen Bodens ausgewichen. Die Umschreibung der Bauzone im schweizerischen Raumplanungsgesetz ist denn auch weiterhin wachstumsorientiert (Häberli u.a. 1991: 53 ff. sowie dort zitiert: Keller 1990). Auch in diesem Politikbereich ist also eine grundsätzliche Angebotsorientierung unübersehbar. Im Wesentlichen handelt es sich um eine Politik der geordneten, planvollen, aber doch fortschreitenden Erschliessung des Raums im Dienste permanent steigender Raumbedürfnisse. Dem hat eine Politik der Landschaftsschutzes wenig entgegenzusetzen. Im Grunde handelt es sich um ein permanentes Nachgeben. Noch immer wird in der Schweiz pro Sekunde etwa ein Quadratmeter Boden versiegelt. Der Umweltbericht 1994 (BUWAL 1994: 147) beziffert den laufenden Bodenkonsum in der Schweiz auf 30 Quadratkilometer pro Jahr.

Die Politik der «Mobilitätsgarantie»

Ein fünfter Anspruch betrifft die Gewährleistung einer immer grösseren Mobilität durch den steten Ausbau der Verkehrswege. Die Verkehrsprognosen basieren auf einem methodisch ähnlich fragwürdigen, im Grunde nichtmarktwirtschaftlichen Konzept wie bei der Energiepolitik. Zur Durchsetzung der Doktrin möglichst ungehemmter Mobilität werden Kapazitätsengpässe im Verkehrsbereich diagnostiziert, die es ausschliesslich angebotsorientiert zu überwinden gilt; in früheren Jahren hauptsächlich im Bereich des Strassenverkehrs, heute vermehrt auch bei der Eisenbahn (Mayer-Tasch u.a. 1990). Die Finanzierung mit speziellen Abgaben und Steuern wird nur so lange in Kauf genommen, wie praktisch keine bremsenden Effekte auf die Nachfrage von Verkehrsleistungen auftreten, und die Erlöse vor allem für die Erweiterung der Verkehrskapazität verwendet werden.

Unter dem Regime der angebotsorientierten Verkehrspolitik verkehren sich Strategien zur Förderung des öffentlichen Verkehrs zwangsläufig in eine Förderung der Mobilität. Ein Umsteigen von der Strasse auf die Schiene in grösserem Ausmass darf ohne beschränkende Massnahmen beim Strassenverkehr nicht erwartet werden.

Neue Varianten angebotsorientierter Verkehrspolitik, die zunehmend an Bedeutung gewinnen, sind Methoden, die mit Hilfe telematik-gestützter[6] Verkehrsleitsysteme die Kapazitäten bestehender Verkehrsinfrastrukturen zu erhöhen trachten. Ohne flankierende Massnahmen, zum Beispiel Road-Pricing-Systeme (und davon ist beispielsweise bei der Entschliessung des Europäischen Rates vom Oktober 1994 zur Einführung der Telematik im Verkehr nicht die Rede), werden die kurzfristig erzielbaren – und insbesondere auch ökologisch motivierten – Effizienzsteigerungen im Strassenverkehr (Vermeiden bzw. Vermindern von Staus und damit von Zeit- und Kraftstoffvergeudung) zusehends wieder durch ein weiterhin ungebremstes Verkehrswachstum zunichte gemacht.

Die Politik der «Risikoübernahmegarantie»

Eine besonders problematische und neue Variante merkantilistischer Verbilligungsstrategien äussert sich schliesslich im Anspruch an den Staat, die Last der von Privaten geschaffenen technischen Grossrisi-

6 Als Telematik wird die Verknüpfung von Telekommunikation und Information bezeichnet und ist die Basis für kollektive oder individuelle Verkehrsinformations- bzw. Verkehrsleitsysteme.

ken ab einer bestimmten Obergrenze zu übernehmen. Wichtigstes Beispiel ist die Haftungsbegrenzung bei Atomenergieanlagen. Die Unternehmen (einschliesslich Versicherungen) werden damit von der Aufgabe entbunden, sich der unerwünschten Folgen von Grossrisiken bewusst zu werden und entsprechend umwelt- und sozialverträgliche Produkte und Produktionsverfahren zu entwickeln. Durch Haftungsbeschränkungen werden die Gefährdungen sozialisiert, womit der systematische Anreiz in Richtung Hochgefährdungsstrategien gegeben ist. Als Gegenleistung verlangt der Staat zwar die Erfüllung von Sicherheitsanforderungen. Diese zielen jedoch bloss auf eine Reduktion der Eintretenswahrscheinlichkeit des Schadensereignisses, nicht aber auf eine Reduktion des Ausmasses des Schadensereignisses selbst. Bei Grossgefährdungen, um die es hier geht, widerspricht diese Praxis unmittelbar dem 6. Nachhaltigkeitsgebot (vgl. 2. Kapitel). Ausserdem fehlt in der Regel eine einsatzbereite Notfallinfrastruktur. Falls es zum Aufbau einer solchen kommt, wird erwartet, dass diese nicht von den Verursachern der Gefährdungen, sondern von der Allgemeinheit finanziert wird (H.C. Binswanger 1990: 257 ff.).

Eine Episode aus der Geschichte des schweizerischen Atomgesetzes

Gemäss Vernehmlassungsentwurf (1957) zum Schweizerischen Bundesgesetz über die friedliche Verwendung der Atomenergie und den Strahlenschutz (Atomgesetz) wäre der Inhaber einer Atomanlage für jeden durch Kernumwandlungsvorgänge verursachten Schaden haftpflichtig gewesen. Nach der Vernehmlassung entschied man sich jedoch für eine Beschränkung der Haftung. Der bundesrätlichen Begründung hierzu kann u.a. folgendes entnommen werden: «Die interessierten Wirtschaftskreise haben ... in unmissverständlicher Weise zu verstehen gegeben, dass sie sich nicht an den Reaktorbau und -betrieb heranwagen können, wenn die Fragen der Haftpflicht nicht geklärt sind und diese die Grenzen des Tragbaren überschreiten ... Es wurde erklärt, dass eine solche Gesetzesvorlage die Entwicklung der Atomwirtschaft in der Schweiz ernsthaft gefährde ... Von seiten der Elektrizitätswerke wurde betont, dass es diesen bei unbeschränkter Haftung ganz unmöglich wäre, mit dem Bau von Atomanlagen zu beginnen ... Die Expertenkommission hat daher in zweiter Lesung den Gesetzesentwurf auf eine Lösung mit beschränkter Haftung umgearbeitet.» Das Atomgesetz ist auf den 1. Juli 1960 in Kraft getreten. (Vgl. hierzu ausführlich: Rausch 1980: 11)

Zwischenfazit

Zusammenfassend lässt sich festhalten: Die vorgestellten «Garantien» sind charakteristisch für die heute existierenden Marktwirtschaften der hochindustrialisierten Welt. Sie fördern aktiv eine forcierte Nutzung der Natur im Rahmen des wirtschaftlichen Transformationsprozesses. Im engeren ökonomischen Sinne war dies ein äusserst erfolgreiches Unternehmen: die Zunahme des materiellen Wohlstandes seit der Industriellen Revolution, insbesondere jedoch in den letzten vierzig Jahren, ist sichtbarer Ausdruck dafür. Gleichzeitig handelt es sich jedoch um eine Strategie der unökologischen Grobsteuerung, die die wirtschaftliche Entwicklung auf ökologisch nichtnachhaltige Pfade führte und gleichzeitig den Prinzipien der Marktwirtschaft widerspricht.

5.4 Von den Postulaten zu neuen Ansatzpunkten ökologischer Innovationsstrategien

Es zeigt sich, dass mit einer emissionsorientierten Politik der ökologischen Feinsteuerung bei ungenügender Berücksichtigung der Inputströme, ja bei deren künstlicher Verbilligung, Schritte in Richtung Nachhaltige Entwicklung im Sinne der im 2. Kapitel aufgeführten Postulate nicht im gewünschten Ausmass zu realisieren sein werden. Gefordert werden muss deshalb eine Politik, welche die wesentlichen ökologischen Einflussfaktoren in den Griff bekommt und dabei die Komplexität des ökologischen Regelungsbedarfs auf ein administrativ praktikables und wirtschaftlich vertretbares Mass reduziert.

Die geforderte Innovationsperspektive erfolgreicher volkswirtschaftlicher Nachhaltigkeitspolitik muss wirksamere Instrumente und präventive Inhalte miteinander kombinieren: Inhaltlich muss sie auch *Inputströme* erfassen, da sonst Wachstumseffekte outputseitige Erfolge in Frage stellen. Zudem sind weitere *innovative Instrumente* nötig, um breite und effiziente Wirkungen entfalten zu können. Hierzu eignen sich vor allem marktwirtschaftliche Instrumente verschiedener Art.

Weiteres Charakteristikum der geforderten Innovationsperspektive ist eine problemadäquate *Komplexitätsreduktion*. Um von den vorgestellten Postulaten und den diagnostizierten Schwachstellen zu konkreten Ansatzpunkten ökologischer Innovationsstrategien zu gelangen, macht es keinen Sinn, die Schweiz als ein komplexes System von erneuerbaren und nichterneuerbaren Ressourcen, von emissionsabsorbierenden Senken, von lebenserhaltenden Biosystemen und schlies-

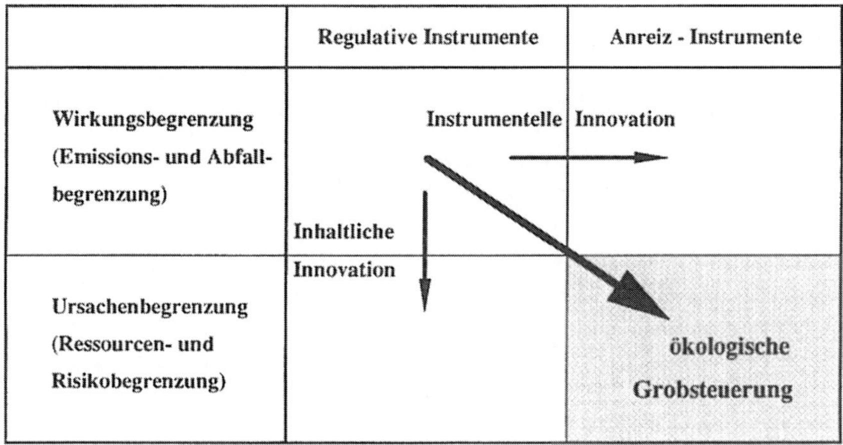

Abbildung 5.5
Innovationen der staatlichen Akteure bzw. deren Ergebnisse

slich von Natur- und Kulturlandschaftsbildern umfassend zu inventarisieren. Für jedes dieser ökologischen Subsysteme müssten ökologisch dauerhafte Belastungs- bzw. Beanspruchungsgrenzen definiert werden, die dann im Rahmen des politischen Prozesses in konkrete umweltpolitische Ziele zu münden hätten. Schliesslich gälte es, entsprechende umweltpolitische Instrumente zu evaluieren und einzusetzen. Dieser Weg führt kaum zum Ziel. Es wird nicht möglich sein, ein Land in seiner Komplexität in der oben skizzierten ökologischen Detailtreue aufzulösen. Dies hiesse sowohl die naturwissenschaftliche Analyse als auch die Umweltpolitik überfordern. Vielmehr wird es darum gehen, die Komplexität möglichst problemgerecht zu reduzieren und das umweltpolitische Augenmerk auf zentrale Probleme zu konzentrieren.

Komplexitätsreduktion durch Ökologische Grobsteuerung

Aus dem Gesagten folgt die Notwendigkeit einer *inputorientierten Ökologischen Grobsteuerung*, die unmittelbar bei der grundlegenden Ursache der ökologischen Problematik ansetzt: bei der zu reichlich in Anspruch genommenen Natur (vgl. ausführlicher Minsch 1994). Nachhaltige Entwicklung ist demnach nicht oder nur beschränkt über rein emissionsorientierte, das heisst auf einzelne konkrete Umweltprobleme gerichtete, umweltpolitischen Strategien realisierbar.

RIO 92 – Erste Versuche in Ökologischer Grobsteuerung

Einen ersten Versuch in Richtung Ökologische Grobsteuerung wagte 1992 die Konferenz für Umwelt und Entwicklung in Rio. Der globale ökologische Regelungsbedarf wurde auf drei Themenschwerpunkte reduziert: auf die Klimaproblematik (Klimakonvention), auf die Frage der biologischen Vielfalt (Konvention über die biologische Vielfalt) und auf die Problematik der Zerstörung des Waldes, insbesondere des Tropenwaldes (Rahmenprinzipien für den Schutz der Wälder). Die Bedeutung dieser Problembereiche ist unbestritten; trotzdem handelt es sich um eine von der Tagesaktualität diktierte ad-hoc-Auswahl, die dem umfassenden Anspruch des Prinzips Nachhaltige Entwicklung kaum genügt. Aus diesem Grunde stellte man den drei Dokumenten ein viertes – die «Agenda 21» – ergänzend zur Seite, das im Sinne einer umfassend verstandenen Nachhaltigkeit 40 thematische Massnahmenbündel formuliert. Jedes der Massnahmenbündel umfasst im Durchschnitt etwa zehn einzelne Massnahmen. Im Wesentlichen bleibt es jedoch bei einer detaillierten, thematisch geordneten Aufzählung. Noch fehlt eine Systematisierung, die auf die Anforderungen praktischer Umweltpolitik Rücksicht nimmt. Die Umweltpolitik sieht sich demnach mit der Aufgabe konfrontiert, neben den notwendigen Massnahmen zum Klimaschutz, zum Schutz des Waldes und der biologischen Vielfalt etwa 400 weitere umweltpolitische Massnahmen ergreifen zu müssen.
Trotz dieser politisch-administrativ kaum zu bewältigenden Fülle an ökologischen Hausaufgaben weist die Agenda 21 erstaunliche Lücken auf. So sind weder die Energie- noch die Verkehrsfrage für würdig befunden worden, jeweils in einem eigenständigen Massnahmenbündel thematisiert zu werden. Beide Fragen werden im Themenbereich 9 «Schutz der Atmosphäre» nur äusserst summarisch mehr angesprochen denn behandelt. Die Empfehlungen beschränken sich dann im Wesentlichen auch auf vage formulierte Aufforderungen zur Erhöhung der Energieeffizienz und zur Förderung erneuerbarer und weniger luftverschmutzender Energieformen. Praktisch ausgeblendet bleibt die Frage der Kernenergie. Bloss auf die Abfallfrage reduziert findet sie indirekt Eingang in die Agenda 21, konkret ins Kapitel 22 «Sicherer Umgang mit radioaktiven Abfällen». Die ebenfalls bloss summarische Behandlung der Verkehrsfrage steht unter dem Zeichen der scheinbar als Quasi-Naturgesetz völlig unreflektiert hingenommenen Annahme, dass «der Transportbedarf zweifellos noch zunehmen» wird (S. 15)!

Die hier vertretene Idee der Ökologischen Grobsteuerung im Dienste der Nachhaltigen Entwicklung entwirft keine exakten zukünftigen Zustände, weder in bezug auf die ökologische Situation noch in bezug auf das Gesellschafts- und Wirtschaftssystem, noch bezüglich der Art der Technologie bzw. der technologischen Entwicklung oder in bezug auf Lebens- und Konsumstil. Nachhaltige wirtschaftliche Entwicklung wird vielmehr als **Prozess** verstanden, der sich innerhalb der durch die Ökologische Grobsteuerung gesetzten ökologischen Rahmenbedingungen vollzieht und der prinzipiell offen ist für vielfältige Entwicklungen in gesellschaftlicher, ökonomischer, technischer und sozialer Hinsicht.

Diese Offenheit ist auch aus demokratietheoretischen Überlegungen erwünscht. Die Gestaltbarkeit und Veränderbarkeit der politischen, wirtschaftlichen und sozialen Lebenswelt durch die jeweils lebenden Menschen ist zentrales Postulat der Popperschen Konzeption der «offenen Gesellschaft» (Popper 1980). Offenheit wird jedoch auch durch die Komplexität sowohl der ökologischen als auch der gesellschaftlich-ökonomischen Systeme erzwungen.

In bezug auf die ökonomische Dimension bedeutet dies, dass jenes Wirtschaftssystem eine Entwicklung in Richtung Nachhaltigkeit am ehesten erfolgreich beschreiten kann, das die notwendigen *Freiräume für solche Lern- und Suchprozesse* gewährt (SUSTAIN 1994: 14). Es ist dies eine Anforderung, der prinzipiell die Marktwirtschaft gerecht zu werden verspricht. Diese Chance muss allerdings erst noch wahrgenommen werden. Die real existierenden Marktwirtschaften stellen noch nicht die Antwort auf die Ökologische Frage dar. Sie sind erst erfolgreiches Zwischenresultat eines gesellschaftlich-ökonomischen Prozesses, der sich noch ausschliesslich im Spannungsfeld der beiden Pole «Mangelwirtschaft» und «soziale Frage» abspielte.

Nicht nur die wirtschaftliche, gesellschaftliche und technische Entwicklung ist ein Prozess mit prinzipiell offenem Ausgang. Auch die ökologische Rahmenordnung bleibt notwendigerweise dauerhaft anpassungs- und revisionsbedürftig. Nachhaltige Entwicklung orientiert sich deshalb weniger an hypothetischen zukünftigen Idealwelten als primär an der Wirklichkeit. Sie ist ein «Spiel», das sich ständig verändert, so dass man selbst im Spiel die jeweils gültigen Regeln herausfinden muss, sowohl was das Wirtschaften anbetrifft als auch im bezug auf die ökologische Rahmenordnung (A. Brian; zitiert in Busch-Lüty 1994: 17).

Tabelle 5.1
Inputorientierte Ökologische Grobsteuerung und emissionsorientierte Strategien im Vergleich

	Inputorientierte Ökologische Grobsteuerung	**Emissionsorientierte Steuerung**
Ansatzpunkte	Orientierung an wenigen zentralen Inputfaktoren des ökonomischen Transformationsprozesses, d.h. also: keine unmittelbare Orientierung an konkreten Emissionsphänomenen	Unmittelbare Orientierung an den konkreten Emissionsphänomenen (d.h. an konkreten externen Effekten)
Vorteile / Nachteile	Vorteile: • **Breitenwirkung**, die prinzipiell sämtliche durch den ökonomischen Prozess bewirkten Naturbeanspruchungen umfasst. • **Administrative Praktikabilität** durch Konzentration auf wenige Inputfaktoren Nachteile: • **Mangelnde Zielgenauigkeit** bezüglich der konkreten Emissionsprobleme und damit ergänzungsbedürftig durch emissionsorientierte ökologische Feinsteuerung; damit zusammenhängend: • **Eingeschränkte allokative Effizienz,** da nicht unmittelbar bei den konkreten Emissionsproblemen ansetzend	Vorteile: • **Hohe Zielgenauigkeit** bezüglich jener konkreten Emissionsprobleme, die umweltpolitisch erfasst werden; und damit zusammenhängend: • **Hohe allokative Effizienz** durch Orientierung am konkreten Emissionsproblem Nachteile: • **Mangelnde Breitenwirkung,** die hypothetisch nur durch umfassende Regulierung sämtlicher Emissionsprobleme überwunden werden könnte; dies ist jedoch • **administrativ nicht praktikabel** bei Vorliegen einer Vielzahl von Emissionsproblemen und bei hoher wirtschaftlicher Dynamik, die dauernd neue Emissionsprobleme schafft. • **Gefahr des Zu-spät-Kommens und der Problemverschiebung**
Voraus-setzungen	Die Notwendigkeit einer inputorientierten Ökologischen Grobsteuerung ergibt sich in einer komplexen, dynamischen Welt mit umfassendem ökologischem Regelungsbedarf	Emissionsorientierte Umweltstrategien haben ihre spezifischen Vorteile in einer statischen Welt mit wenigen, kontrollierbaren Emissionsproblemen
Einsatzdoktrin	Unter der Voraussetzung der Nachhaltigen Entwicklung einerseits und einer komplexen, dynamischen Wirtschaft an den Grenzen der ökologischen Tragfähigkeiten andererseits bedarf es einer **inputorientierten Ökologischen Grobsteuerung**. Die Nachteile mangelnder Zielgenauigkeit im konkreten Emissionsfall (und damit die eingeschränkte Allokationsoptimalität) können durch ergänzende, emissionsorientierte Strategien der ökologischen Feinsteuerung begrenzt werden.	Die spezifischen Vorteile der emissionsorientierten Strategien (Zielgenauigkeit und allokative Effizienz) kommen unter den gegebenen Voraussetzungen (Notwendigkeit nachhaltiger Entwicklung in einer komplexen, dynamischen Full World Economy und Fehlen einer ökologichen Grobsteuerung) nicht zum Tragen, sondern verkehren sich in ihr Gegenteil: Zu-spät-Kommen und Problemverschiebungen verletzen die allokativen Optimalitätsbedingungen! Emissionsorientierte Strategien sollten deshalb als typische **Strategien der Ökologischen Feinsteuerung die Ökologische Grobsteuerung ergänzen.**

Es kann festgehalten werden: Die Umorientierung der Wirtschaft in Richtung Nachhaltige Entwicklung ist nicht oder nur am Rande Aufgabe einer emissionsorientierten Umweltpolitik, sondern einer sich auf wenige strategische Faktoren konzentrierenden *«ökologischen Grobsteuerung»*. Ihr erklärtes Ziel ist es, die quantitativen Grundursachen der ökologischen Gefährdung zu beseitigen. Realisiert wird dies durch das Schaffen einer ökologischen Rahmenordnung, die einen marktwirtschaftlichen Suchprozess in Richtung Nachhaltige Entwicklung initiiert. Verbleibende Fragen der Qualität sowie der «ökologischen Feinsteuerung» sind Aufgabe einer entlasteten Umweltpolitik. Hier werden unter anderen auch emissionsorientierte Strategien ihren Platz haben. Tabelle 5.1 fasst das Gesagte im Sinne einer vergleichenden Gegenüberstellung von inputorientierter Ökologischer Grobsteuerung und emissionsorientierten Strategien zusammen.

Ansatzpunkte der Ökologischen Grobsteuerung

Die vorgestellten Überlegungen sowie die Analyse der neomerkantilistischen Verbilligungspraktiken führen zu folgenden konkreten Ansatzpunkten einer Ökologischen Grobsteuerung[7]:

Erster Ansatzpunkt: Die Energie

Die Energie ist neben der Arbeit die zentrale Bewegerin der Wirtschaft (Wirkursache) und damit auch zentrale Ursache der heutigen nichtnachhaltigen Inanspruchnahme der natürlichen Umwelt. Auf eine Kurzformel gebracht gilt: Energie verwenden heisst immer Natur beanspruchen und, bei den heutigen Grössenordnungen einer 9300-Mtoe-Weltwirtschaft[8], schädigen.

Zu diesen Schädigungen gehören erstens die relativ gut dokumentierten unmittelbaren Umwelteffekte der Energiegewinnung und -verteilung, zweitens die unmittelbar bei der Energieverwendung anfallenden Umweltbeeinträchtigungen, insbesondere Belastungen von Luft und Klima sowie Lärmemissionen (Vgl. bspw. OECD 1991: 230 ff.), drittens die relativ diffusen und schwierig zu bilanzierenden indirekten Naturbeanspruchungen, die notwendig mit der Verwendung von Energie zusammenhängen: zum Beispiel die Landschaftsumgestal-

7 Eine ausführliche Begründung für die Evaluation der aufgeführten fünf Ansatzpunkte findet sich in Minsch 1994: 10 ff.

8 Mtoe = Millionen Tonnen Öl-Äquivalent; die Zahl bezieht sich auf das Jahr 1990, Quelle: Worldwatch Institute 1991: 51.

tungen bei der Entnahme von Rohstoffen, die Überbauungs- und Versiegelungsaktivitäten, die Auswirkungen der (energieintensiven) industrialisierten Landwirtschaft und der Mobilität.

Insbesondere die Belastungen «der dritten Art» wurden bis anhin nicht bzw. nur beiläufig mit der Wirkursache «Energie» in Verbindung gebracht. Dieses Ausblenden verleitet zum Schluss, Energie, wenn sie denn emissionsfrei gewonnen werden könnte, stelle für sich genommen kein ökologisches Problem dar. Es sei deshalb auch nicht bei der Energie selbst anzusetzen, sondern bei den einzelnen konkreten Emissionen. Da jedoch jede Energieverwendung am Ende Bewegung, Umformung, Verschiebung und damit Eingriff in die Natur bedeutet, müsste beim heutigen Niveau des Energieverbrauchs eine Unzahl verschiedenster Belastungsphänomene beobachtet, analysiert und umweltpolitisch geregelt werden. Dies käme einer systematischen Überforderung von naturwissenschaftlicher Analytik und umweltpolitischer Praxis gleich. In der Sprache der Ökonomie: Prohibitiv hohe Transaktionskosten würden eine zielführende emissionsorientierte Energie- bzw. Umweltpolitik verunmöglichen. Es kann also nicht heissen « inputorientierte Umweltpolitik oder emissionsorientierte Umweltpolitik», sondern es heisst «inputorientierte Umweltpolitik oder systematische Überforderung der emissionsorientierten Umweltpolitik»!

Nachhaltige Entwicklung erfordert deshalb, die grundlegendsten Ursachen der Umweltbelastung selbst in den Griff zu bekommen. Der Inputfaktor Energie ist *der* erste zentrale Steuerungsbereich der Ökologischen Grobsteuerung.

Zweiter Ansatzpunkt: Das Material inklusive Abfall

Der zweite Ansatzpunkt der Grobsteuerung ist die Natur als Lieferantin der materiellen Grundlagen jeglicher wirtschaftlicher Produktion (Materialursache). Es interessieren die regenerierbaren und die nicht regenerierbaren Rohstoffe (einschliesslich des Wassers), die der Erde entnommen, im Rahmen des ökonomischen Transformationsprozesses zu Gütern verarbeitet werden und schliesslich am Ende des Produktlebenszyklus als Abfall vorliegen und der Natur in nicht kreislaufgerechter Form überlassen werden. Äusseres Zeichen für die heutige Materialdurchflusswirtschaft ist der in allen hochindustrialisierten Ländern diagnostizierte sogenannte «Abfallnotstand». Der zentrale Ansatzpunkt zu dessen Lösung ist die Reduktion des Materialinputs in die Wirtschaft und *nicht* des Abfall-Outputs beziehungsweise dessen «Entsorgung» im Sinne einer Problemverschiebung.

Dritter Ansatzpunkt: Der Raum

Dritter Ansatzpunkt ist die Natur in ihrer Eigenschaft als Standort für Produktion, Konsumtion und Verkehr (Raumursache). Dabei stehen zwei Aspekte im Vordergrund. Erstens der Boden: er ist absolut knapp. Was den landwirtschaftlich nutzbaren Boden betrifft, handelt es sich gar um den knappsten Produktionsfaktor überhaupt. Überdies hat der statistisch belegte jährlich fortschreitende Verlust an nährstoffreichen Böden weltweit dramatische Ausmasse angenommen, was die Problematik der absoluten Knappheit noch akzentuiert.

Zweitens die Landschaft: Sie steht für die Natur als produktives System, das die Wirtschaft nicht bloss im engeren Sinne mit Produktionsfaktoren versorgt und als Standort dient, sondern dem Menschen aber auch den Tieren und Pflanzen unmittelbar Lebenswelt ist und darüber hinaus umfassend als *«Life-support-system»* dient. Insofern ist die Landschaft nicht Inputfaktor im strengen produktionstheoretischen Sinne. Als umfassende Lebens- und Produktionsvoraussetzung, die durch das Wirtschaften permanent beeinflusst, jedoch nur ungenügend durch die oben erwähnten Ansatzpunkte der Grobsteuerung erfasst wird, stellen Boden und Landschaft den dritten Grobsteuerungsbereich dar.

Vierter Ansatzpunkt: Der Verkehr

Kein Inputfaktor im oben beschriebenen Sinne, jedoch zur Lösung der ökologischen Frage von herausragender Bedeutung und daher vierter Ansatzpunkt der Grobsteuerung ist der Verkehr. Es handelt sich um eine als «Throughputfaktor» zu bezeichnende raumüberwindende Aktivität, die für den heutigen, arbeitsteiligen und mobilitätsbedürftigen Produktions- und Konsumstil charakteristisch ist. Die spezifischen ökologischen Probleme dieses Throuthputfaktors einerseits – die Belastung des Bodens durch Versiegelung und Zerschneidung der Landschaft, in «Kooperation» mit dem Inputfaktor Energie die Belastung von Luft und Klima, die gesundheitlichen Gefährdungen sowie die Beeinflussung der Siedlungsentwicklung – und andererseits die Tatsache, dass er als Verkehrspolitik einen wichtigen eigenständigen Politikbereich darstellt, rechtfertigt seine Nominierung als vierten zentralen Ansatzpunkt der Ökologischen Grobsteuerung.

Fünfter Ansatzpunkt: Risiken und Gefährdungspotentiale

Schliesslich sollen all jene technologisch gesetzten Gefährdungspotentiale besondere und dauernde Beachtung verdienen, die mit wirtschaftlicher Produktion verbunden sind. Die Gefährdungsfrage stellt sich als typische Querschnittsfrage prinzipiell in jedem der oben erwähnten Grobsteuerungsbereiche; der Bedeutung heutiger grosstechnischer Gefährdungen halber wird diese Frage jedoch als selbständiger Steuerungsbereich ausgewiesen.

Strategien der Nachhaltigen Entwicklung haben sich primär auf diese fünf Schwerpunkte zu konzentrieren. Damit sind bedeutende und komplexe Politikbereiche angesprochen, deren ökologischer Umbau hohe Anforderungen an die Innovationsfähigkeit der Gesellschaft und ihrer Akteure stellt. Gefragt sind «Erfindungen» zur Erhöhung der Innovationsfähigkeit. Die im folgenden Kapitel vorgestellte Idee der «Akteurnetze» steht für eine solche: konkret für Plattformen, die weitreichende ökologische Umwälzungen initiieren und gestalten können.

6 Akteurnetze – Katalysatoren des Innovationsprozesses

Zusammenfassung

Ökologische Innovationen von Unternehmen und Politik sind immer Prozesse, an denen zahlreiche Akteure beteiligt sind. Daher ist es notwendig, sowohl die kollektive als auch die zeitliche Dimension von ökologischen Innovationen zu verstehen. Neue Koordinationsformen zwischen Akteuren ermöglichen häufig erst die Entstehung von ökologischen Innovationen und beschleunigen ihre Umsetzung. «Regionale Akteurnetze» sind eine solche wichtige Plattform für Unternehmen und politische Akteure, um ökologische Innovationsprozesse zu initiieren und voranzutreiben. An ihnen wird deutlich, wie sich Innovationen in der Entstehungsphase beschleunigen lassen, wie die Bereitschaft aller Beteiligten erhöht werden kann, Innovationen mit möglichst grossen ökologischen Entlastungswirkungen zu tätigen, und welche Rolle Schlüsselakteure für das Funktionieren von Plattformen besitzen.

6.1 Ökologische Innovationen – ein kollektiver Prozess

Die letzten beiden Kapitel behandelten die derzeit in Unternehmen und der Politik zu beobachtenden ökologischen Innovationen und entwickelten Innovationsperspektiven für die Zukunft. Noch nicht näher eingegangen wurde dabei – und dies ist ein Charakteristikum heutiger umweltpolitischer Diskussion allgemein – auf den Umstand, dass an der Entstehung und Umsetzung von Innovationen zahlreiche Akteure wie Unternehmen, Forschungsinstitutionen, Interessenorganisationen, Zulieferbetriebe, gesellschaftliche Anspruchsgruppen oder politische Behörden beteiligt sind und dass Innovationen nicht in einem einzigen Schöpfungsakt realisiert werden. Ökologische Innovationen vollziehen sich heute immer weniger innerhalb der Werkstore von Unternehmen oder in Umweltfachstellen oder -ämtern des Staates. Sie werden vielmehr im Rahmen eines Prozesses «gefunden» und unterliegen daher einer erheblichen Dynamik. Diese ökologischen Innovationen sind das Zwischen- oder Endprodukt eines *Prozesses*, für den verschiedenste Akteure und Einflussgrössen ausserhalb eines Unternehmens oder einer Institution konstituierend sind. Zentral für diese Art der Innovationsentstehung ist daher die Koordination zwischen diesen verschiedenen innovierenden Akteuren – sei es in Form von Kooperationen, Marktbeziehungen oder hierarchischen Anweisungen (siehe Kasten: *Die drei Koordinationsformen Markt, Hierarchie und Kooperation*, Abschnitt 6.2). Erst die Betrachtung dieses kollektiven und prozessualen Charakters von ökologischen Innovationen macht klar, warum viele Innovationen sich gar nicht oder nur langsam verwirklichen. Beiden Aspekten widmet sich das folgende Kapitel. Konkret: Es geht auf die Potentiale und die Funktionsprinzipien regionaler Akteurnetze und ihre Bedeutung für ökologische Innovationsprozesse ein. Es benennt neue Formen bei der Koordination unterschiedlicher Akteure in einem ökologischen Innovationsprozess, Formen die dazu beitragen können, den ökologischen Funktions- und Bedürfnisinnovationen auf Unternehmensebene sowie der ökologischen Grobsteuerungspolitik zum Durchbruch zu verhelfen.

Das Konzept des Akteurnetzes wie es gegenwärtig in verschiedensten wirtschaftlichen, sozialen oder politischen Zusammenhängen diskutiert wird (Bussmann 1994, Grabher 1993, Jansen/Schubert 1995, Kissling-Näf et al. 1994, Sydow 1992, Thompson 1991) ist geeignet, das

Die wiederentdeckte Bedeutung der «regionalen Dimensionen» im Zeitalter der Globalisierung und der ökologischen Herausforderung

Regionale Dimensionen sind nicht nur für die Entstehung und Umsetzung von ökologischen Innovationen von Bedeutung, sondern rücken in der gegenwärtigen wirtschaftlich-gesellschaftlichen Umbruchphase aus mindestens vier Gründen ins Blickfeld des Interesses:

(1) Trotz oder gerade wegen der Globalisierung der Wirtschaft bleibt die wirtschaftliche Dynamik im globalen Rahmen auf bestimmte Gebiete konzentriert. Dazu zählen einerseits die Primatstädte in der globalen Städtehierarchie wie beispielsweise London, Paris, New York oder Tokyo, andererseits sind es Gebiete mit hohen Anteilen an Schlüsseltechnologiebranchen wie etwa Computer, Telekommunikation, Chemie/Pharmazie, Präzisionsinstrumente, die sich durch hohe Innovationsraten und ein starkes wirtschaftli-

ches Wachstum auszeichnen. Das bekannteste Beispiel ist das Silicon Valley, in der Schweiz der "arc jurassien" mit der Uhrenindustrie oder die Konzentration der grössten Chemieunternehmen in Basel (Friedman 1986, Bathelt 1991, Castells/Hall 1994, Karrer-Rüedie 1992, Crevoisier 1993).

(2) Obwohl Innovationen letztlich betriebsintern getätigt werden, sind sie in den seltensten Fällen die Leistung eines einzelnen Akteurs, sondern müssen vielmehr als Ergebnis eines Prozesses verstanden werden, für den verschiedenste Akteure und Einflussgrössen inner- und ausserhalb eines Betriebes von Bedeutung sind. Unterschiedlichste externe Akteure wie Einzelpersonen, Interessenvereinigungen, staatliche Stellen oder informelle Kontakte in Serviceclubs können einen bedeutenden Einfluss auf einen unternehmerischen Innovationsprozess haben (z.B. Planque 1991). Empirische Untersuchungen belegen, dass Innovationsprozesse in Regionen leichter realisierbar sind, in denen solche externen Faktoren konzentriert vorhanden sind – sofern sie von den Akteuren gemeinsam und gegenseitig genutzt werden (Aydalot/Keeble 1988; Piore/Sabel 1989; Camagni 1991; Porter 1991; Maillat u.a. 1993).

(3) In der Diskussion um die nachhaltige Entwicklung unserer Wirtschafts- und Lebensweise werden Regionen immer wieder als *die* adäquate Bezugseinheit für die Konkretisierung und Implementierung von Ökologisierungsstrategien genannt (Majer 1995, Peters/Sauerborn 1994, Ossenbrügge 1993). Meistens wird dabei mit Stoffflüssen argumentiert, die durch eine Steuerung von Produzenten, Konsumenten und Verteiler so zu organisieren sind, dass es zu keinen Verlagerungen über die Regionsgrenzen hinaus kommt, d.h. keine Stoffanreicherung bzw. Stoffverarmung auf Kosten anderer Regionen erfolgen darf (Akademie für Raumforschung und Landesplanung 1994:14). Dieses Postulat leuchtet zwar intuitiv ein, scheitert in der Praxis jedoch an der Schwierigkeit, die «richtigen» Regionsgrenzen zu definieren. Zudem besteht die Gefahr des Abgleitens in «öko-regionalistische» Argumentationen.

(4) Vor dem Hintergrund der Globalisierung und der ökologischen Herausforderung ist auch die Regionalpolitik neu zu positionieren. Gefordert ist ein flexibleres und zielgerichteteres Vorgehen, das auf die Innovations- und Wettbewerbsfähigkeit der Unternehmen fokussiert ist sowie den ökologischen Strukturwandel unterstützt. Das Konzept der starren Regionseinteilung soll von einer Regionalpolitik mit flexiblem Raumbezug abgelöst werden (Thierstein/Egger 1994).

Zusammenspiel unterschiedlicher Akteure zu beschreiben. Die diesem Kapitel zugrunde liegenden empirischen Arbeiten stützen sich vornehmlich auf das Analysefeld der «regionalen Akteurnetze» ab, bei denen neben den beteiligten Akteuren, den Beziehungen zwischen diesen sowie den Ressourcen über die sie verfügen, auch der räumlichen oder sozialen Nähe der Akteure eine wichtige Bedeutung für Innovationsprozesse zukommt.

In regionalen Akteurnetzen zeigt sich besonders deutlich, welche Bedeutung das Zusammenspiel von Akteuren für ökologische Innovationen hat. Ob «Regionen» dabei auch *die richtige* Dimension für die Implementierung und Umsetzung der vorgeschlagenen Innovationsperspektiven sind, wird in diesem Buch nicht diskutiert. Implizit wird jedoch von einer offenen Position ausgegangen, welche der «regionalen Dimension» eine *komplementäre* Funktion zu nationalstaatlichen oder unternehmensbezogenen ökologischen Innovationsstrategien einräumt. (siehe hierzu auch den Kasten*: Die wiederentdeckte Bedeutung der «regionalen Dimensionen»*).

Nach einer allgemeinen Vorstellung der wesentlichen Elemente regionaler Akteurnetze in Abschnitt 6.2 geht Abschnitt 6.3 auf die spezifischen Beschleunigungspotentiale ein, die in regionalen Akteurnetzen angelegt sind, und untersucht ihre Wirkungen auf den Verlauf von ökologischen Innovationsprozessen. Abschnitt 6.4 hat schliesslich die «Schlüsselakteure» zum Gegenstand, denen bei ökologischen Innovationen besondere Bedeutung zukommt, insbesondere bei der «Aktivierung» der Beschleunigungspotentiale.

6.2 Regionale Akteurnetze – eine besondere Form von Akteurnetzen

«Regionale Akteurnetze» stehen für eine Art des Zusammenspiels unterschiedlicher Akteure, bei der Innovationsprozesse durch die räumliche oder soziale Nähe der Beteiligten leichter realisiert werden können. Der Zusatznutzen der «Nähe» wird durch das Attribut «regional» ausgedrückt. Regionale Akteurnetze beeinflussen ökologische Innovationsprozesse durch die *Dynamik des Zusammenspiels* der beteiligten Akteure. Dabei sind vier Elemente bedeutsam: die beteiligten Akteure, deren Ressourcen, die Beziehungen zwischen den Akteuren sowie ihre regionale bzw. soziale Nähe.

Ausgangspunkt der Analyse von regionalen Akteurnetzen sind die *Akteure,* die an einem ökologischen Innovationsprozess teilhaben. Dazu zählen an der Zusammenarbeit interessierte Unternehmen, staatliche Institutionen, Forschungseinrichtungen, Zulieferbetriebe, Interessenorganisationen, Informationsforen, Konkurrenten, Nachfragerinnen und Nachfrager, Betriebe verwandter Branchen etc. Weiter spielen die *Ressourcen* eine Rolle, über die diese Akteure verfügen. Es lassen sich materielle und immaterielle Ressourcen unterscheiden. Zu den materiellen gehören beispielsweise Gebäude, Maschinen, private und staatliche Infrastruktur. Unter immateriellen Ressourcen sind Fertigkeiten, Fähigkeiten und Wissen von Arbeitskräften, Verfahrensregeln, Gesetze, Vorschriften usw. zu verstehen.

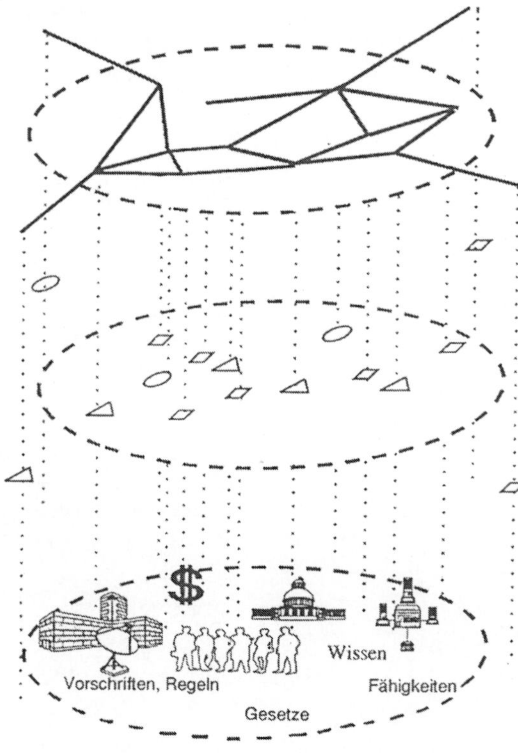

Element Beziehungen:
Die ausgezogenen Linien symbolisieren die Beziehungen zwischen den Akteuren.

Element Nähe:
wird durch die gestrichelte Ellipse symbolisiert.

Element Akteure:
Die drei Signaturen stehen beispielhaft für unterschiedliche Beteiligte.

Element Ressourcen:
Die Symbole stehen beispielhaft für materielle, die Begriffe für immaterielle Ressourcen.

Abbildung 6.1
Die vier Elemente eines regionalen Akteurnetzes

- *Beziehungen* zwischen Akteuren sind die Grundlage für jedes regionale Akteurnetz. Nur wenn Akteure bereit sind, bei ihrem Handeln auf das Handeln weiterer Akteure Bezug zu nehmen, kann ein Nutzen aus dem Zusammenspiel entstehen. Dabei können die an einem regionalen Akteurnetz Beteiligten ihre Aktivitäten unterschiedlich aufeinander abstimmen. Drei Koordinationsformen sind denkbar: Markt, Kooperation und Hierarchie. Marktbeziehungen werden über Preise geregelt, Kooperationsbeziehungen auf der Basis von Vertrauen und in hierachischen Beziehungen gilt das Anweisungsprinzip (vgl. auch Kasten).

Die drei Koordinationsformen Markt, Hierarchie und Kooperation

Die drei Koordinationsformen Markt, Hierarchie und Kooperation gehen von unterschiedlichen Annahmen über die Rationalität von Menschen und deren Umgang mit Information aus (Thomson 1991). Zudem ist die Bindung zwischen den Beteiligten verschieden geregelt und unterschiedlich stark (Williamson 1975; 1990; Powell 1991; Hakanson/Johanson 1993). In einem regionalen Akteurnetz können grundsätzlich *alle drei* Koordinationsmechanismen vorkommen.

- Bei der *Koordinationsform Markt* erfolgt die Koordination der Akteure über den Preis. Der Tausch von Produkten und Leistungen findet zwischen anonymen und voneinander unabhängigen Tauschpartnern statt, die je eigene Ziele verfolgen. Die Bindung der Partner aneinander besteht durch den Tausch der Produkte. Die Beziehungen sind daher grundsätzlich sehr flexibel. Ist ein Produkt gegenüber anderen preislich nicht mehr konkurrenzfähig, so sinkt die Nachfrage nach dem Produkt. Der Anbieter ist gezwungen, ein neues Produkt zu entwickeln oder das bisherige kostengünstiger anzubieten, wenn er nicht vom Markt verdrängt werden will.
- Bei der *Koordinationsform Kooperation*[1] erfolgt die Koordination durch gegenseitige, auf Vertrauen basierenden Beziehungen zwischen den Akteuren. Letztere stehen meistens in einer gewissen gegenseitigen Abhängigkeit und bringen komplementär ihre Stärken ein. Die Bindung der Partner aneinander ist intensiver und verbindlicher als bei marktlichen Beziehungen.

1 Die oben zitierten Autoren sprechen statt von «Kooperation» z.T. auch von «Netzwerk». Im folgenden soll jedoch immer der Begriff «Kooperation» verwendet werden, um diese spezifische Koordinationsform vom Akteur*netz* im allgemeinen zu unterscheiden.

Ihr Handeln folgt einem gemeinsamen Interesse, Ziel oder gründet auf einer ähnlichen Problemperspektive. Kooperationsbeziehungen basieren bewusst oder unbewusst auf einem Set von gemeinsamen Regeln.

- Bei der *Koordinationsform Hierarchie* erfolgt die Koordination über Anweisungen. Sie ist daher vorwiegend für intraorganisationelle Beziehungen von Relevanz. Durch die Zugehörigkeit aller Beteiligten zum selben Unternehmen gelten für alle dieselben Regeln. Dadurch lassen sich die Kosten zur Kontrolle und Überwachung einer Transaktion stark senken. Hierarchiebeziehungen sind jedoch deutlich weniger flexibel und senken den Anreiz, Innovationen zu tätigen. Sie sind deshalb für ökologische Innovationen von untergeordneter Bedeutung.

- Die räumliche oder soziale *Nähe* zwischen Akteuren erleichtert Innovationsprozesse zusätzlich. Dieser Zusatznutzen wird in der Abb. 6.1 durch die gestrichelte Ellipse symbolisiert. Im Falle der räumlichen Nähe entstehen die Vorteile insbesondere aus dem leichteren Zugriff auf materielle Ressourcen und den besseren Voraussetzungen zur unmittelbaren persönlichen Erreichbarkeit. Die soziale Nähe erleichtert die Kommunikation zwischen Akteuren genauso wie geteilte Werthaltungen oder ein gemeinsamer ideeller oder kultureller Hintergrund – z.B. entstanden durch gemeinsame Aktivitäten oder durch eine gemeinsame Ausbildungszeit. Ebenfalls unter dem Kürzel «Nähe» sind Vorteile zu fassen, die Akteuren aus gemeinsamen regionalen oder kantonalen politischen Rahmenbedingungen entstehen oder die auf die Konzentration von hochqualifizierten Arbeitskräften in bestimmten Agglomerationen zurückzuführen sind (Ramseier 1995, Bassand u.a. 1985).
  Die Ellipse ist gestrichelt, um zu verdeutlichen, dass weder die räumliche noch die soziale Nähe an sich Vorteile darstellen. Erst wenn sich Akteure zu einem bestimmten Zweck bewusst zueinander *in Beziehung setzen*, entstehen aus diesen Akteurnetzen Nutzen, erst dann wird aus der Nähe ein Zusatznutzen des «Regionalen».

Regionale Akteurnetze sind somit weder in ihrer flächenhaften Ausdehnung klar fixiert noch lassen sie sich eindeutig abgrenzen, wie dies die umgangsprachliche Gleichsetzung von «regional» mit einer nach naturräumlichen, funktionalen oder politischen Kriterien abgegrenzten «Region» impliziert. Die Linien, die in Abb. 6.1. über die Ellipse hinaus gehen, stehen für weitere Akteure, die für einen ökologischen

Innovationsprozess wichtige Impulse liefern können, für die die Vorteile der Nähe aber nicht nutzbar sind.

Die Elemente eines regionalen Akteurnetzes sind abhängig voneinander und beeinflussen sich gegenseitig. Insbesondere das Element Beziehungen macht deutlich, dass regionale Akteurnetze von den Beteiligten laufend reproduziert werden müssen. *Regionale Akteurnetze sind nichts Starres, sondern sind in einem fortlaufenden, dynamischen Prozess durch die Akteure immer wieder zu erzeugen und zu bestätigen.* Die Nutzen, die regionale Akteurnetze für ökologische Innovationen haben, sind das Resultat ihres prozessualen Charakters und kommen deshalb nur dann zum Tragen, wenn Akteure bei ihrem eigenen Handeln über längere Zeit bewusst auf das Handeln weiterer regionaler Akteure Bezug nehmen oder ihr Tun einem gemeinsamen Interesse, Ziel oder einer gemeinsamen Problemperspektive unterliegt. So konnte die ökologische Innovation «Davoser Frühstück» nur deshalb weiterentwickelt werden, weil die beteiligten Hoteliers, der Verkehrsverein Graubünden und die Molkerei Davos im Gespräch blieben und den gemeinsamen Willen hatten, dieser Idee zum Durchbruch zu verhelfen (siehe Kasten: *«Davoser Frühstück»*) Diese Dynamik des Zusammenspiels schafft besonders gute Voraussetzungen für ökologische Innovationen. Ihnen widmet sich der folgende Abschnitt.

«Davoser Frühstück»: Ökologische Innovation in einem Akteurnetz

In den Davoser Hotels werden seit 1992 vermehrt lokal hergestellte und verarbeitete Produkte serviert. Die ökologische Belastung durch weite Distributionswege von Nahrungsmitteln konnte reduziert werden. Die Realisierung dieser ökologischen Innovation setzte die Zusammenarbeit zwischen den Herstellern, den Verarbeitern und den Hoteliers voraus. Aufbauend auf ersten Erfahrungen, welche die Molkerei Davos mit einigen Hoteliers machte, wurde dieses Projekt 1992 auf Initiative des Verkehrsvereins Graubünden ausgeweitet. Dieser übernahm in dieser Phase eine Katalysatorfunktion, indem er dem Projekt an der Ökomesse in Landquart 1992 einerseits zu Publizität verhalf und andererseits finanzielle Mittel für den Aufbau eines professionellen Marketings zur Verfügung stellte. Der Erfolg dieser ökologischen Innovation war somit von verschiedenen Akteuren abhängig, die bereit waren, am Projekt teilzunehmen und diese Idee Schritt für Schritt weiterzuentwickeln.

6.3 Beschleunigungspotentiale von regionalen Akteurnetzen und ihre Wirkung auf den Verlauf von ökologischen Innovationsprozessen

Die sieben Beschleunigungspotentiale

Die empirischen Analysen lassen sieben Potentiale erkennen, durch die Akteurnetze den ökologischen Innovationsprozess beschleunigen können: (1) die gemeinsame ökologische Problemwahrnehmung, (2) Vertrauensbeziehungen, (3) die vorhandene Ressourcenausstattung, (4) der ökologische Wettbewerbsdruck, (5) mögliche Kostenreduktionen, (6) das ökologische Image einer Region und (7) gemeinsame Umweltstandards für eine Region.

Die im folgenden beschriebenen sieben Beschleunigungspotentiale stellen Idealtypen dar, die in der Realität jeweils in Kombinationen auftreten und in den Phasen des Innovationsprozesses jeweils unterschiedliche Bedeutung erlangen. Die Reihenfolge der Darstellung orientiert sich am Verlauf dieses Prozesses. Bestimmte Beschleunigungspotentiale, wie z.B. «Vertrauensbeziehungen» und «ökologischer Wettbewerbsdruck», können nicht gleichzeitig wirksam sein, sondern folgen im Innovationsprozess nacheinander. Das Potential «Umweltstandard für eine Region» kann seine beschleunigende Wirkung nur auf der Basis einer mehrheitsfähigen «gemeinsamen ökologischen Problemwahrnehmung» entfalten und ist deshalb am Schluss aufgeführt. Je mehr Potentiale die Akteure für einen ökologischen Innovationsprozess nutzen können, desto grösser ist die beschleunigende Wirkung. Die Ausführungen zu den einzelnen Potentialen verdeutlichen, wie der beschleunigende Einfluss erst durch die Dynamik des Zusammenspiels der Elemente eines regionalen Akteurnetzes entsteht.

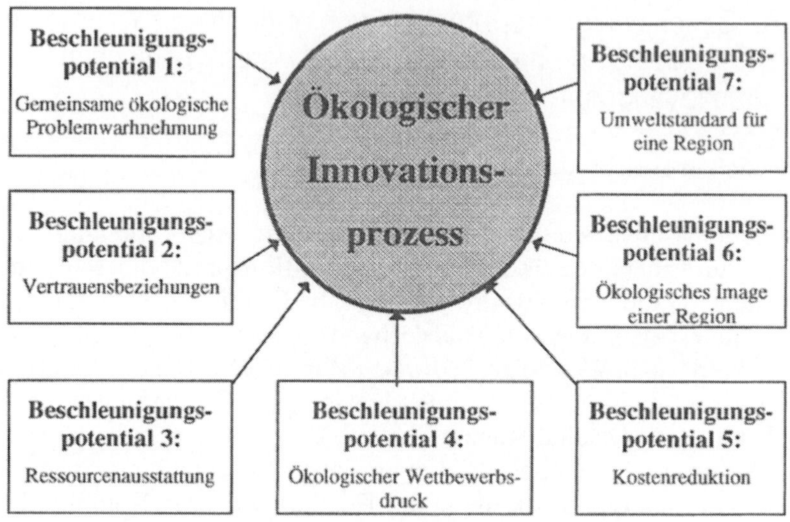

Abbildung 6.2
Die sieben Beschleunigungspotentiale von regionalen Akteurnetzen in der Übersicht

Beschleunigungspotential 1: Gemeinsame ökologische Problemwahrnehmung

Die Voraussetzungen für einen ökologischen Innovationsprozess sind dann gut, wenn die Wahrnehmung, Ansprüche, Interessen und Vorstellungen von verschiedenen Akteuren bezüglich eines zu lösenden Umweltproblems übereinstimmen. Regionale Akteurnetze fördern das Entstehen dieser gemeinsamen Problemwahrnehmung besonders dann, wenn das zu lösende Umweltproblem lokal auftritt und die Lebensqualität in der Region sich verschlechtert. Dies steigert die Bereitschaft der Betroffenen, mit anderen Akteuren zu kooperieren. Ökologische Innovationsprozesse mit mehreren Beteiligten lassen sich so leichter verwirklichen. Dieses Potential war z.B. mitentscheidend für den Durchbruch des biologischen Landbaus in der Umgebung von Basel. Der Brand bei der Firma Sandoz in Schweizerhalle im Jahre 1986 rief die Gefahren der chemischen Industrie auf einen Schlag in Erinnerung. Die unmittelbare und gleichzeitige Wahrnehmung dieses Unfalls weckte bei Konsumentinnen, Konsumenten und Anbietern das Bedürfnis, vermehrt Nahrungsmittel ohne chemischen Zusatz kaufen bzw. verkaufen zu können. Gemeinsam mit den traditionell ansässigen Institutionen des biologischen Landbaus übernahmen daraufhin Unternehmen aus der Umgebung von Basel eine Pionierrolle bei der Entwicklung des biologischen Landbaus in der Schweiz. Die gemeinsame Problemwahrnehmung beschleunigte hier die breite Durchsetzung einer an sich seit langem bekannten ökologischen Anbauform.

Beschleunigungspotential 2: Vertrauensbeziehungen
Ökologische Innovationsprozesse bergen wegen der Zahl der Beteiligten und den weiterhin bestehenden Vorurteilen gegenüber ökologischen Neuerungen grosse Unsicherheiten. Vertrauensbeziehungen zwischen Akteuren können diese abbauen. Der Aufbau und die Pflege solcher Beziehungen ist in regionalen Akteurnetzen leichter möglich, sei es aufgrund von geteilten Werthaltungen, identitätstiftenden gemeinsamen Aktivitäten oder dank der erleichterten Möglichkeit zu regelmässigen «face to face»[2] – Kontakten. Ein Klima des Vertrauens begünstigt sodann die innovationsfördernde Zusammenarbeit, vor allem in der Entstehungsphase von ökologischen Innovationen. So konnten beispielsweise die Akteure, die in der Tourismusregion Lech-Zürs (Österreich) das System zur Kontingentierung von Skitageskarten einführten, auf die seit längerem zwischen ihnen bestehenden Vertrauensbeziehungen setzen. Diese entstanden durch die Zugehörigkeit zur selben Tourismusregion, die eine kontinuierliche Zusammenarbeit in der Tarifgestaltung und der Werbung mit sich brachte. Auf dieser Vertrauensbasis war es möglich, die anfangs gegen das Kontingentierungssystem bestehenden Widerstände schneller zu überwinden.

Beschleunigungspotential 3: Ressourcenausstattung
Werden für ökologische Innovationsprozesse spezifische Ressourcen benötigt, die in oder durch regionale Akteurnetze schneller und einfacher aktiviert werden können, ist die Erfolgswahrscheinlichkeit für ökologische Innovationen erhöht. Als Ressourcen besonders von Bedeutung sind vorhandene Infrastrukturen, Gesetze und Vorschriften, die nicht national vorgegeben sind oder regional differenziert angewendet werden, sowie das bestehende Arbeitskräftepotential. Dieses ist entscheidend für die Diffusion von Wissen, Fähigkeiten und Fertigkeiten in regionalen Akteurnetzen. Das Beschleunigungspotential «Ressourcenausstattung» wirkt besonders bei räumlichen Ballungen von Unternehmen derselben Branche und/oder verwandten Branchen, sogenannten Branchenclustern (Porter 1991). Die Entwicklung des

2 Darunter sind Kontakte zu verstehen, für welche die persönliche und gleichzeitige Anwesenheit der beiden Gesprächspartner entscheidend ist. Dies ist besonders für Gespräche wichtig, bei denen komplexe und vertrauliche Informationen errörtert werden.

«Kombinierten Verkehrs», die eine gewisse Verlagerung der Gütertransporte weg von der Strasse hin auf die weniger umweltbelastende Schiene mit sich brachte, ist in der Schweiz auf die ideale Ressourcenausstattung in der Region Aarau zurückzuführen. Als wichtige Drehscheibe im internationalen Verkehr (Ost-West, Nord-Süd) verfügt diese Region sowohl strassen- als auch schienenseitig über optimale Verkehrsinfrastrukturen, so dass sich hier seit den 60er Jahren konzentriert distributive Dienstleistungsunternehmen ansiedelten. Diese Ausgangslage sowie das langjährig erarbeitete Fachwissen bewegten fünf ansässige Transporteure dazu, ihr ehemals rein strassenlastiges Transportangebot um die Möglichkeiten des kombinierten Verkehrs zu erweitern.

Beschleunigungspotential 4: Ökologischer Wettbewerbsdruck
«Emotionaler Wettbewerb» (Porter 1991) zwischen Unternehmen eines regionalen Akteurnetzes um ökologische Produkte erhöhen den Anreiz, ökologische Innovationen zu tätigen. Emotionalität entsteht entweder durch die Ansässigkeit der Konkurrenten in derselben Region, die Unternehmen täglich mit den Erfolgen des Wettbewerbers konfrontiert, oder durch die alleinige und zielgerichtete Fokussierung des Wettbewerbs auf ein anderes Unternehmen. Die Unternehmensstrategie NATURAplan des schweizerischen Grossverteilers Coop (breite Aufnahme von biologischen Nahrungsmitteln ins Sortiment) ist u.a. auf den zunehmenden ökologischen Wettbewerb im schweizerischen Lebensmittelhandel zurückzuführen. Die Vergrösserung des M-Sano-Sortiments durch den Grossverteiler Migros im Herbst 1992 beantwortete Coop 1993 mit der Einführung von Bio-Produkten im NATURAplan. Die grosse Medienpräsenz der Coop steigerte den Wettbewerb weiter und veranlasste auch andere Grossverteiler (Primo/Vis-à-Vis, Globus, Waro), eigene Bio-Sortimente aufzubauen. Seit Herbst 1995 entwickelt nun auch die Migros unter dem Wettbewerbsdruck von Coop NATURAplan ein eigenes Bio-Programm (M-Bio).

Beschleunigungspotential 5: Kostenreduktion
Wenn Akteure dank regionalen Akteurnetzen Ressourcen gemeinsam nutzen können, lassen sich durch Synergien Kosten sparen. Dies gilt besonders bei Ballungen von Branchen und/oder verwandten Branchen mit ähnlichen betrieblichen Infrastrukturanforderungen. Die räumliche Nähe der Akteure erleichtert informelle Kontakte und reduziert zudem die Transaktionskosten der Zusammenarbeit. Aufgrund des effizienteren Ressourceneinsatzes bewirkt dieses Beschleunigungspo-

tential in der Regel auch direkt eine ökologische Entlastung. Es beschleunigte beispielsweise den ökologischen Innovationsprozess zweier Transportunternehmen in der Region Bern. Mittels einer besseren Disposition der Lastwagen konnten beide Kosten einsparen und die ökologische Belastung bei gleicher Transportmenge um 30% reduzieren.

Im Gegensatz zu den fünf bisherigen Beschleunigungspotentialen, bei denen die räumliche Abgrenzung kein primäres Kriterium für die Bedeutung im ökologischen Innovationsprozess war, liegen die spezifischen Chancen der beiden letzten Potentiale gerade in dieser Abgrenzung.

Beschleunigungspotential 6: Ökologisches Image einer Region
Kann die Herkunftsregion eines ökologischen Produktes in Marketingkampagnen erfolgreich als Symbol für eine «ökologisch nachhaltige Produktions- oder Verarbeitungsweise» eingesetzt werden, dann erhöht sich der Anreiz, weitere ökologische Innovationen zu tätigen, die unter diesem Image verkauft werden können. Die dazu nötige enge Zusammenarbeit zwischen den Akteuren in einer Region kann in regionalen Akteurnetzen leichter aufgebaut und gepflegt werden. So vermarktet die Davoser Hotellerie seit 1992 vermehrt Produkte aus der Davoser Landwirtschaft. Die regionale Herstellung, Verarbeitung und Distribution senkt überdies den Transportaufwand beträchtlich. Durch die Sammelbezeichnung der Produkte als «Davoser Frühstück» wird zudem eine Differenzierungsstrategie gegenüber ausserregionalen Nahrungsmitteln eingeschlagen. Die Verknüpfung des Namens des berühmten Kurorts Davos und seiner landschaftlichen Schönheit mit den landwirtschaftlichen Produkten aus dieser Region drückt eine Zusatzqualität aus.

Beschleunigungspotential 7: Umweltstandard für eine Region
Regionale ökologische Standards erhöhen den Anreiz und den Druck für Akteure, ökologische Innovationen zu tätigen. Solche Standards finden ihren extremsten Ausdruck in der Forderung nach ökologischer Autonomie von bestimmten Gebieten (Öko-Regionen). Moderatere und bereits realisierte Lösungen reduzieren die Belastung von ausgewählten Faktoren wie die Emissionen von Verkehr und Industrie. Solche freiwilligen oder staatlichen Festlegungen lassen sich jedoch nur auf der Basis eines Konsenses zwischen den Beteiligten einführen. Regionale Akteurnetze bieten mögliche Plattformen für die Konsensbildung. Mittels innovativer Umweltstandards können sich Regionen dann auch von anderen Regionen differenzieren. In Basel tragen verschiedene Akteure dazu bei, die für die An- und Auslieferung von

Gütern notwendigen Transporte in der Stadt zu verringern. Dieses Ziel wird seit 1993 mit der freiwilligen logistischen Zusammenarbeit von Basler Transporteuren, Terminalbetreibern, Spediteuren und verschiedenen Innenstadtgeschäften angestrebt. Dieses richtungsweisende Projekt wird durch das Eidgenössische Verkehrs- und Energiedepartement als Pilotversuch unterstützt und soll später von anderen Städten übernommen werden.

Beschleunigungspotentiale und ökologische Handlungsorientierung von Akteuren

Die Bedeutung der Beschleunigungspotentiale für ökologische Innovationsprozesse besteht letzlich darin, dass durch sie die Voraussetzungen für ökologische Innovationsprozesse besser werden. Die Zusammenarbeit in regionalen Akteurnetzen garantiert jedoch noch nicht, dass den ökologischen Entlastungswirkungen von Innovationen vermehrt Beachtung geschenkt wird. Sind allerdings in regionalen Akteurnetzen Unternehmen und Institutionen aus **(1)** Branchen beteiligt, die vor grossen ökologischen, ökonomischen und/oder politischen Herausforderungen stehen oder aus **(2)** Branchen, bei denen die «natürliche Herstellung und Verarbeitung» oder die «unversehrte Natur» die entscheidende Produktqualität darstellen, dann kann diese ökologische Entlastungswirkung vermehrt zum Tragen gebracht werden. In Branchen also, in denen Ökologie bereits ein Thema ist oder eines zu werden beginnt, besteht der grösste Druck und Anreiz, die Beschleunigungspotentiale von regionalen Akteurnetzen für ökologische Innovationsprozesse zu nutzen. Drei Beispiele sollen dies illustrieren:

(1) Als Beispiele für Branchen, die vor grossen ökologischen, ökonomischen und politischen Herausforderungen stehen, können die Güterverkehrs- sowie die Landwirtschafts- und Nahrungsmittelbranche genannt werden.

Die *schweizerische Güterverkehrsbranche* umfasst die Gesamtheit der Anbieter von Transport- und ergänzenden logistischen Dienstleistungen im Bereich des Güterverkehrs (Strasse, Schiene, Luft, Wasser). Die logistische Ergänzung umfasst den Umschlag, die Lagerung, die Kommissionierung oder die Spedition von Waren. Wichtige regulierende Elemente des Güterverkehrsmarktes sind neben dem Nacht- und Sonntagsfahrverbot und der Schwerverkehrsabgabe vor allem die 28 Tonnen-Limite und das Kabotageverbot. Letzteres untersagt ausländischen Unternehmen die Erbringung von Transportleistungen in der Schweiz. Die Güterverkehrsbranche ist *durch die bestehenden ökologischen Belastungen, den verstärkten schweizerischen sowie den er-*

warteten europäischen Wettbewerb und das prognostizierte Wachstumsvolumen zu ökologischen Innovationen herausgefordert. Besonders der Strassengüterverkehr steht zunehmend im Zwielicht. Dem Nutzen, der sich primär aus der Bedeutung für die Entstehung und das Funktionieren unserer arbeitsteiligen Lebens- und Wirtschaftsweise ergibt, stehen ungedeckte externe Umwelt- und Sozialkosten gegenüber (Lärm, Emissionsbelastungen, Schädigung des Menschen durch Unfälle). Die Dienstleistung Gütertransport (Schiene und Strasse) ist sehr homogen, für die einzelnen Verkehrsträger existieren nur bescheidene Differenzierungsmöglichkeiten. Daher herrscht zwischen den Unternehmen ein ausgeprägter Preiswettbewerb. Dieser wurde in den letzten Jahren durch grosse Laderaumüberkapazitäten beim Strassentransport und durch die Rezession zusätzlich verschärft. Es ist zu erwarten, dass der ökonomische Druck auf die Anbieter durch die stark gestiegenen Anforderungen der Kunden und die laufende Liberalisierung des Verkehrs auf dem europäischen Binnenmarkt weiter zunehmen wird. Prognosen sagen besonders dem Strassengüterverkehr für die kommenden Jahre eine starke Zunahme voraus (vgl. u.a. EVED 1988), das heisst, die durch die Lastwagentransporte verursachten Umweltbelastungen dürften noch weiter ansteigen.

Die wichtigsten Teilbranchen der *schweizerischen Landwirtschafts- und Nahrungsmittelbranche* sind (gegliedert entlang des ökologischen Produktlebenszyklus von Nahrungsmitteln): Landwirtschaft, Verarbeitung von Lebensmitteln, Lebensmittel-Handel. Seit dem 2. Weltkrieg ist die schweizerische Landwirtschaft stark gegen Importe geschützt. Im OECD-Vergleich wird sie stark subventioniert (OECD 1991). Diese Position geriet spätestens seit der Ablehnung von drei Agrarvorlagen im Frühjahr 1995 ins Wanken. Der Druck, die seit 1993 möglichen Direktzahlungen für ökologisch besondere Leistungen weiter auszubauen stieg. Dies führte zu einem Entwurf für einen neuen Verfassungsartikel, der neben der Wettbewerbsfähigkeit neu auch die Ökologisierung als Ziel der schweizerischen Landwirtschaftspolitik enthält.

Die Betriebsgrössenstruktur der Teilbranche *Verarbeitung* ist sehr heterogen. Abgesehen vom weltweit grössten Nahrungsmittelunternehmen Nestlé und einigen weiteren international tätigen Firmen wie Hero, Lindt&Sprüngli oder Wander (Sandoz), wird sie von vielen kleinen Unternehmen geprägt[3]. Die Marktabschottung der schweizerischen

3 So weisen beispielsweise 1993 von den 157 in der FIAL (Branchenverband der schweizerischen Nahrungsmittelindustrie) vereinigten Unternehmungen 69 Unternehmungen eine Grösse zwischen 6 und 49 Beschäftigten auf, während lediglich 16 Unternehmen mehr als 500 Beschäftigte haben.

Landwirtschaft wirkt sich auch auf die nachgelagerte Verarbeitungsindustrie aus, denn diese muss die teureren Produkte der schweizerischen Landwirtschaft übernehmen, was sie im Wettbewerb gegenüber den ausländischen Konkurrenten benachteiligt. Der *Detailhandel* zeichnet sich durch eine sehr starke Konzentration auf der Anbieterseite aus, dominiert durch die beiden Grossverteiler Migros und Coop. Gesamthaft wurden in diesem Markt 1993 37 Mia. Fr. umgesetzt. Im schweizerischen Lebensmitteldetailhandel sind bis heute keine ausländischen Anbieter vertreten. *Herausforderungen für ökologische Innovationen ergeben sich in der Landwirtschafts- und Nahrungsmittelbranche durch die bestehenden ökologischen Belastungen, durch die Liberalisierungen im Aussenhandel sowie durch die Neuausrichtung der Schweizerischen Agrarpolitik***.** Die Intensivierung der *landwirtschaftlichen Produktion* belastet v.a. Böden und Gewässer, z.B. durch die Verdichtung der Böden als Folge der schweren Landwirtschaftsmaschinen oder durch den Eintrag von Dünger und Pflanzenbehandlungsmitteln. Die Artenvielfalt von Flora und Fauna leidet ebenfalls unter der Intensivierung. Im Bereich der *Verarbeitung* werden besonders für die Verlängerung der Haltbarkeit der Nahrungsmittel Methoden angewendet, aus denen ökologische Belastungen für Luft und Wasser resultieren. Beim *Handel* stellt v.a. die Landflächenbeanspruchung und der Energieverbrauch für die Lagerung und Kühlung der Lebensmittel eine ökologische Belastung dar. Einkaufszentren «auf der grünen Wiese» verursachen Mehrverkehr durch die Kunden. Ein weiteres ökologisches Problem im Ernährungsbereich sind die Transporte von Nahrungsmitteln. Diese fallen zwischen den verschiedenen Phasen des Produktlebenszyklus an. Mit den Transporten wird insbesondere die Luft belastet.

(2) Als Beispiel für eine Branche, bei der die «unversehrte Natur» wesentlich in die Qualität des Produktes einfliesst, ist der *Tourismus* zu nennen. Die Qualität «unversehrte Natur» erscheint in Untersuchungen zur Tourismusbranche immer wieder als Hauptargument für den Aufenthalt an einem Ferienort. Diese Qualität wird jedoch gerade durch touristische Aktivitäten gefährdet, beeinträchtigt oder sogar zerstört (Messerli 1989). Die Tourismusbranche ist damit herausgefordert, ökologische Innovationen zu tätigen, welche die Wettbewerbsposition von Tourismusregionen stärkt, ohne aber mit dem dadurch ausgelösten Wachstum ihre weitgehend intakten Kultur- und Naturlandschaften zu zerstören. Mittels der Potentiale regionaler Akteurnetze scheint es möglich, derartige ökologische Innovationsprozesse zu beschleunigen und dadurch die Wahrnehmung von weiteren Akteuren für ökologische Anliegen zu schärfen.

Wirkungsschwerpunkte der Beschleunigungspotentiale im Verlauf des Innovationsprozesses

Bei der Erörterung der sieben Beschleunigungspotentiale wurde angedeutet, dass diese ihre Wirkung nicht während des ganzen Innovationsprozesses entfalten. Der Verlauf eines Innovationsprozesses kann vereinfacht in die Phasen der Innovationsentstehung und der Innovationsumsetzung unterteilt werden.

Tabelle 6.1
Wirkungsschwerpunkte der Beschleunigungspotentiale nach Phasen des Innovationsprozesses

	Phase im Innovationsprozess	
Beschleunigungspotentiale	**Innovationsentstehung**	**Innovationsumsetzung**
Gemeinsame ökologische Problemwahrnehmung	++	+
Vertrauensbeziehungen	++	+
Ressourcenausstattung	0	++
Ökologischer Wettbewerbsdruck	+	++
Kostenreduktion	0	++
Ökologisches Image	++	++
Umweltstandard für eine Region	++	+

Legende
++ grosse Wirkung; + kleine Wirkung; 0 keine Wirkung

Aus Tabelle 6.1 ist ersichtlich, in welcher Phase die sieben Beschleunigungspotentiale hauptsächlich wirken. Für die Phase der Innovationsentstehung sind die Beschleunigungspotentiale gemeinsame ökologische Problemwahrnehmung, die Vertrauensbeziehungen und die regionale Betroffenheit (ökologisches Image, Umweltstandard für eine Region) relevant. Bei der Umsetzung spielen dann konkrete ökonomische Faktoren (Ressourcen, mögliche Kostenreduktionen und Wettbewerbsdruck) eine zentrale Rolle (vgl. Kasten zum Bio-Landbau in der Umgebung von Basel). Die Phase der Innovations*entstehung* ist somit sehr viel stärker auf kooperative Beziehungselemente (Vertrauensbeziehungen, gemeinsame Betroffenheit) angewiesen, um ökologische Innovationen zu beschleunigen. Bei der Innovations*umsetzung* spielen dagegen Elemente eine Rolle, für die die Koordinationsform Markt prägend ist (Wettbewerbsdruck, Kosteneinsparungen).

Die Wirkungen von Beschleunigungspotentialen im Verlauf eines ökologischen Innovationsprozesses: das Fallbeispiel Bio-Landbau in der Umgebung von Basel

Der biologische Landbau unterscheidet sich gegenüber der konventionellen Landwirtschaft durch ein Verbot des Einsatzes von chemischen Pflanzenschutzmitteln und von leichtlöslichen Handelsdüngern. Lange Zeit wurde der biologische Landbau von den traditionellen Landwirtschaftsverbänden bekämpft. In der Umgebung von Basel dagegen wurde der biologische Landbau bereits sehr früh von verschiedenen Institutionen aufgegriffen und kontinuierlich auf Nischenmärkten eingeführt. Heute ist diese Bewirtschaftungsform in der gesamten Schweiz akzeptiert. Von der Entstehung bis zur breiten Umsetzung der ökologischen Innovation «Bio-Landbau» schafften Beschleunigungspotentiale von regionalen Akteurnetzen mehrfach bessere Voraussetzungen für diesen Innovationsprozess. Erstens waren verschiedene für den biologischen Landbau wichtige Organisationen seit langer Zeit in der Umgebung von Basel ansässig, darunter die Vereinigung Schweizerischer biologischer Landbau-Organisationen (VSBLO), das Forschungsinstitut für biologischen Landbau (FiBL), die landwirtschaftliche Sektion der Anthroposophischen Hochschule in Dornach, die Landwirtschaftliche Schule Ebenrain in Sissach (der erste Schulbetrieb in der Schweiz (1972) mit biologischer Bewirtschaftung). Diese arbeiteten zunehmend enger zusammen und pflegten einen intensiven Erfahrungsaustausch (Vertrauensbeziehungen, gemeinsame ökologische Problemwahrnehmung). Zweitens gilt die Basler Bevölkerung als stark sensibilisiert für ökologische Probleme. Dies besonders seit November 1986, als der Chemiebrand bei Sandoz in Schweizerhalle die ökologische Empfindlichkeit der eigenen Lebensumwelt schlagartig bewusst werden liess (gemeinsame ökologische Problemwahrnehmung). Drittens besteht in Basel in der Lebensmittelindustrie wegen der räumlichen Nähe zur billigeren EU ein starker Wettbewerbsdruck, der zu einem beträchtlichen Abfluss an Konsumentengeldern in die EU führt und die Schweizer Unternehmen zu Differenzierungsstrategien herausfordert. Durch den Unfall in Schweizerhalle ebenfalls sensibilisiert, wurde die Bereitschaft der (Gross-)Anbieter, vermehrt Produkte aus biologischem Landbau ins Sortiment aufzunehmen, deutlich grösser. Bisher ungenutztes Nachfragepotential konnte erschlossen und die angestrebte Differenzierung erreicht werden. So baut der Milchverband Basel (Miba) seit 1988 konsequent ein Sortiment von Bio-Produkten auf. Die kantonalen Behörden begannen zudem die biologische Bewirtschaftungsform verstärkt zu unterstützen (gemeinsame Problemwahrnehmung, Resssourcenausstattung, Ökologischer Wettbewerbsdruck). Viertens beginnen in Basel weitere (Gross-)Unternehmen Bio-Produkte ins Sortiment aufzunehmen, um dann von diesen Erfahrungen ausgehend gesamtschweizerische Strategien zu entwickeln. Dies gilt besonders für Coop mit dem NATURAplan ab 1993 (Ökologischer Wettbewerbsdruck). Dies alles unterstützte in der Region Basel die Herausbildung eines regionalen Akteurnetzes, das für die Verbreitung der ökologischen Innovation «biologischer Landbau» in der Schweiz die Führung übernommen hat und in landwirtschaftlichen Kreisen einen wichtigen Beitrag zur Akzeptanz dieser Bewirtschaftungsform und ihrer Produkte leistet (ökologisches Image).

Die Bedeutung von Kooperationen bei der Innovationsentstehung

Die bisherigen Ausführungen machten deutlich, dass für die *Entstehung von ökologischen Innovationen* die Beziehungsform der Kooperation eine wichtige Rolle spielt. Sie bedeuten für viele Akteure eine Neugestaltung ihrer bisherigen Beziehungen mit anderen Akteuren – sind damit eine Innovation im Sinne des vorliegenden Buches. Akteure, die sich über Kooperationen koordinieren, betonen vier Vorteile für die Entstehung von ökologischen Innovationen.

- Kooperationen *reduzieren die Unsicherheit* in einem ökologischen Innovationsprozess. Innovationsprozesse sind mit Unsicherheit behaftet in der subjektiven Wahrnehmung vieler Unternehmen gilt dies besonders für ökologische Innovationen. Unternehmen versuchten diese Unsicherheit bisher einzeln, z.B. durch intensive Forschungs- und Entwicklungstätigkeit, Marktanalysen oder Kontrollen zu verringern. Mittels Vertrauensbeziehungen zwischen Akteuren kann dieser Aufwand und insbesondere das subjektive Unsicherheitsgefühl reduziert werden. An die Stelle des individuellen Bestrebens nach exakter Voraussage eines Prozesses tritt das auf Vertrauen gestützte gemeinsame Vorgehen.

- Sie *erleichtern die Konsensfindung* der unterschiedlichen Akteure über die ökologische Herausforderung und die zu ihrer Bewältigung notwendigen Instrumente und Massnahmen. Ökologische Herausforderungen sind vielschichtig und können aus unterschiedlichsten Perspektiven bewertet werden, welche auf den ersten Blick nicht in Übereinstimmung zu bringen sind. Auf der Basis von Vertrauen und gemeinsamen Interessen sind «Schritte in die richtige Richtung» jedoch möglich. Ein ökologischer Lernprozess kann ausgelöst werden.
- Sie *vergrössern den Handlungspielraum* des einzelnen Akteurs. Ökologische Probleme sind häufig nur vernetzt mit anderen Akteuren zu lösen und werden wegen der befürchteten hohen Transaktionskosten nicht angegangen. Vor dem Hintergrund eines gemeinsamen Ziels, eines gemeinsamen Interesses oder mittels eines ökologischen Innovationsprozesses, in den jeder Akteur seine Fähigkeiten komplementär einbringt, können diese Herausforderungen mit individuell weniger Risiko bei gleichzeitig grösserem ökologischen Entlastungspotential angegangen werden.
- Sie *erhöhen die Bereitschaft der Betroffenen zur Mitarbeit* bei der Lösung eines ökologischen Problems. Vertrauensbeziehungen zwischen Akteuren erhöhen die Bereitschaft, sich gemeinsam auf eine ökologische Herausforderung einzulassen (vgl. Majer 1995). Dadurch wird der innovationsfördernde Austausch von Wissen und Fertigkeiten erhöht, der ökologische Lernprozess wird Schritt für Schritt vorangetrieben.

Ein kurzer Blick auf die *Innovationsumsetzung* zeigt, dass Akteure in dieser Phase ihre Beziehungen auch in regionalen Akteurnetzen vorwiegend über den Markt koordinieren. Diese Koordinationsform unterschiedet sich in regionalen Akteurnetzen von normalen Marktbeziehungen jedoch durch die Emotionalität des Wettbewerbs. Die beiden Beziehungsformen «Kooperation» und «Markt» lassen sich also relativ eindeutig einer der beiden Phasen des Innovationsprozesses zuordnen.

Die Untersuchungen zur Relevanz der beiden Koordinationsformen in regionalen Akteurnetzen zeigen: jene Potentiale, die in der Entstehungsphase beschleunigend wirken, werden durch Kooperationen geprägt, diejenigen der Umsetzungsphase durch Marktbeziehungen. Aus dieser Abfolge wird deutlich, dass die Beschleunigungspotentiale der regionalen Akteurnetze nur dann vollständig genutzt werden können, wenn es Akteuren gelingt, im Verlauf eines ökologischen Innovationsprozesses einen Wechsel der Koordinationsformen vorzunehmen bzw. die beiden nebeneinander funktionieren zu lassen.

6.4 Schlüsselakteure in regionalen Akteurnetzen

Die bisherigen Betrachtungen haben von den einzelnen Akteuren abstrahiert. Sie befassten sich ausschliesslich mit dem Zusammenspiel von Innovationsphasen, Beziehungsformen und der dadurch ausgelösten Innovationsdynamik. Ökologische Innovationsprozesse in regionalen Akteurnetzen werden letztlich von Akteuren vorangetrieben – damit kommt einzelnen Akteuren eine Schlüsselrolle zu. Schlüsselakteure sind solche Akteure, die über besondere Macht verfügen, mit denen sie den Innovationsprozess beeinflussen können. Macht äussert sich in der Möglichkeit, immaterielle und materielle Ressourcen zu mobilisieren, zu kontrollieren und gezielt einzusetzen; also z.B. Informationen über den Zustand der Umwelt zu geben/zurückzuhalten, bestimmte Anweisungen zu erlassen und deren Durchsetzung zu kontrollieren, schwächeren Akteuren mittels Koalitionen den Zutritt zu einem regionalen Akteurnetz zu verweigern, oder mit dem Druck der Medien und der täglichen Kaufentscheidungen Unternehmen zu ökologischerem Handeln zu zwingen.

Entstehungsphase ökologischer Innovationen

Im Entstehungsprozess von ökologischen Innovationen sind *gesellschaftliche Anspruchsgruppen*, *Informationsforen*, *Interessenorganisationen*, *staatliche Institutionen* und in geringerem Ausmass die *Zulieferer* solche Schlüsselakteure.

Informationsforen wie Kongresse und Messen dienen der Weiterbildung und der Pflege von informellen Beziehungen. Gleiches gilt für die Interessenorganisationen, die jedoch vor allem Einzelinteressen vertreten und nicht offen zugänglich sind. Staatliche Institutionen setzen Rahmenbedingungen in Form von Regelungen und Anreizen fest und betreiben z.B. Forschungseinrichtungen. Zulieferer erzeugen Vorleistungen, die gleichzeitig auch eine Quelle für Innovationsimpulse sein können. Beispielhaft sei gezeigt, wie diese Akteure durch ihre Fähigkeiten oder ihre Macht die Entstehungsphase von ökologischen Innovationsprozessen beeinflussen.

- *Interessenorganisationen*: Der Swiss Shippers Council, der Zusammenschluss der schweizerischen Transportnachfrager, versucht seit 1994, die massgebenden Unternehmen zu einer besseren logistischen Koordination zu bewegen und damit erstens Leerfahrten zu vermeiden und zweitens für ökologische Themen zu sensibilisieren. Interessenorganisationen haben die Möglichkeit, über einen längeren Zeitraum den Austausch von Meinungen in einem informellen Rahmen zu gewährleisten und sind fähig, divergierende Positionen mindestens punktuell zu vereinheitlichen und in eine Strategie umzusetzen. Sie haben jedoch den Nachteil, dass sie nur Themen aufgreifen können, welche bei einer Mehrheit der einflussreichen Mitglieder konsensfähig sind.

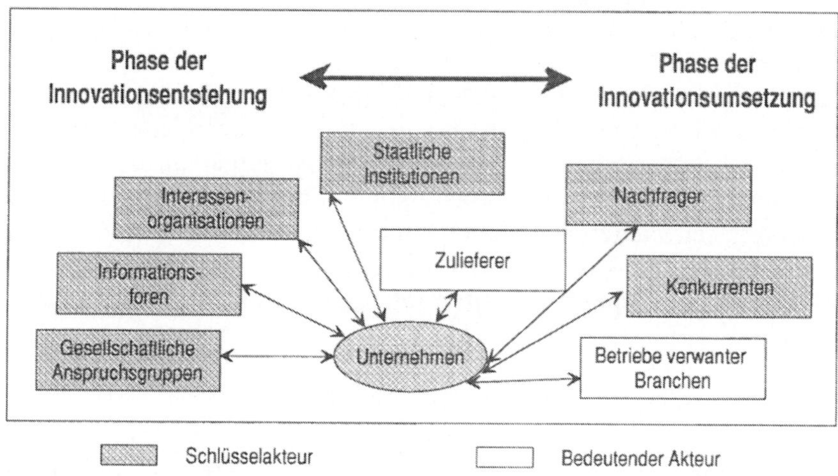

Abbildung 6.3
Schlüsselakteure für ökologische Innovationsprozesse in regionalen Akteurnetzen in den beiden Innovationsphasen (am Beispiel eines unternehmenszentrierten Innovationsprozesses, Quelle: Ramseier 1995: 77, ergänzt und verändert)

- *Gesellschaftliche Anspruchsgruppen* wie der Schweizerische Konsumentenschutz und der WWF machten seit Beginn der 80er Jahre Druck auf die Grossverteiler, biologische Produkte in die Sortimente aufzunehmen. Vom Durchgangs- und Tagestouristenverkehr stark betroffene Anwohnerinnen und Anwohner lancierten im Bündner Grossen Rat ein Postulat und erreichten damit die Installation eines Verkehrs- und Parkleitsystems, das zu einer Reduktion und besseren Verteilung des Verkehrs während der stark belasteten Wintermontate führte.
- *Zulieferer*: Bio-Milch produzierende Bauern aus der Umgebung von Basel trugen 1988 dazu bei, dass der Milchverband Basel (MIBA) ihre Milch nicht wie bisher mit der «normalen» Milch zusammen,

sondern getrennt verarbeitet und vermarktet. Diese Zulieferer brachten ihre Fähigkeiten in den Innovationsprozess ein, sicherten sich damit ihre Existenz zusätzlich ab und verhalfen der MIBA zu einem Bioprodukt.

Auf die Schlüsselakteure in der Phase der *Ideenumsetzung* sei hier nur kurz eingetreten: Staatliche Institutionen und Interessenorganisationen nehmen auch in dieser Phase, v.a. im Bereich der Kontrolle und Qualitätsprüfung, eine wichtige Funktion wahr. Zentral sind jedoch die *Nachfragerinnen und Nachfrager sowie die Konkurrenten.* Die Nachfrage ist es, die den auf dem Markt lancierten ökologischen Produkten letztlich zum Durchbruch verhilft und damit den Anreiz für weitere Innovationsanstrengungen in diesem Bereich vergrössert. Konkurrenz bewirkt, dass sich Unternehmen durch Wettbewerb in ihren ökologischen Innovationsbemühungen gegenseitig antreiben. Besonders eindrücklich zeigt sich dies gegenwärtig zwischen den beiden Grossverteilern Coop und Migros, die mit ihren Bio-Strategien um Marktanteile im Nahrungsmittelbereich kämpfen.

6.5 Zusammenfassung und Ausblick

Bei der Entstehung von Innovationen spielen *Kooperationen* zwischen Akteuren eine zentrale Rolle. Sie werden heute noch nicht in ausreichendem Masse praktiziert. *Regionale Akteurnetze* bieten eine Plattform für ökologische Innovationskooperationen und ermöglichen Akteuren einen gemeinsamen Lernprozess, zudem kann bei den Beteiligten die ökologische Handlungsorientierung verstärkt werden. Nichtbeteiligten kann exemplarisch aufgezeigt werden, wie ökologische Entlastungen gemeinsam verwirklicht werden können.

Eine besondere Verantwortung tragen dabei die *Schlüsselakteure.* Sie besitzen die Fähigkeit, anderen Akteuren ökologische Innovationsperspektiven zu vermitteln und über einen gewissen Zeitraum hinweg den institutionellen Rahmen für Erfahrungsaustausch und gemeinsame Entscheidungsfindung zur Verfügung zu stellen. Die beschleunigende Wirkung von regionalen Akteurnetzen kommt in der Phase der Innovationsentstehung besonders dann zum Tragen, wenn neben Unternehmen auch gesellschaftliche Anspruchsgruppen, Interessenorganisationen, Informationsforen und staatliche Institutionen beteiligt sind.

Schliesslich muss erwähnt werden, dass die Inovationskooperationen im Rahmen von Akteurnetzen immer auch *gefährdet* sind: So können aus den Beschleunigungspotentialen Bremser werden. Dies kann zum Beispiel dann der Fall sein, wenn die Vertrauensbeziehungen in einem Akteurnetz so eng werden, dass sich das Netz gegenüber aussen verschliesst, keine neuen Impulse oder keine neuen Akteure mehr zulässt. Das innovative Klima erstarrt – im Extremfall zu einem marktbeherrschenden, innovationsfeindlichen Monopol. Akteurnetze können aber auch zerfallen, dann zum Beispiel, wenn von einzelnen Akteuren eingebrachtes Fachwissen oder gemeinsam erarbeitete Fortschritte und Erkenntnisse aus dem Akteurnetz abfliessen und unbeteiligte Dritte davon profitieren. Ausserdem kann nie ausgeschlossen werden, dass die Vorteile von regionalen Akteurnetzen auch zur Verhinderung ökologischer Innovationen eingesetzt werden. Es lassen sich auch unökologische Innovationen in Akteurnetzen realisieren!

7 Ökologische Innovationsperspektiven – Pfade in Richtung Nachhaltige Entwicklung

Zusammenfassung

Die Fülle an ökologischen Innovationen von Unternehmen, von Politik und in Akteurnetzen ist eindrucksvoll. Doch wie nachhaltig sind diese ökologischen Innovationen eigentlich? Genaueres Hinsehen offenbart, dass vieles, was auf den ersten Blick umweltentlastend zu sein verspricht, diesem Anspruch in Tat und Wahrheit nicht gerecht wird. Dies hat im wesentlichen zwei Gründe. Erstens kann in den Innovationen selbst eine «Kraft» angelegt sein, die die ökologisch positiven Effekte rückgängig zu machen trachtet: Innovationen schaffen neue Handlungsmöglichkeiten, entlasten von der Notwendigkeit zu weitergehenden Anstrengungen oder können Problemverschiebungen darstellen. Zweitens werden die ökologischen Verbesserungen durch gegenläufige gesamtwirtschaftliche Tendenzen, die ausserhalb der Innovationen begründet sind, zunichte gemacht. Besonders bedeutend ist dabei die «Wachstumsfalle». Das vorliegende Kapitel geht auf diese Problematik ein und zeigt, dass es Innovationstypen gibt, die diesen Gefahren weniger ausgesetzt sind als andere.
Das Wissen um solche ökologisch vielversprechende Innovationsperspektiven reicht noch nicht, um ihnen auch zum Durchbruch zu verhelfen. Unternehmen und Politik sehen sich bei der Umsetzung vielmehr zahlreichen Restriktionen gegenüber. Erfolgreiche ökologische Innovationsstrategien müssen diese Restriktionen berücksichtigen.

7.1 «Innovationsparadoxon» und «Wachstumsfalle» – Wie ökologisch sind ökologische Innovationen eigentlich?

Innovationen sind zielgerichtete Neugestaltungen. Ökologische Innovationen zielen auf die Reduzierung des Umweltverbrauchs ab. In den letzten Kapiteln wurden zahlreiche ökologische Innovationen von Unternehmen und Politik vorgestellt. Ausserdem zeigte die Analyse, wie diese Innovationen durch Innovationskooperationen in Akteurnetzen gefördert und beschleunigt werden können. Doch wie ökologisch sind nun diese Innovationen? Auch diese Frage stand zur Debatte und es wurde versucht, die ökologischen Wirkungen grob abzuschätzen. Eine genauere Beurteilung der ökologischen Effekte ist aber nur möglich, wenn feststeht, an welchem Bezugssystem der ökologische Erfolg von Innovationen überhaupt zu messen ist. Hierbei wird deutlich, wie wichtig es war, ein ökologisches Referenzsystem an den Anfang des Buches zu stellen. Denn alle ökologischen Innovationen müssen sich am Ende daran messen lassen, ob sie Beiträge zu einer Nachhaltigen Entwicklung leisten, wie sie in Form der sieben Postulate im zweiten Kapitel vorgestellt wurde.

Eine differenziertere Analyse der ökologischen Innovationen zeigt nun, dass es nicht leicht ist, ihren Beitrag zu einer Nachhaltigen Entwicklung sicher abzuschätzen. Sicher ist jedenfalls, dass viele Innovationen in der Praxis keineswegs so ökologisch wirken, wie man es auf den ersten Blick erwarten würde. Dafür sind unterschiedliche Gründe verantwortlich.

Das ökologische Innovationsparadox

Eine erste Gruppe von Gründen ist im Wesen der Innovationen selbst zu finden. Zugespitzt formuliert: *Ökologische Innovationen tragen ihre Antithese in sich.* So kann es sein, dass bestimmte «ökologische» Innovationen bei einer umfassenden Betrachtung gar keine oder sogar negative Effekte auf die Umwelt zeitigen. Dies illustrieren einige Beispiele von unternehmerischen und politischen Innovationen:

- Viele ökologische Innovationen von Unternehmen schaffen **neue Verwendungsmöglichkeiten** für Produkte: Elektronische Bürokommunikation erzeugt beispielsweise neue Kommunikationswege und ergänzt lediglich bisherige Formen der Kommunikation. Das papierlose Büro wird deswegen wohl eine Fiktion bleiben – schlimmer noch: wohl noch nie wurde so viel kopiert und gedruckt, wie heute im Zeitalter des «papierlosen Büros». Öko-Textilien sind häufig lediglich eine Ergänzung für den Kleiderschrank, ohne bestehende Kleidung zu ersetzen. Durch Car-Sharing wird Autofahren auch für Personen attraktiv, die bisher nur per Bahn fuhren, weil sie sich kein eigenes Auto leisten konnten.
- Untergeordnete ökologische Innovationen können **weitergehende Ansätze verhindern**: Wenn es gelingt, ökologische Probleme durch technische Innovationen zu entschärfen, entfällt häufig der Anreiz zu einer umfassenderen Lösung mittels funktions- und bedürfnis-

orientierter Ansätze. Technische Lösungen bauen dann zusätzliche Wahrnehmungsbarrieren in Unternehmen, aber auch bei Konsumenten auf. Die Entwicklung im Verkehrsbereich (Verkehrsleitsysteme statt neue Mobilitätsstrukturen) ist hierfür ein Beispiel. Energieeffiziente Turbinen, die die Anreize zum Energiesparen reduzieren, sind ein anderes.

- Selbst wenn sich solche Effekte in einem einzelnen Bedürfnisfeld verhindern lassen, ist noch nicht gewährleistet, dass **sich ökologische Belastungen nicht in andere Felder verlagern**: Denn gerade weitreichende, bedürfnisorientierte Ansätze setzen oft Einkommen frei, die dann anderweitig ausgegeben werden, was ökologisch sogar problematischer sein kann als die ursprüngliche Einkommensverwendung. Dies wäre etwa dann der Fall, wenn die durch einen ökologisch nachhaltigen (d.h. erheblich reduzierten) Kleidungskonsum eingesparten Franken in Zukunft für Flug-Fernreisen verwendet würden.

Ob eine ökologische Unternehmensinnovation wirklich einen ökologisch entlastenden Effekt in der Gesamtwirtschaft hervorruft, ist also äusserst schwer zu bestimmen (vgl. auch Huber 1995: 134). Ähnliches gilt auch für politische Innovationen, zumal diese nur indirekt über Anreizeffekte auf Unternehmungen (und Konsumenten) wirken:

- Ökologische Innovationen können mit **Kapazitätseffekten** verbunden sein: An verschiedenen, unter anderem auch ökologisch begründeten Umfahrungsstrassenneubauten lässt sich zeigen, dass sich das Mobilitätsverhalten relativ schnell diesem erhöhten Angebot anpasst und sich am Ende in einem weiteren ökologisch kontraproduktiven Verkehrswachstum äussert. Auch die erhoffte Entlastung vom motorisierten Individualverkehr durch verbesserte und ausgeweitete Angebote von öffentlichen Verkehrsmitteln etwa in der Agglomeration von Zürich trat nicht ein, sondern steigerte die Gesamtmobilität.
- Ökologische Innovationen, die auf erhöhte Effizienz abzielen, können **Kostenersparnisse** zur Folge haben: Ökonomische Analysen zum Energiesparen sensibilisieren für das sogenannte «Energiesparparadoxon». Ohne flankierende Massnahmen verbilligt die höhere Effizienz die Energie, was dann sogar eine Ausweitung des gesamten Energieverbrauchs zur Folge haben kann (M. Binswanger 1994).
- Ökologische Innovationen können einen **Anreiz zur Problemverschiebung** schaffen: Trotz des anfänglichen Erfolges der Getränkeverpackungsverordnung mit zunächst tatsächlich eingehaltenen Restabfallmengen steigen die Materialumsätze insgesamt an. Inzwi-

schen verdrängen rezyklierbare Einweg-Flaschen aus PET die weniger umweltbelastenden Glas-Mehrwegflaschen. Das Wachstum der PET-Flaschen überstieg die Kapazität des mit grossem Aufwand und erfolgreich betriebenen Recyclings, so dass 1995 die Restabfallmengen nicht eingehalten werden konnten.

Die Wachstumsfalle

Eine zweite Gruppe von Gründen dafür, dass ökologische Innovationen nicht jene ökologischen Verbesserungen zeitigen, die man sich von ihnen versprochen hat, lassen sich im *Umfeld der Innovationen* identifizieren. Illustrieren sollen dies Beispiele, die die quantitative und qualitative Dimension solcher Umfeldbedingungen kennzeichnen:

- **Wirtschaftswachstum** kann die positiven Wirkungen von ökologischen Innovationen abschwächen oder ganz zunichte machen. Ein Beispiel für diese «Wachstumsfalle» sind die Emissionsgrenzwerte für VOC, mit denen der Emissionsstand von 1960 erreicht werden sollte, die aber noch nicht eingehalten werden. Trotzdem bewirkten die ergriffenen Massnahmen eine 23-prozentige Reduktion. Das BUWAL rechnet jedoch infolge des abzusehenden Wirtschaftswachstums ab 1995 wieder mit einer Zunahme der Emissionen (BUWAL 1994: 241). Ebenso dürfte der Rückgang der NO_x- Emissionen dank Einführung des Katalysators durch ein weiteres Verkehrs- und Wirtschaftswachstum bald kompensiert werden, so dass die Emissionen schliesslich wieder ansteigen werden (BUWAL 1994: 241).
- Die Dynamik der wirtschaftlichen Entwicklung bringt dauernd **neue Stoffe, Verfahren und Produkte** hervor, die bestehende Umweltprobleme verschärfen können oder neue schaffen. Ein Beispiel für diese qualitative Ausprägung der Wachstumsfalle liefert die Gewässerschutzpolitik: Trotz steigender Abwassermengen in den letzten Jahrzehnten gelang es, die herkömmliche organische Belastung der Gewässer drastisch zu reduzieren. Die stoffliche Gesamtbelastung nahm allerdings in der gleichen Zeitspanne stetig zu. «Insbesondere gelangten immer mehr neuartige Stoffe zur Anwendung und dadurch in die Umwelt» (BUWAL 1994: 183).

Diese Überlegungen verdeutlichen, wie gefährlich es sein kann, zu schnell einzelne Innovationen als Beitrag zu einer Nachhaltigen Entwicklung zu qualifizieren. Dies ist ein Fehler, dem die heutige umweltpolitische Debatte häufig erliegt. So wird die sogenannte «ökologische Effizienzrevolution» vielfach als *der* Königsweg zu einer Nachhaltigen

Entwicklung gepriesen. Zwar ist die Bedeutung ökologischer Effizienzverbesserungen für eine Nachhaltige Entwicklung unbestritten, aber nur als *ein* Baustein unter anderen. Denn ökologische Effizienzverbesserungen zielen auf eine *relative* Verringerung einer Umweltbelastung bezogen auf ein bestimmtes Produkt oder einen Produktionsprozess ab. Dass aber Kapazitätseffekte, Ablenkeffekte, Problemverschiebungen und Wachstumseffekte solche Verbesserungen oft kompensieren, kommt bei einer an relativen Effizienzverbesserungen orientierten Betrachtung nicht zur Sprache. Gerade solche Effekte aber sind dafür verantwortlich, dass trotz zahlreicher ökologischer Innovationen von Unternehmen und in der Umweltpolitik bisher in vielen ökologischen Fragen keine Stabilisierung und zum Teil nicht einmal eine Entkopplung des Umweltverbrauches vom Wirtschaftswachstum stattgefunden hat (vgl. Kapitel 3).

Jede ökologische Innovation muss daher im innovationsspezifischen Anwendungszusammenhang und in den Rahmenbedingungen betrachtet werden, in denen sie ihre Wirkung entfaltet. Nur so sind Aussagen über den Nachhaltigkeitsbeitrag zu machen. Es gibt keine per se ökologisch nachhaltige Innovation, das heisst eine Innovation, die in jedem Fall einen Beitrag zu einer Nachhaltigen Entwicklung liefert. Die ökologische Wirkung hängt vielmehr davon ab, in welchem Umfeld die Innovation zur Anwendung kommt: So leisten z.B. die mit viel propagandistischem Aufwand angekündigten 3-Liter-Autos nur dann einen Beitrag zur Nachhaltigen Entwicklung, wenn viele Fahrer von ihrem bisherigen Auto auf solche verbrauchsärmeren Fahrzeugtypen umsteigen und überdies ihre Fahrgewohnheiten ökologisch anpassen oder zumindest nicht ändern. Werden dieselben Autos dagegen als Drittauto für Stadtfahrten und kleine Ausflüge genutzt oder verleiten sie zu mehr Fahrten aufgrund eines jetzt besseren ökologischen Gewissens, wovon unter den heutigen Gegebenheiten ausgegangen werden muss, ist der Nachhaltigkeitsbeitrag dieser «ökologischen Innovation» sogar negativ. Gesamthaft wird dann die Umwelt mehr belastet als vorher. Ähnliches gilt für umweltpolitische Innovationen. Eine Politik der quellenspezifischen Emissionsbegrenzung (Emissionsgrenzwerte) führt in einer wachsenden Wirtschaft nicht zu Entlastungen, wenn die Wachstumsrate über dem Ausmass der relativen Emissionsreduktion liegt. Die Regulierung einzelner Substanzen kann sogar zu Produkt- oder Prozesssubstitutionen führen, die ökologisch noch bedenklicher sind.

Zusammenfassend kann festgehalten werden: Ökologische Innovationen sind zwar der Motor für eine Nachhaltige Entwicklung. Nachhaltige Entwicklung durch ökologische Innovationen tritt aber nur dann ein, wenn diese Innovationen in ihrem Zusammenspiel sowie in ihrem gesellschaftlichen und politischen Umfeld betrachtet werden. Erst dadurch können ökologisch kontraproduktive Nebenwirkungen abgeschätzt und verhindert werden.

7.2 Ökologische Innovationsperspektiven

Ein näheres Betrachten der verschiedenen Innovationsarten von Unternehmen, Akteurnetzen und Politik offenbart, dass bestimmte Innovationen der Gefahr oben erwähnter unerwünschter Nebenwirkungen weniger stark ausgesetzt sind als andere. Solche ökologisch interessanten Innovationsperspektiven bezeichnen dabei eine ganze Klasse von Innovationen, die in die ökologisch richtige Richtung weisen:

Innovationsperspektive «Funktions- und Bedürfnisinnovationen»

Bei Unternehmen dominieren heute ökologische Prozess- und Produktinnovationen. Ökologischen *Prozessinnovationen* haftet das Manko an, dass sie immer nur ökologische Entlastungen relativ zum vorgegebenen Produkt realisieren. Ökologische Probleme, die im Produkt selber begründet liegen, können sie nicht lösen. Ausserdem unterliegen sie in der Regel der Gefahr, dass die ökologischen Entlastungen durch ein Mengenwachstum bei Produkten oder eine ökologische Problemverschiebung, insbesondere bei EOP-Lösungen, kompensiert werden. Ökologische *Produktinnovationen* besitzen zwar ein erhebliches ökologisches Potential, wenn sie auf Optimierungen des gesamten ökologischen Produktlebenszyklus zielen. Dies ist heute jedoch noch die Ausnahme. Es dominieren Teiloptimierungen, die häufig die relevanten ökologischen Probleme nicht lösen. Zudem unterliegen Produktinnovationen der Gefahr eines induzierten Mehrverbrauchs, wie dieser am Beispiel des 3-Liter-Autos verdeutlicht wurde. *Funktions- und Bedürfnisinnovationen* versprechen hier als ökologische Innovationsperspektiven mehr, weil sie deutlich weiter reichen als Prozess- und Produktinnovationen. Solche Innovationen berücksichtigen den gesamten Funktions- und Bedürfniskontext von Produkten und Dienstleistungen und streben ganzheitliche ökologische Optimierungen an. Sie bieten einen erhöhten Schutz vor ökologischen Problemverschiebungen.

Innovationsperspektive «Ökologische Grobsteuerung»

Bei umweltpolitischen Innovationen zeigt sich ein ähnlicher Dualismus: Die Schweiz entwickelte in den letzten Jahren ein ausdifferenziertes ökologisch orientiertes Feinsteuerungsinstrumentarium, das insbesondere an ökologisch bedenklichen Outputs des Wirtschaftsprozesses ansetzt. Diesem Instrumentarium gelang es jedoch nicht, den gesamten Ressourceninput der Volkswirtschaft zu stabilisieren oder gar zu reduzieren, Problemverschiebungen vorzubeugen, bestehende Grossrisiken abzubauen und neue zu vermeiden sowie die weitere Zerstörung einer lebenswerten Kulturlandschaft zu verhindern. Das Instrumentarium der ökologischen Feinsteuerung ist von einer *geradezu systematischen Hilflosigkeit* gegenüber Kapazitätseffekten, Problemverschiebungen sowie (traditionellen und qualitativen) Wachstumseffekten geprägt. Die Perspektive einer *an zentralen Inputs und weiterer zentraler Faktoren orientierten ökologischen Grobsteuerung* vermeidet dagegen diese Gefahren. Es wird möglich, die Komplexität des Gesamtsystems auf einige zentrale Steuerungsvariablen zu reduzieren und dadurch Beiträge zu einer Nachhaltigen Entwicklung am ehesten sicherzustellen.

Innovationsperspektive «Innovationskooperationen»

In regionalen Akteurnetzen ist die Idee der ökologischen Innovation in zweifacher Hinsicht von Bedeutung. Einerseits sind Akteurnetze der Ort, an dem ökologische Innovationen von Unternehmen und Politik entstehen und beschleunigt werden können. Andererseits gibt es innerhalb von Akteurnetzen bestimmte Koordinationsformen, die selber innovativ sind. Hierzu gehören die *Innovationskooperationen* in der Entstehungsphase von Innovationen. Klassischer Koordinationsmechanismus zur Hervorbringung von Innovationen ist der Markt. Im Wettbewerb untereinander haben Unternehmen einen ständigen Anreiz, Kundenbedürfnisse besser als ihre Konkurrenten zu befriedigen. Das ökologische Potential dieser marktorientierten Koordination ist jedoch beschränkt, weil die ökologische Qualität von Produkten und Dienstleistungen zu häufig nur ein untergeordnetes Differenzierungskriterium im Wettbewerb darstellt. Die Untersuchungen zeigen zudem, dass dieser Koordinationsmechanismus vorwiegend in der Phase der Innovationsumsetzung von Bedeutung ist. In der Phase der *Innovationsentstehung* hingegen nehmen Akteurnetze eine herausragende Stellung ein. Nur dank ihnen können die Beschleunigungspotentiale für ökologische Innovationen voll ausgeschöpft werden. Gespräche und die Zusammenarbeit von Akteuren stellen zudem eher als eine rein marktliche Koordination sicher, dass ökologische Gesamteffekte bei der Bewertung von Innovationen berücksichtigt werden. Die Zusammenarbeit in Akteurnetzen gilt daher ebenfalls als eine Innovationsperspektive, die mit grosser Wahrscheinlichkeit unbeabsichtigte ökologische Nebenwirkungen von Innovationen zu verhindern hilft.

Alle skizzierten Innovationsperspektiven richten unseren Blick auf Gesamtzusammenhänge und nicht lediglich auf ökologische Teilaspekte der jeweiligen Handlungsebene (Unternehmung, Politik). So betten Funktions- und Bedürfnisinnovationen die unternehmerische Tätigkeit in einen umfassenden Kontext ein und beschränken sich nicht nur auf ökologische Effizienzverbesserungen bei einzelnen Produkten und Prozessen. Die ökologische Grobsteuerung nimmt den gesamten ökologisch relevanten Input des Wirtschaftsprozesses ins Visier und nicht lediglich vereinzelte Emissions- und Abfallwirkungen. Innovationskooperationen verkörpern eine solche Gesamtschau in prozessualer Hinsicht: Während bei einer marktlichen Koordination jeder Akteur nur seine eigenen Erfolgskriterien berücksichtigen muss und sich das vermeintlich wünschenswerte Gesamtergebnis gewissermassen automatisch ergibt, erfordern Kooperationen die umfassende Kommunikation zwischen Akteuren. Handlungsweisen müssen erklärt, gerechtfertigt und bewusst mit anderen Akteuren im Blick auf gemeinsame Ziele abgestimmt werden, was im Entstehungszusammenhang von Innovationen entscheidend ist.

Je mehr Akteure jedoch in Gesamtzusammenhängen denken, desto geringer wird die Gefahr unbeabsichtigter Nebenwirkungen. Natürlich wird es auch immer wieder ökologisch kontraproduktive Funktionsinnovationen, Grobsteuerungsansätze und Netzwerkformen geben. Jedoch ist die Wahrscheinlichkeit hierfür erheblich geringer im Vergleich zu Innovationsinitiativen, die auf Prozess- und Produktinnovationen, auf ökologische Feinsteuerung und ausschliesslich auf marktliche Koordination setzen.

Aus der besonderen Bedeutung, die wir den Innovationsperspektiven Funktions-/Bedürfnisorientierung, ökologische Grobsteuerung und Innovationskooperationen zumessen, folgt jedoch nicht, dass die anderen ökologischen Innovationsformen und Koordinationsmechanismen überflüssig wären. Auch sie sind weiterhin notwendig:

- Innovationstätigkeit ist ein schrittweiser Such- und Lernprozess. Aus dieser Perspektive waren die heutigen Innovationen bei Prozessen und Produkten (Unternehmen) sowie im Bereich der Feinsteuerung (Staat) notwendig, um die Möglichkeiten und die Grenzen dieser Innovationsformen zu erkennen und für weitergehende Innovationsperspektiven sensibilisiert zu werden. Solche Erkenntnisse sind nicht durch Vorausschau zu gewinnen, sondern erfordern Erfahrungen in konkreten Anwendungsfeldern. Es ist daher auch nicht verwunderlich, dass jene Unternehmen heute Vorreiter bei Funktions- und Bedürfnisinnovationen sind, die schon früh in ihren Branchen die «Best Ecological Practices» für Innovationen auf Prozess- und Produktebene definiert haben. Ähnliches gilt für fortschrittliche Staaten beziehungsweise Kantone bei der Umsetzung einer innovativen Umweltpolitik.

- Des weiteren sind die heutigen Innovationsformen auch inhaltlich mit den zukünftigen Perspektiven verknüpft: Funktions- und Bedürfnisinnovationen beruhen in letzter Konsequenz auf Produkten und Prozessen, die ökologisch optimiert in ihre jeweiligen Funktions- und Bedürfniskontexte eingebettet sind. Jede ökologische Grobsteuerung benötigt ergänzend Instrumente der ökologischen Feinsteuerung, um verbleibende Emissionswirkungen und akute Umweltprobleme in den Griff zu bekommen. Und auch die Koordinationsmechanismen Kooperation und Markt sind eng miteinander verknüpft: Für die Entstehung ökologischer Innovationen sind besonders die Kooperationen zwischen Akteuren wichtig. Nur sie stellen die längerfristige ökologische Handlungsorientierung der Akteure sicher. Der Wettbewerb zwischen Unternehmen bleibt der entscheidende Motor bei der Umsetzung von ökologischen Innovationen bei Produkten und Dienstleistungen.

Statt einer Innovationsablösung bedarf es daher vielmehr des richtigen «Innovationsmixes» auf allen Handlungsebenen. In diesem Mix sind derzeit jedoch die drei Innovationsperspektiven «Funktions-/Bedürfnisorientierung», «Ökologische Grobsteuerung» und «Innovationskooperationen» noch nicht oder erst in Ansätzen vertreten. Es stellt sich die Frage: Warum ist das so? Was hindert insbesondere Unternehmen und politische Akteure daran, diese ökologisch vielversprechenden Innovationen durchzuführen? Der folgende Abschnitt setzt sich mit diesen Blockaden auseinander.

7.3 Innovationshemmnisse – Warum es so schwierig ist, ökologisch nachhaltig zu innovieren

Das Bekenntnis zu einer Nachhaltigen Entwicklung ist derzeit allgegenwärtig. Politikerinnen und Politiker aller wichtigen Parteien führen es ebenso im Munde wie Manager, Verbandsfunktionäre und Gewerkschafter. Unser Wirtschaften ist jedoch noch weit von der Einlösung einer solchen Nachhaltigen Entwicklung entfernt, obwohl es

Innovationsperspektiven für Unternehmen, Politik und Akteurnetze gibt, die dies ändern können. Diese Innovationsperspektiven sind bisher kaum verbreitet. Woran liegt das? Was hindert Frauen und Männer in Politik und Unternehmen daran, die skizzierten Ansätze zu verfolgen? Sehen sie die Möglichkeiten gar nicht, wollen sie sie nicht verfolgen oder können sie sie vielleicht gar nicht ergreifen?

Diese drei Alternativen des «Nicht-**Wahrnehmens**», «Nicht-**Wollens**» und «Nicht-**Könnens**» prägen derzeit die umweltpolitische Diskussion: Viele aktuelle umweltpolitische Autoren nehmen an, dass eine fehlende *Wahrnehmung* sowohl des Umweltproblems selbst als auch bestehender Lösungsansätze ökologische Fortschritte behindert. Bücher wie «Faktor 4» von E.U. v. Weizsäcker et. al., «Wieviel Umwelt braucht der Mensch» von F. Schmidt-Bleek oder die Studie zu «Sustainable Germany» aus dem Wuppertal-Institut beziehungsweise zu «Sustainable Switzerland» im Auftrag der schweizerischen Umweltorganisationen versuchen diese Wahrnehmungsbarrieren auf zwei Ebenen zu durchbrechen. Sie zeigen anschaulich, wie umfassend und drängend der ökologische Veränderungsbedarf unseres Wirtschaftens ist. Und sie schlagen zahlreiche Strategien vor, die heute ohne weiteres umsetzbar scheinen.

Angesichts der Fülle praktikabel erscheinender Vorschläge – von der «ökologischen Steuerreform» bis zu interessanten technischen Lösungen, die Ressourceneinsparungen sogar in der Höhe des «Faktors 10» ermöglichen – kommt in weiten Teilen der Öffentlichkeit die Vermutung auf, dass nicht fehlende Wahrnehmung, sondern ein «Nicht-**Wollen**» von Unternehmen und Politik die eigentliche Ursache für den fehlenden ökologischen Fortschritt in Richtung Nachhaltige Entwicklung ist. Dem widersprechen Unternehmen und Politik in der Regel mit dem «Nicht-**Können**»: Bestehende Wettbewerbsstrukturen oder Kostenrestriktionen bei Unternehmen sowie andere politische Prioritäten wie soziale Fragen und internationale politische Verflechtungen machten weitergehende Schritte in Richtung Nachhaltige Entwicklung nicht möglich.

Das vorliegende Buch möchte zum einen dort Wahrnehmungsbarrieren aufbrechen, wo diese noch vorliegen. Es hat daher die Postulate einer Nachhaltigen Entwicklung dem ausgebliebenen ökologischen Strukturwandel der Schweiz gegenübergestellt und so den ökologischen Handlungsbedarf verdeutlicht. Zudem hat es für Unternehmen, Politik und Akteurnetze ökologische Innovationsperspektiven entwickelt und damit den Blick für mögliche Handlungsalternativen erweitert. Die Betrachtung soll jedoch nicht an diesem Punkt verharren, sondern muss sich auch mit dem «Nicht-Wollen» und «Nicht-Können» von

Akteuren auseinandersetzen. Solche Überlegungen (vgl. z.B. Benkert/Bunde/Hansjürgens 1995) sind in der bisherigen umweltpolitischen Debatte zu kurz gekommen. Doch nur wenn auch auf diesem Gebiet mehr Klarheit herrscht, können Strategien formuliert werden, die einerseits auf ökologisch tragfähigen Vorgehenskonzepten beruhen und andererseits ausreichend auf die Widerstände abgestimmt sind, die der Umsetzung solcher Konzepte heute noch entgegenstehen.

Es zeigt sich nun, dass bei Unternehmen, in der Politik und in Akteurnetzen durchaus ähnliche Restriktionen bestehen und die verschiedenen Restriktionstypen eng miteinander verknüpft sind. Dabei hat sich die Unterscheidung von vier Restriktionstypen als hilfreich erwiesen:

- Technische Restriktionen
- Kostenrestriktionen
- Nutzenrestriktionen
- Wahrnehmungsrestriktionen

Technische Restriktionen sind Hindernisse, die für einen Akteur faktisch unverrückbar scheinen. Naturgesetze oder technische Grenzen bei der Veränderung von Produktionsverfahren (Unternehmen), juristische Grenzen aufgrund übergeordneter gesetzlicher oder multilateraler Bestimmungen (Politik) bzw. Distanz- sowie Kommunikationsgrenzen (Akteurnetze) verkörpern solche technischen Restriktionen.

Zum Charakter der vorliegenden Restriktionsanalyse

Die vorliegende Restriktionsanalyse hat einen heuristischen Charakter. Sie greift Argumentationsmuster aus der aktuellen umweltpolitischen Debatte, aus politökonomischen und aus entscheidungstheoretischen Ansätzen auf und führt sie in einer einheitlichen Systematik zusammen. Ihr Wert ergibt sich aus der Möglichkeit, akteursübergreifend Restriktionskategorien zu bilden und für das komplexe gesellschaftliche Zusammenspiel bei ökologischen Veränderungen zu sensibilisieren. Die Klassifizierung erhebt keinen Anspruch auf Vollständigkeit. Sie betont lediglich die wichtigsten Innovationshindernisse und deren Relevanz für die Innovationsperspektiven Funktions-/Bedürfnisorientierung, Ökologische Grobsteuerung und Innovationskooperationen.

Kostenrestriktionen ergeben sich aus der Tatsache, dass Akteuren immer nur begrenzte Ressourcen für ihr Handeln zur Verfügung stehen. Je geringer die freien Ressourcen von Unternehmen oder Staat sind, desto enger ist der Handlungsspielraum für ökologische Innovationen.

Nutzenrestriktionen drücken aus, dass sich freie Ressourcen von Unternehmen und Staat aus der Akzeptanz ergeben, auf die ihr Handeln bei den für sie relevanten Adressaten stösst. Adressaten sind die Kunden bei Unternehmen, Wähler und Wählergruppen bei Politikern und die möglichen Kooperationspartner bei Innovationskooperationen. An Nutzenrestriktionen stossen Unternehmen, die Produkte anbieten, die von Kunden nicht gekauft werden, stossen Politiker und Politikerinnen , die aufgrund ihrer Konzepte nicht wiedergewählt werden, oder Kooperationen, die für die meisten Partner nicht attraktiv sind.

Tabelle 7.1
Restriktionstypen und ihre Ausprägungen bei Politik, Unternehmen und Akteurnetzen.

Restriktionstyp	Politik	Unternehmen	Akteurnetze
Technische Restriktionen	Juristische Hemmnisse	Naturgesetze, Stand der Technik	Distanz, Kommunikationshemnisse, Juristische Hemnisse (Kartellregelungen)
Kostenrestriktionen	Dauer/Aufwand im Gesetzgebungsprozess/ bei Vollzug	Zu hohe Investitionsvolumina, zu hohe laufende Kosten	Transaktionskosten
Nutzenrestriktionen	Zu hohe Kosten für Unternehmen und Bürger, unerwünschte Verteilungswirkungen	Zu niedrige Produktqualität, andere Produkte attraktiver	Angst vor Know-how-Abfluss, kein Zusatznutzen durch Kooperation
Wahrnehmungsrestriktionen	Fehlende Wahrnehmung von Kompatibilitäten zwischen bestehenden Sachzwängen und Umweltschutz	Chancen neuer Lebensstile oder Kosteneinsparungsmöglichkeiten werden nicht gesehen	Bedeutung des ökologischen Problems für Adressaten wird von diesen nicht gesehen

Wahrnehmungsrestriktionen liegen dann vor, wenn es Akteuren nur ungenügend gelingt, ihren Adressaten den Nutzen von Innovationen zu vermitteln: So wird die ökologische Diskussion häufig immer noch sehr polarisiert geführt, die Problematik einseitig wahrgenommen. Das verdeutlichen Formeln wie «Strenge Umweltschutzgesetzgebung =

Verschlechterung der Wettbewerbsposition», «Ökologisches Management = Kostennachteil», «Ökologisierung = Verzicht auf Lebensqualität». Dabei durchbrechen viele ökologische Innovationen heute diese Schemata. Sie entschärfen nicht nur ökologische Fragen, sondern stiften Kunden auch anderweitig Nutzen oder helfen, politische Probleme wie Arbeitslosigkeit oder Finanzknappheit zu entschärfen. Aufgrund der noch herrschenden Wahrnehmungsmuster wird dies von den Adressaten aber häufig nicht gesehen. Wahrnehmungsrestriktionen beschreiben diese kognitiven Barrieren. Tabelle 7.1 vermittelt einen ersten Überblick über die Ausprägungen der vier Restriktionstypen bezüglich Unternehmen, Politik und Akteurnetze.

Die nun folgende nähere Betrachtung der Restriktionen wird von der Frage geleitet, welche Restriktionen für die oben entwickelten Innovationsperspektiven «Funktions-/Bedürfnisorientierung», «Ökologische Grobsteuerung» und «Innovationskooperationen» von besonderer Bedeutung sind.

Restriktionen für ökologische Unternehmensinnovationen

Technische Restriktionen dominierten lange die Debatte um ökologische Veränderungen in Branchen: Das Einhalten gesetzlicher Grenzwerte für diverse Umweltmedien sahen viele Branchen anfangs nur als technisches Problem. Dementsprechend richtet sich die Dynamik der Umweltgesetzgebung auch heute noch in vielen Bereichen am «Stand der Technik» aus. EOP-Lösungen für Umweltprobleme sind in erster Linie Umwelttechniklösungen; die Innovationen in der Umwelttechnikbranche bestimmten lange den Rhythmus für ökologische Innovationen in den Produktionsprozessen der Industriebranchen. Erst ökonomische Erfolge produktionsintegrierter Umweltschutzmethoden verhalfen Prozessinnovationen zu mehr Bedeutung. Unternehmen arbeiten heute in der Regel mit mehreren Optionen, um prozessbezogene Umweltschutzziele zu erreichen. Ob am Ende EOP- oder produktionsintegrierte Lösungen obsiegen, entscheidet sich auf der Grundlage ökonomischer Kalküle. Technische Restriktionen existieren auch im Produktbereich. Gerade bei komplexen Produkten (z.B. Computer, chemische Erzeugnisse) stellt der Einbezug ökologischer Kriterien eine grosse Herausforderung dar, wenn die bisherigen Funktionsanforderungen an das Produkt nicht beeinträchtigt werden sollen.

Sowohl bei Prozess- als auch bei Produktinnovationen lassen sich technische Restriktionen oft nur mit erheblichem Forschungs- und Entwicklungsaufwand überwinden, den Unternehmen aufbringen. Das Fehlen technischer Alternativen hängt daher in vielen Bereichen eng mit Kostenrestriktionen zusammen. Wichtig erscheint dabei, dass funktions- und bedürfnisorientierte Innovationen in der Regel nicht an technischen Restriktionen scheitern.

Kostenrestriktionen machen sich ähnlich wie technische Restriktionen insbesondere bei Prozess- und Produktinnovationen bemerkbar: Überall, wo diese Kosten additiv anfallen, das heisst weder zu Kosteneinsparungen in anderen Bereichen noch zu einer Erhöhung des Kundennutzens führen, fällt es besonders schwer, ökologische Innovationen einzuführen. Dies, weil für solche Innovationen nicht genügende freie Ressourcen der Unternehmen zur Verfügung stehen. Auch Kostenrestriktionen sind dabei im wesentlichen ein Hindernis für ökologische Prozess- und Produktinnovationen. Bei funktions- und bedürfnisorientierten Innovationen spielen sie jedoch eine geringere Rolle, da diese für die Unternehmen selten oder nicht zwingend hohe Investitionsvolumina oder hohe laufende Kosten zeitigen.

Funktions- und bedürfnisorientierte Innovationen scheitern dagegen viel eher an der Beeinträchtigung bzw. Modifikation des Kundennutzens – d.h. an **Nutzenrestriktionen**. Zwar liefern Funktionsinnovationen ein funktionales Äquivalent für die Befriedigung des Kundenbedürfnisses, dennoch erfordern sie eine andere Form der Bedürfnisbefriedigung und den Wegfall gewisser affektiver Faktoren (Hockerts 1995: 45 f.). Die Beteiligung an einer Car-Sharing-Initiative beispielsweise befriedigt zwar weiterhin das Mobilitätsbedürfnis im Auto, allerdings ohne «Autobesitz» und verlangt vom Kunden neue Formen der Koordination.

Eine Ertragsversicherung gegen Ernteausfall nimmt dem Landwirt das Gefühl, für die Bearbeitung seines Feldes vollumfänglich zuständig zu sein, da er den Pflanzenschutz einem externen Dienstleister überlässt. Beeinträchtigungen dieser Art können in der Regel nur dann mit Erfolg überwunden werden, wenn es gelingt, die funktionalen Komponenten des Konsums in den Vordergrund zu rücken: z.B. durch erhebliche Kosteneinsparungen für den Kunden oder die besondere Betonung des ökologischen Nutzens. Bei bedürfnisorientierten Innovationen sind die Einschränkungen des Kundennutzens in der Regel noch höher. In geringerem Masse als bei funktionsorientierten Lösungen treten sie auch bei ökologischen Produktinnovationen (z.B. geringere Waschkraft von ökologisch optimierten Waschmitteln) und Prozessinnovationen auf.

Funktions- und bedürfnisorientierte Innovationen zwingen häufig zu einem völlig neuen Problemverständnis sowohl vom innovierenden Unternehmen als auch vom Kunden. **Wahrnehmungsrestriktionen**, konkret Wahrnehmungsrestriktionen auf der Kundenseite, sind dabei besonders schwierig zu überwinden, da erst das Umlernen einer grossen Zahl von Kunden den Markterfolg neuer funktionsorientierter Problemlösungen gewährleistet. Jedoch auch solche Wahrnehmungsbarrieren stellen keine unüberwindliche Restriktion dar: Kreativitätsfördernde und experimentierfreudige Unternehmenskulturen auf der einen und eine aufklärende und Problembewusstsein schaffende Kommunikationspolitik auf der anderen Seite sind Beispiele dafür, wie Wahrnehmungsrestriktionen in Unternehmen und bei Kunden überwunden werden können.

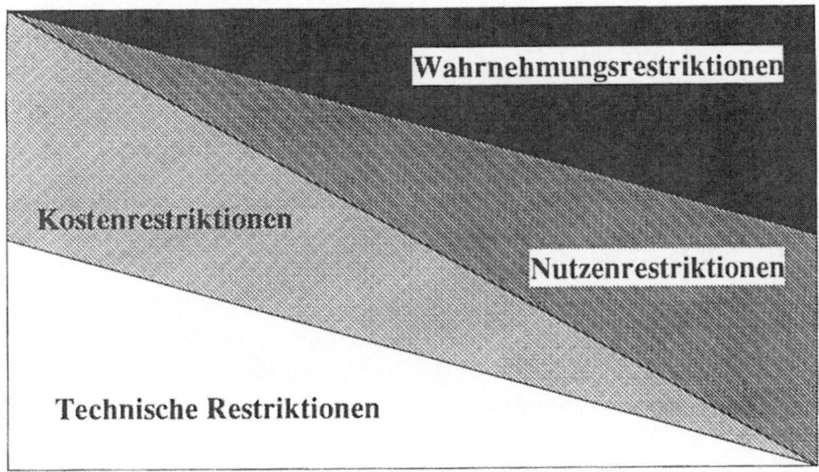

Abbildung 7.1
Bedeutung der Restriktionen für die verschiedenen Innovationsformen auf Unternehmensebene

Technische Barrieren und Kosten schienen lange Zeit die Haupthindernisse für einen ökologischen Strukturwandel zu sein. Die Analyse bedeutender Branchen zeigt jedoch, dass sich die Situation heute gewandelt hat: mehr als andere hemmen Wahrnehmungsbarrieren und mangelnde Akzeptanz für modifizierte Kundennutzen den ökologischen Wandel in vielen Branchen. Abbildung Abb. 7.1 gibt diesen Sachverhalt schematisch wieder.

Restriktionen für eine innovative Umweltpolitik

Technische Restriktionen einer innovativen Umweltpolitik sind im wesentlichen juristischer Natur. So können umweltpolitische Innovationen Verfassungsgrundsätzen widersprechen, Vorstösse von Regionaleinheiten wie Ländern oder Kantonen an Bestimmungen auf Bundesebene scheitern oder nationale Politikvorschläge im Widerspruch zu internationalen Abkommen wie beispielsweise dem GATT/WTO stehen. Gerade die internationale Einbettung wird in der Diskussion immer wieder als ein wichtiger Hinderungsgrund für umweltpolitische Innovationen angeführt. Dabei ist jedoch gerade die aus ökologischer Sicht fehlgeleitete Grobsteuerung ein Resultat eigenständiger wirtschaftspolitischer Entscheidungen. Es gibt keine internationalen Verträge, die die Schweiz oder andere Länder verpflichten würden, den Produktionsfaktor Natur künstlich zu verbilligen. Im Gegenteil: Nach RIO 92 sind alle Staaten aufgerufen, der Nachhaltigen Entwicklung zum Durchbruch zu verhelfen. Eine ganze Reihe internationaler Vereinbarungen ökologischen Inhalts unterstützen diesen Auftrag. Sogar das GATT (bzw. die WTO) postuliert in der Präambel der Schlussakte der sogenannten Uruguay-Runde die Nachhaltige Entwicklung als politikleitenden Grundsatz. Tatsächlich bestehen im Rahmen der WTO bereits umweltpolitische Handlungsspielräume, die längerfristig ausgebaut werden müssen, gegenwärtig jedoch bei weitem nicht ausgeschöpft sind. Es sei daher der Schluss gewagt: Ob sich ein Land in Zukunft ökologisch-ökonomisch nachhaltig entwickeln wird, ist vor allem von ihm selbst abhängig!

Kostenrestriktionen einer innovativen Umweltpolitik machen sich überall dort bemerkbar, wo neue umweltpolitische Massnahmen an einem besonders hohen Gesetzgebungs- und Verwaltungsaufwand scheitern. Gerade die Ökologische Grobsteuerung ist jedoch ein Ansatz, der die bestehende Regelungskomplexität reduziert und sich auf einzelne wichtige Faktoren konzentriert. Kostenrestriktionen sind daher gegen eine Ökologische Grobsteuerung nicht ins Feld zu führen.

Nutzenrestriktionen liegen vor, wenn wichtige Adressatengruppen einer innovativen Umweltpolitik durch diese Politik Nachteile in Kauf nehmen müssen und deswegen Widerstand leisten. Solche Nachteile können in höheren Kosten für Unternehmen oder in Einkommensreduktionen für Bürger bestehen. In beiden Fällen ist der Nutzen der neuen Politik für die betroffenen Unternehmen und Bürger geringer als beim Status quo. Der Widerstand gegen eine ökologische Steuerreform lässt sich heute hauptsächlich durch solche Nutzenrestriktionen erklären: Unternehmen befürchten Kostennachteile im internationalen Wettbewerb; Rückwirkungen auf die Einkommensverteilung rufen Bedenken einzelner sozialer bzw. gesellschaftlicher Gruppen hervor. Diese Bedenken gilt es bei der Konkretisierung ökologischer Innovationsstrategien angemessen zu berücksichtigen. Dabei wird sich zeigen, dass unter allen umweltpolitischen Innovationen die Innovationsperspektive Ökologische Grobsteuerung am besten abschneidet. Sie erlaubt nämlich die Schaffung eines *wirtschaftspolitischen Zusatznutzens*, was ihre Akzeptanz deutlich erhöhen dürfte.

Von Vorteil ist, dass – zumindest in der Schweiz – dieses Für und Wider in der Umweltpolitik in einem doch relativ *umweltfreundlichen politischen und wirtschaftlichen Klima* stattfindet. Tatsächlich sind die wirtschaftlichen Voraussetzungen zur Ausnützung ökologischer Handlungsspielräume in der Schweiz verglichen mit anderen Ländern relativ gross, zeichnet sich die Schweizer Wirtschaft doch durch hohe politische Stabilität, hohes Pro-Kopf-Einkommen, relativ geringe Arbeitslosenraten und (noch) hohe internationale Konkurrenzfähigkeit aus. Ausserdem begünstigen das hohe Wohlstandsniveau, die geringe Arbeitslosenrate, das hohe Bildungsniveau und relativ geringe soziale Probleme, verbunden mit einer hohen Landschaftsverbundenheit und einer hohen Umweltpräferenz die Gesetzgebung. Diese Präferenz widerspiegelt sich in Meinungsumfragen (UNIVOX). Sie lässt sich auch aufgrund der speziellen Situation der Schweiz erklären. Gemessen an der Gesamtfläche bestehen weite Teile der Schweiz aus relativ verwundbaren Ökosystemen. Effektiv nutzbar sind nur etwa 60 Prozent der Landesoberfläche, dementsprechend hoch ist die Bevölkerungsdichte, was sich direkt in der weitgehend überbauten Landschaft ablesen lässt. Zugleich besitzt die abwechslungsreiche Landschaft nach wie vor eine hohe Anziehungskraft – sie ist das wichtigste Kapitalgut vieler touristisch orientierter Regionen.

Dieses relativ günstige Stimmungsbild zeigt sich auch bei Unternehmen. So zeigen Unternehmensbefragungen in der Schweiz (BAK 1995), dass umweltrelevante Standortfaktoren (im Sinne von umweltpolitischen Regulierungen) aus Unternehmersicht nicht von hoher Priorität sind. Der Aufwand für die Einhaltung von Umweltvorschriften erscheint erst an 18. Stelle von 38 Faktoren. Hingegen rangiert die Bedeutung der Lebensqualität in der Region (inkl. der Umweltqualität) schon an neunter Stelle. Die Antworten von 1400 Unternehmern verschiedenster Branchen und Regionen zeigen, dass vor allem Standortfaktoren wie die Verfügbarkeit und das Preis-Leistungsverhältnis von Arbeitskräften, die Steuerbelastung und die Telekommunikations-Infrastruktur von Bedeutung sind. Wichtig ist insbesondere auch der Standortfaktor «Aufwand für und die Dauer von Bewilligungsverfahren» (Raumplanung, Baugesetze, Baubewilligungs- und Einspracheverfahren), dessen Qualität in der Schweiz schlechte Noten erhielt. Im internationalen Standortvergleich wird lediglich Japan ähnlich ungünstig beurteilt (BAK: 145). Dabei geht es bei diesem Standortfaktor nicht um die materielle Erfüllung von Umweltschutzvorschriften, sondern um die administrativen Umtriebe und die Dauer der Verfahren. Stellenwert und Beurteilung der Qualität dieses Faktors deuten darauf hin, dass der Handlungsspielraum für neue Instrumente des Umweltschutzes eng ist. Innovative Instrumente müssten sich also insbesonders durch einfache administrative Verfahren vollziehen lassen – und das heisst vor allem: Weg vom komplizierten und unübersichtlichen Instrumentarium der Feinsteuerung und hin zu einer strategisch orientierten ökologischen Grobsteuerung!

Bürgerinnen und Bürger sowie Unternehmen tragen die konkreten Folgen der Umweltpolitik. Sie sind direkt angesprochen. Zu den Adressaten zählen aber auch die staatlichen Verwaltungen, denen der Vollzug umweltpolitischer Innovationen obliegt. Hier ist festzustellen, dass marktwirtschaftliche Instrumente des Umweltschutzes nicht unbedingt den Präferenzen von Umweltverwaltungen entsprechen. Sie büssen Handlungsmöglichkeiten ein und müssten gewisse Kontrollfunktionen

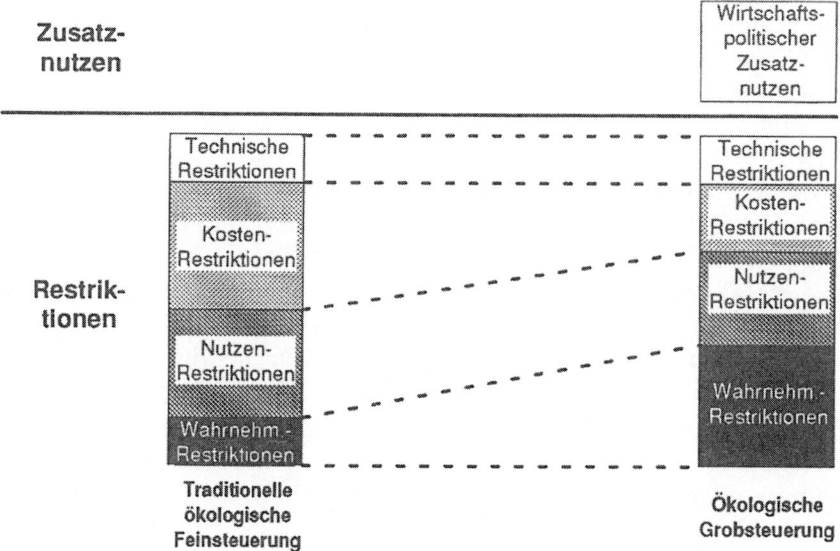

Abbildung 7.2
Bedeutung der Restriktionen bei ökologischer Feinsteuerung und Grobsteuerung

an den Markt abgeben. Der Verlust der Administrierbarkeit wird von Verwaltungen als unattraktiv empfunden (Zimmermann 1994:254). Eine Ökologische Grobsteuerung mit ihrer «ökologischen Tiefenwirkung» könnte diesen Attraktivitätsverlust allerdings wieder wettmachen.

Innovative Umweltpolitik scheitert schliesslich oft auch an **Wahrnehmungsrestriktionen** – dies in zweifacher Hinsicht. Erstens: Waren ursprünglich der Druck aus einer sich erkennbar verschlechternden Umwelt (Luft, Wasser) und aus der direkten Katastrophenwahrnehmung (Lawinen, Überschwemmungen) Motivation und Anstoss zu umweltpolitischen Aktivitäten, so ist das Ausmass der Umweltprobleme für die Politikadressaten heute bei weitem nicht mehr so direkt wahrnehmbar. Heute begangene ökologische Fehler belasten zu einem grossen Teil erst die nächsten Generationen, tangieren andere Weltregionen oder können von den menschlichen Sinnesorganen nicht wahrgenommen werden (Risiken). *Ökologische Politikinnovationen sind deshalb heute auf eine Problemwahrnehmung angewiesen, die diesen neuen Charakteristiken gerecht wird.*

Zweitens werden die Möglichkeiten (Handlungsfreiräume) und Chancen eines ökologischen Strukturwandels – und damit der ihn fördernden politischen Instrumente – von den Adressaten der Politik nur ungenügend wahrgenommen. Dabei wären nämlich Strategievorschläge im Rahmen der Innovationsperspektive Ökologische Grobsteuerung durchaus in der Lage, dank des bereits erwähnten wirtschaftspolitischen Zusatznutzens, auch zur Lösung anderer Probleme beizutragen, wie zum Beispiel der Arbeitslosigkeit und der Finanzknappheit.

Was für die ökologischen *Unternehmensinnovationen* zusammenfassend festgehalten werden konnte, gilt ähnlich auch für die ökologischen *Politikinnovationen*: Technische Restriktionen und Kostenrestriktionen betreffen vor allem die «traditionellen» ökologischen Innovationen, im Bereich der Politik also die Feinsteuerung. Bei einer Politik der Ökologischen Grobsteuerung spielen diese beiden Restriktionstypen eine geringere Rolle. Dieser Innovationsperspektive stehen heute vor allem Nutzenrestriktionen und die Wahrnehmungsrestriktionen entgegen. Dies hat jedoch vor allem mit dem gegenwärtigen Stand der umweltpolitischen Diskussion zu tun und liegt nicht in der Natur der Innovationsperspektive begründet: Die Idee der Ökologischen Grobsteuerung ist neu und daher sowohl einer breiteren Öffentlichkeit als auch den politischen Entscheidungsträgern noch kaum bekannt. Trotzdem: Ob eine Ökologische Grobsteuerung eine Chance erhält – und damit die Nachhaltige Entwicklung –, hängt entscheidend davon ab, wieweit es gelingt, politische Innovationsstrategien zu entwerfen, welche Wahrnehmungs- und Nutzenrestriktionen überwinden können.

Restriktionen für Innovationskooperationen

Was aber hindert Akteure daran, die Vorteile regionaler Akteurnetze zur Generierung von Umweltinnovationen zu nutzen? Auch hier lassen sich technische Restriktionen, Kostenrestriktionen, Adressatennutzen- und Adressatenwahrnehmungsrestriktionen unterscheiden.

Akteurnetze sind auf ein Mindestmass an unmittelbarem Austausch zwischen Akteuren angewiesen. **Technische Restriktionen** liegen vor allem dann vor, wenn ein solcher Austausch physisch nicht möglich ist, z.B. aufgrund zu grosser Distanzen für persönliche Kontakte oder fehlender Infastruktur für technisch gestützte Kommunikation.

Kostenrestriktionen bestehen, wenn die Transaktionskosten für die Beteiligung an einem Akteurnetz (insbesondere im Vergleich zum Nutzen für den Akteur) sehr hoch sind. Dabei sind die Transaktionskosten für die Akteure im Einzelfall nur sehr schwer zu bestimmen. In der Regel erscheint jedoch nicht die absolute Höhe dieser Kosten relevant als vielmehr der als klein eingestufte Nutzen, der selbst geringe Transaktionskosten nicht rechtfertigt.

Aus der Sicht einer Innovationskooperation sind Adressaten alle potentiellen Partner für eine solche Kooperation. **Nutzenrestriktionen** für eine Innovationskooperation liegen vor, wenn der Nutzen dieser Kooperationen für die möglichen Teilnehmer sehr gering oder sogar negativ ist. Dies kann beispielsweise der Fall sein, wenn Unternehmen befürchten, ihr Know-how einseitig in eine Zusammenarbeit einzubringen, ohne Gegenleistungen dafür zu erhalten. Die Notwendigkeit, sich neuen Mechanismen des Interessenausgleichs unterwerfen zu müssen, oder die Erstarrung eines innovativen Wettbewerbsklimas durch Kooperationen können ebenfalls als Nutzeneinschränkung gesehen werden.

Schliesslich liegen **Wahrnehmungsrestriktionen** vor, wenn Akteure die Vorteile von Innovationskooperationen nur partiell oder noch gar nicht wahrnehmen. Diese Restriktionsart ist besonders bei Akteuren relevant, in deren Selbstverständnis das alleinige Durchführen von Projekten und die Angst vor Abhängigkeit tief verankert sind.

Zusammenfassende Würdigung der Restriktionsanalyse

In diesem Kapitel wurden die *Funktions- und Bedürfnisorientierung für Unternehmen*, eine *Ökologische Grobsteuerung für die Umweltpolitik* und *Innovationskooperationen für (regionale) Akteurnetze* als vielversprechende Innovationsperspektiven im Dienste einer Nachhaltigen Entwicklung identifiziert. Die Restriktionsanalyse zeigt nun ein interessantes Bild: Nicht vornehmlich technische Grenzen oder zu hohe Kosten verhindern heute solche Innovationen, sondern vielmehr ihr vermeintlich zu geringer Nutzen beziehungsweise ihre unvollkommene Wahrnehmung durch die Adressaten der Innovationen.

Funktions- und bedürfnisorientierte Innovationen von Unternehmen scheitern nicht infolge technischer Hindernisse oder zu hoher Kosten. Sie sind oft gerade ein Weg, solche Blockaden aufzulösen und neue Lösungen durch die Kombination bestehender Produkte und Prozesse zu finden. Sie scheitern vielmehr an ihrem heutigen geringen oder zu gering wahrgenommenen Nutzen für Kunden.

Eine Ökologische Grobsteuerung scheitert heute nicht an der Verletzung von Verfassungsgrundsätzen oder von internationalen Abkommen, ebensowenig an zu hohen Kosten einer solchen Umweltpolitik. Ganz im Gegenteil, die Ökologische Grobsteuerung bietet sogar eine Lösung für den Vollzugsnotstand und die Finanzknappheit der öffentlichen Hand. Das Problem ist vielmehr, dass viele Adressaten einer Grobsteuerungspolitik keinen Nutzen oder sogar einen persönlichen Schaden davon erwarten – oder die Potentiale der Innovationsperspektive Grobsteuerung nicht wahrnehmen.

Schliesslich sind auch Innovationskooperationen selten das Opfer technischer Schwierigkeiten oder zu hoher Transaktionskosten. Wenn sie scheitern, liegt dies in der Regel daran, dass sich einzelne Teilnehmer nicht genug Nutzen davon versprechen bzw. mögliche Potentiale gar nicht wahrnehmen.

7.4 Die «Kunst der ökologischen Innovation»

Funktions- und Bedürfnisorientierung, Ökologische Grobsteuerung und Innovationskooperationen eröffnen ökologisch interessante Perspektiven. Gleichzeitig sind sie als Innovationsart geradezu dafür geschaffen, die dominanten Restriktionen der traditionellen, ökologisch an Grenzen stossenden Innovationstypen zu überwinden, nämlich technische Restriktionen und Kostenrestriktionen. Nicht nur ökologische, sondern auch technische und ökonomische Gründe sprechen also für sie!

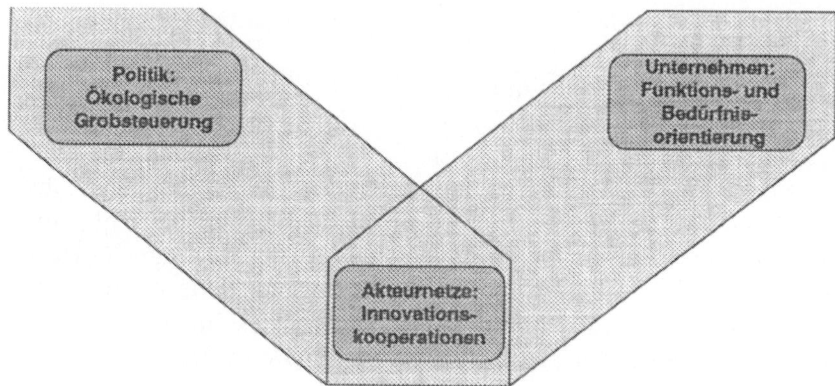

Abbildung 7.3
«Kunst der ökologischen Innovation»

Allerdings können auch diese Perspektiven an neuen Restriktionen scheitern (vermeintlich fehlender Nutzen für die Adressaten, mangelhafte oder fehlende Wahrnehmung der Potentiale). Ziel muss es deshalb sein, diese «Produkte» und ihre Kommunikation erheblich zu verbessern. Die *«Kunst der ökologischen Innovation»* wird darin bestehen, die Innovationsperspektiven so auf die jeweiligen Adressaten und deren Handlungsspielräume auszurichten, dass sich heute noch bestehende Nutzen- und Wahrnehmungsrestriktionen auflösen, zumindest aber stark relativieren.

Dies bedingt zweierlei: Erstens gilt es die jeweiligen Innovationsperspektiven selbst in *adressatengerechte Innovationsstrategien* zu übersetzen. Dies bedeutet insbesondere die Nutzen- und Wahrnehmungsrestriktionen bei Adressaten explizit zu berücksichtigen und Ansätze zur Überwindung zu bieten.

Zweitens jedoch wird es wichtig sein, durch geeignete *Integration der drei Perspektiven* eine gegenseitige Unterstützung und Beschleunigung zu erzielen. So ist es beispielsweise offensichtlich, dass die Realisierung von funktions- und bedürfnisorientierten ökologischen Innovationen auf Unternehmensebene auf breiter Basis entscheidend von ökologisch-ökonomischen Rahmenbedingungen abhängt, die das gesamte Spektrum der Funktions- und Bedürfnisorientierung abdecken. Dies gewährleistet die Ökologische Grobsteuerung. Eine traditionelle Umweltpolitik der Feinsteuerung hingegen behindert solche Strategien. Sie zwingt geradezu zu ökologischen Suboptimierungen im Prozess- und Produktbereich oder verführt zu Problemverschiebungen. Ob eine Politik der Grobsteuerung sich jedoch durchsetzen lässt, hängt wiederum entscheidend davon ab, dass die unternehmerischen Entwicklungspotentiale, die sie bietet, glaubwürdig dargelegt werden können. Am ehesten gelingt dies, wenn Pionierunternehmen die Möglichkeiten der ökologischen Innovationsperspektiven anhand konkreter Anwendungsbeispiele demonstrieren. Funktions- und Bedürfnisorientierung auf Unternehmensebene und Ökologische Grobsteuerung auf Politikebene bedingen sich gegenseitig – und entwickeln sich im Sinne einer «Koevolution» als sich gegenseitig unterstützende Prozesse.

Hier wird deutlich, dass eine Ökologisierung der Wirtschaft in Richtung Nachhaltige Entwicklung nicht im Sinne eines gesellschaftlichen Schöpfungsaktes geschaffen werden kann, sondern im Rahmen eines gesellschaftlichen Such-, Lern- und Gestaltungsprozesses im Zusammenspiel von Kreativität, Erfahrung und Gewohnheit *gefunden* wird (Busch-Lüty 1994: 17). Deswegen hat die Perspektive des Akteurnetzes eine grosse Bedeutung für den ökologischen Wandel. Denn Akteurnetze sind die Plattformen für das gemeinsame Lernen von Akteuren im Unternehmensbereich, im Bereich der Politik und zwischen den beiden Bereichen. Eine ökologische Innovationsoffensive ist deshalb immer auch eine Interaktionsoffensive.

Im nun folgenden dritten Teil des Buches wird diese «Kunst der ökologischen Innovation» anhand zentraler Strategiebausteine für die Unternehmen, für die Politik und für die Gestaltung von Innovationskooperationen konkretisiert.

Teil III

Strategiebausteine

Zusammenfassung

«Strategiebausteine» stehen im Mittelpunkt der abschliessenden drei Kapitel. Wegleitend dabei waren zwei Gedanken. Erstens: Nachhaltige Entwicklung durch ökologische Innovationen bedarf nicht nur pfiffiger Innovationsideen, sondern auch konkreter Strategien, die Umsetzung und möglichst grosse Verbreitung dieser Innovationen gewährleisten. Es gilt daher die Innovationsideen mit den Erkenntnissen der Restriktionsanalyse der letzten Kapitel zu verbinden. Zweitens: Es geht um «Bausteine», nicht um ein fertiges Haus mit einem detaillierten Bauplan. Ein solches wäre aufgrund des prozessualen Charakters einer Nachhaltigen Entwicklung auch gar nicht möglich. Die Bausteine sind einerseits konkrete Beiträge zu diesem Prozess und sollen andererseits für die «Kunst der ökologischen Innovation» sensibilisieren, das heisst für die Fähigkeit, neue Lösungsansätze mit geschickter Restriktionsüberwindung zu verbinden: bei den Unternehmen, in der Politik und bei der Ausgestaltung von Innovationskooperationen.

8 Wandlungsfähigkeit und Vernetzung: Strategien zur Umsetzung ökologisch nachhaltiger Unternehmensinnovationen

Zusammenfassung

Grundlegende ökologische Produktveränderungen, funktions- sowie bedürfnisorientierte Lösungen sind die Schlüssel für eine ökologisch überzeugende Innovationsoffensive von Unternehmen. Sie scheitern selten an technischen Hürden oder zu hohen Kosten. Wichtigstes Hindernis für eine Durchsetzung sind vielmehr die Nutzen- und Wahrnehmungsmuster von Kunden. Diese Muster sind nicht starr. Sie befinden sich in dauernder Bewegung und können durch die bessere Zusammenarbeit von Unternehmen mit Kunden, Wettbewerbern und wichtigen Anspruchsgruppen ökologisch mitgestaltet werden. Dies erfordert flexible und experimentierfreudige Unternehmen.

Angesichts der vorangegangenen Analysen steht ein ökologisch bewusstes Management heute vor einem Dilemma: Auf der einen Seite bieten sich ihm Möglichkeiten zu Prozess- und Produktinnovationen. Für diese Art der Innovationen gibt es heute schon marktliche und politische Anreize bzw. Sanktionen. Die Unternehmen sind mit diesen Formen der Innovation vertraut. Doch das ökologische Potential solcher Innovationen nimmt immer mehr ab und überdies ist der tatsächliche ökologische Erfolg kaum abzuschätzen: Ausdifferenzierungs- und Wachstumseffekte können ökologisch scheinende Prozess- oder Produktinnovation sogar zu «Trojanischen Pferden» werden lassen.

Auf der anderen Seite präsentiert sich dem Management die Perspektive von funktions- und bedürfnisorientierten Innovationen: Ihr ökologisches Potential scheint gross. Zudem können kontraproduktive, systemische Effekte bei der Anwendung solcher Innovationen viel eher ausgeschlossen werden als bei Prozess- und Produktinnovationen. Jedoch ist die Akzeptanz dieser Innovationen am Markt bisher gering, ihre Umsetzung erfordert ein grundlegendes Umdenken und Umsteuern in Unternehmen.

Welche Konsequenzen sind aus diesem Dilemma zu ziehen? Was sind die ökologischen Innovationsstrategien für Unternehmen von morgen? Zwei Aspekte sind für die Beantwortung dieser Fragen von zentraler Bedeutung:

1. Die Analyse der unternehmerischen Innovationsformen hat verdeutlicht, dass ökologische Prozess- und Produktinnovationen für sich allein keine ökologisch nachhaltige Perspektive bieten. Der Blick von Unternehmen muss weiter reichen. Er muss die Funktions- und Bedürfniszusammenhänge der Produkte sowie der gesamten Unternehmenstätigkeit miteinbeziehen. Die Funktions- und Bedürfnisorientierung bedeutet nicht den Verzicht auf ökologische Prozess- und Produktveränderungen, diese müssen vielmehr durch weitergehende Innovationsperspektiven ergänzt werden.
2. Wenn funktions- und bedürfnisorientierte Innovationen heute noch an den Nutzen- und Wahrnehmungsmustern von Kunden und Anwendern scheitern, so darf dies nicht zu einer vorschnellen Absage an diese Innovationsformen führen. Auch auf Prozess- und Produktebene schienen viele technische und ökonomische Hindernisse lange unüberwindbar. Innovationen sind gerade der Ausdruck für kreative Suchprozesse, um solche Blockaden abzubauen. Die Nutzenvorstellungen und Wahrnehmungen von Kunden sind nichts Starres. Sie haben sich in den letzten Jahrzehnten immer wieder gewandelt. Unternehmen haben bei diesen Veränderungen eine wichtige Rolle gespielt. Überwindung von Nutzen- und Wahrnehmungsrestriktionen heisst daher, zusammen mit Kunden und mit Partnern aus Markt, Politik und Öffentlichkeit aktiv zu werden, um ökologisch orientierte Funktions- und Bedarfsansätze und die mit ihnen verbunden Nutzen- und Wahrnehmungsmuster zu gestalten. Anders als Prozess- und Produktinnovationen vollziehen sich diese Neugestaltungen nämlich nicht mehr innerhalb der Unternehmung oder in selektiver Zusammenarbeit mit einzelnen Kunden. Sie erfordern eine neue Dimension der «Umfeldvernetzung» von Unternehmen.

Ziel des vorliegenden Kapitels ist es nicht, lediglich Innovationsbeispiele auf den einzelnen Ebenen aufzuführen. Dies wurde in Kapitel 4 schon getan und ähnliche Beispiele sind auch in der Literatur umfassend dokumentiert (vgl. z.B. Weizsäcker u.a. 1995). Solche Beispiele dienen im weiteren Verlauf nur als Illustration. Im folgenden geht es vielmehr darum, vor dem Hintergrund der beiden gerade erläuterten Aspekte darzustellen, wie Unternehmen innovations*fähig* werden – innovationsfähig im Hinblick auf funktions- und bedürfnisorientierte Lösungen.

Sowohl innerorganisatorisch (d.h. innerhalb des Unternehmens selbst) als auch interorganisatorisch (in der Beziehung des Unternehmens mit Kunden, Wettbewerbern und anderen Anspruchsgruppen) bedeutet die erfolgreiche Umsetzung von umfassenden produkt-, funktions- und bedürfnisorientierten Innovationen eine grosse Herausforderung. Dabei sieht sich ein ökologisch bewusstes Management mit zwei Adressatengruppen und deren Nutzen- und Wahrnehmungsrestriktionen konfrontiert: mit der Belegschaft und mit den Kunden. Im Unternehmen sind alle Mitarbeiterinnen und Mitarbeiter Adressaten. Funktions- und bedürfnisorientierte Innovationen erfordern eine neue Art von Aufgabenverständnis und -bewältigung. Dies schafft sowohl Anreiz- als auch Wahrnehmungsbarrieren bei den Mitarbeiterinnen und Mitarbeitern, die es zu überwinden gilt. Die «interne Wandlungsfähigkeit» von Unternehmen muss hierzu erhöht werden. Diesem Aspekt ist Abschnitt 8.1 gewidmet. Im Verhältnis der Gesamtunternehmung zu ihrer Umwelt sind dagegen die Kunden die relevanten Adressaten von Unternehmensentscheidungen. Funktions- und bedürfnisorientierte Innovationen stossen, wie gezeigt, auch bei ihnen auf Nutzen- und Wahrnehmungsbarrieren. Diese sind am ehesten in enger Zusammenarbeit von Unternehmen mit den Kunden selbst, aber auch mit anderen, das Kundenverhalten prägenden Akteuren (Wettbewerber, Anspruchsgruppen) zu überwinden. Die «Unternehmensvernetzung» ist eine Antwort auf diese Herausforderung. Abschnitt 8.2 illustriert, wie es durch Unternehmensvernetzung möglich wird, umfassenden produkt- sowie funktions- und bedürfnisorientierten Innovationen zum Durchbruch zu verhelfen.

Die Ausführungen zur Unternehmensvernetzung gehen auf die grundsätzliche Notwendigkeit und auf mögliche Formen einer engeren Verflechtung von Unternehmen mit ihrem Umfeld ein. Hingegen wird nichts über die konkrete Ausgestaltung und die Anreizmechanismen in solchen Kooperationen ausgesagt. Diese Fragen greift das Kapitel 10 auf: Akteurnetze sind ein zentraler Katalysator für die Umsetzung ökologisch weitreichender Unternehmensinnovationen. Die Analyse regionaler Akteurnetze gibt Hinweise dazu, wie erfolgreiche Innovationskooperationen ausgestaltet werden können.

8.1 Interne Wandlungsfähigkeit von Unternehmen

Die starke Betonung technischer Hürden bei ökologischen Innovationen hat in der Vergangenheit in den Unternehmen sehr viel Kreativität zur Beantwortung technischer Fragen gebunden. Die Möglichkeiten neuer Problemsichten scheinen dagegen bisher kaum ausgeschöpft. Genau diese braucht es aber für die Durchsetzung von Funktions- und Bedürfnisinnovationen. Anders als prozess- und produktorientierte Verbesserungen stellen sie nicht lediglich Optimierungen im bisherigen Bezugsrahmen, d.h. im Rahmen von bestehenden Produkt- und Verwendungsmustern dar. Sie erfordern vielmehr ein «niveauüberwindendes» Lernen, das die Bezugsrahmen selber hinterfragt, d.h. bestehende Funktions- und Bedürfniskontexte neu interpretiert und sie verändert. Statt eines Anpassungslernens bedarf es vielmehr eines *Veränderungslernens* (vgl. auch Dyllick/Belz 1995 und die dort angegebene Literatur).

Um ein solches niveauüberwindendes Lernen zu ermöglichen, bedarf es einer geeigneten Mischung aus Kreativitätsförderung, Zwängen, neue Lösungen zu suchen, Experimentiermöglichkeiten und konkreten Anreizen für die einzelnen Mitarbeiterinnen und Mitarbeiter, sich solchen Lernprozessen zu stellen. Diesen Bedingungen soll nun im einzelnen nachgegangen werden.

Teamorientierter Führungsstil: Kleine, aufgabenbezogene Organisationseinheiten und ein teamorientierter Führungsstil begünstigen die Kreativität. Sie setzen sich in Branchen, die sich in dynamischen Wettbewerbsumfeldern bewegen, daher immer stärker durch. Gekoppelt mit einem gesteigerten ökologischen Bewusstsein der Belegschaft sind die Voraussetzungen gut, neue ökologische Lösungsansätze zu entwikkeln, die bisherige Grenzen überwinden und gleichzeitig Akzeptanz am Markt finden. So ist zum Beispiel die Ciba (in Zukunft Novartis) heute deswegen eines der innovativen Gross-Chemieunternehmen, weil mit der Anfang der 90er-Jahre umgesetzten «Vision 2000» eine ökologische Neuorientierung mit dezentraleren und flexibleren Organisations- und Entscheidungsstrukturen verknüpft wurde.

Ökonomische Sachzwänge ausnützen: Beim Überwinden von Wahrnehmungsrestriktionen können auch ökonomische Sachzwänge helfen. Sie zwingen das Unternehmen, das bisherige Geschäftsverständnis zu überdenken. Beispiele hierfür sind die Computerindustrie oder die Pflanzenschutzmittelindustrie. So hat sich in der Computerbranche in den letzten Jahren ein Beschleunigungswettbewerb entwickelt, der es den grossen Computerunternehmen immer schwerer macht, ihre erheblichen Forschungs- und Entwicklungsaufwendungen für neue Computergenerationen überhaupt noch über einen ausreichend langen Zeitraum zu amortisieren. Zudem sind die Kunden durch die häufigen Systemwechsel immer stärker überfordert und kaum noch bereit, die Beschleunigungsstrategien der Branche mitzutragen. Hier gewinnen plötzlich Lösungskonzepte an Bedeutung, die sich an den eigentlichen Informationsbedürfnissen der Kunden orientieren und auf sie abgestimmte massgeschneiderte Lösungen anbieten (Paulus 1996). Ein ähnliches Phänomen lässt sich in der Pflanzenschutzmittelindustrie entdecken: Immer höhere Anforderungen an die Spezifität und die ökologischen Nebenwirkungen von Pflanzenschutzmitteln haben in den letzten Jahren die Forschungs- und Entwicklungskosten der Herstellerunternehmen gewaltig ansteigen lassen. Die Amortisation der Investitionen gelingt nur noch für Produkte, die auf verbreiteten Kulturen global eingesetzt werden können. Für Pflanzen mit geringerer Verbreitung lohnt sich die Produktentwicklung nicht mehr und kommt faktisch zum Erliegen. Viele Landwirte sind zudem nicht mehr bereit, steigende Kosten für den Pflanzenschutz und sinkende Agrarerträge hinzunehmen: Sie weichen zunehmend auf biologische oder integrierte Anbaumethoden aus und fordern damit von Pflanzenschutzmittelherstellern neue Lösungskonzepte (Schneidewind 1995a). Ökonomische Sachzwänge, die sich aus der Entwicklungslogik einzelner Branchen ergeben, eignen sich daher durchaus als Mittel zum Aufbrechen von Wahrnehmungsbarrieren innerhalb und ausserhalb des Unternehmens.

Experimente wagen: Oftmals sind Wahrnehmungsrestriktionen in Unternehmen leichter zu überwinden als technische Restriktionen. Sie erfordern keine grossen Forschungsinvestitionen oder eine umfassende staatliche Flankierung (z.B. zur Abfederung von Kostenungleichheiten), sondern vor allem eine andere Problemsicht und – damit zusammenhängend – vermehrt Mut zum Experimentieren: In kleinen Pilotprojekten sind neue Modelle der Problemlösung und ihre Akzeptanz am Markt zu testen. Gerade in forschungsintensiven Branchen wie der Chemie- oder der Computerindustrie erfordern solche «Innovationszellen» nur einen Bruchteil des gesamten F&E-Aufwandes, bergen aber hohe ökologische und ökonomische Potentiale in sich (Schneidewind 1995a).

Innovationsorientierte Anreizsysteme: Innerhalb von Unternehmen treten neben Wahrnehmungs- auch Präferenzrestriktionen auf. So mögen den Mitarbeitern zwar innovative ökologische Lösungsansätze bekannt sein, ob diese Ideen jedoch vorangetrieben werden oder nicht, hängt entscheidend von den Anreizsystemen des Unternehmens ab. Zum Beispiel werden Dienstleistungskonzepte im Pflanzenschutz dann kaum Realisierungschancen haben, wenn Mitarbeiterinnen und Mitarbeiter lediglich nach erzielten Produktumsätzen bewertet werden. Oder in Unternehmen, die sich explizit als «Automobilhersteller» verstehen, sind die Entwicklungsmöglichkeiten für übergeordnete Mobilitätskonzepte gering. Funktions- und bedürfnisorientierte Innovationen benötigen daher für eine erfolgreiche Umsetzung angepasste Anreizmechanismen. Dazu gehören speziell reservierte Mittel für die High-Risk-Forschung, explizite Forschungsfreiräume für F&E-Abteilungen und wiederum eine hohe Entscheidungsdezentralität, um innovative Konzepte schnell umsetzen zu können.

8.2 Unternehmensvernetzung

Unternehmensvernetzungen sind ein weiterer Schlüssel zur erfolgreichen Umsetzung von Funktions- und Bedürfnisinnovationen. Sie funktionieren als eine Art «Strategiedach» für mehrere konkrete Ausprägungen solcher Vernetzungen. Weiterhin erfüllen sie in besonderer Weise die in Kapitel 7 aufgestellten Anforderungen: Durch Einbezug aller relevanten Akteure erhalten Unternehmen erstens die Chance, überhaupt in umfassenden Handlungs- und Gestaltungsperspektiven zu denken, wie sie für funktions- und bedürfnisorientierte Innovationen notwendig sind. Damit wird es zweitens möglich, auf die konkrete Situation der jeweiligen Akteure Rücksicht zu nehmen und ihre Handlungsfreiräume zu erweitern. Drittens erlauben Unternehmensvernetzungen die Überwindung der Wahrnehmungs- und Präferenzrestriktionen der Kunden. Diese drei Aspekte werden im folgenden vertieft.

Relevante Akteure zusammenbringen

Sowohl Funktions- als auch Bedürfnisinnovationen reichen in ihren Auswirkungen und Erfolgsbedingungen weit über die relativ engen Marktbeziehungen hinaus, die Unternehmen normalerweise pflegen müssen. So umfasst ein Funktionsverbund alle Akteure, die Beiträge zur Befriedigung einer bestimmten Funktion für den jeweiligen Anwender leisten. Der Funktionsverbund für die Funktion «individuelle Mobilität» besteht unter anderen aus den Automobilherstellern, ihren Zulieferern, den Planern und Erstellern der Verkehrsinfrastruktur (sowohl Strassen als auch Parkraum) sowie den Serviceanbietern für den Betrieb (Tankstellen, Werkstätten u.s.w.). Sie alle können bei der ökologischen Optimierung der Funktion «individuelle Mobilität» eine wichtige Rolle spielen. Bei Bedürfnisinnovationen reicht der Kontext noch weiter, weil hier nicht nur jene Akteure relevant sind, die einen unmittelbaren Beitrag zur Befriedigung des Bedürfnisses leisten, sondern auch solche, welche die Bedürfniswahrnehmung beeinflussen – wie beispielsweise Medien, Gruppen mit Schlüsselfunktionen für Konsummuster.

Dies verdeutlicht, dass Funktions- und Bedürfnisinnovationen auf sehr viel weitergehende Interaktionen angewiesen sind als andere Innovationsformen wie z.B. Prozess- und Produktinnovationen. Diese weiterführenden Interaktionen werden jedoch nicht über den Markt vermittelt. Unternehmen müssen sich vielmehr selbst um die Koordination mit den Partnern bemühen: Es bedarf der Unternehmensvernetzung mit dem Umfeld.

Handlungsfreiräume erweitern

Marktstrukturen erschweren in den meisten Branchen die Durchsetzung von funktions- und bedürfnisorientierten Strategien. Sie zwingen Unternehmen, sehr viel kurzfristiger und weniger weitreichend zu handeln als dies aus ökologischer Sicht notwendig wäre, um die eigene Wettbewerbsfähigkeit nicht zu gefährden. Netze und Kooperationen sind ein Weg, um heutige Marktkräfte ökologisch zu transformieren. Dies ist auf verschiedene Weise möglich.

Kooperationen statt Markt

Diese liegen vor, wenn sich Unternehmen entlang des Produktlebenszyklus oder Wettbewerber untereinander nicht mehr über den Markt koordinieren, sondern kooperieren, um weitreichendere ökologische Lösungen durchzusetzen. Kooperationen für branchenweite Entsorgungslösungen wie zum Beispiel im Elektronikbereich (SWICO) repräsentieren diese Art der Kooperation.

Kooperationen für einen anderen Markt

Solche Kooperationen zielen weiterhin auf die marktliche Koordination zwischen den Akteuren, wollen jedoch die Rahmenbedingungen verändern, unter denen diese Koordination stattfindet. Unternehmerinitiativen für eine ökologische Steuerreform sind Beispiele für diese Art der Kooperation.

Kooperationen für mehr Markt

Kooperationen können jedoch auch dazu dienen, Marktkräften wieder mehr Wirkung zu verleihen, wenn diese ökologischen Fortschritten zuträglich sind. Dies ist insbesondere dann der Fall, wenn einzelne Monopolisten oder eine kleine Gruppe von Oligopolisten ökologischen Fortschritt verhindern. Durch die Kooperation von kleineren Wettbewerbern (aber auch durch Kooperation mit Anspruchsgruppen) kann es gelingen, Wettbewerbsdruck auszulösen und damit den Marktkräften wieder zur Wirkung zu verhelfen. Die Kooperation des Kühlschrankherstellers DKK Scharfenstein mit Greenpeace zur Durchsetzung von FCKW-freien Kühlschränken ist hierfür ein eindrucksvolles Beispiel.

In allen diesen Fällen dienen Kooperationen dazu, die Handlungsfreiräume von Unternehmen angesichts der bestehenden marktlichen Strukturen zu erweitern. Diese Freiräume vergrössern die Chance für funktions- und bedürfnisorientierte Lösungsansätze.

Überwindung von Wahrnehmungs- und Nutzenrestriktionen

Unternehmenskooperationen eignen sich schliesslich zum Aufbrechen von Wahrnehmungs- und Nutzenrestriktionen – sowohl auf der Ebene der innovierenden Unternehmen als auch auf der Ebene der Kundinnen und Kunden. Innerhalb von Kooperationen verständigen sich die beteiligten Akteure auf Ziele und Vorgehensweisen. Dieser Prozess der Verständigung erfordert von jedem Partner, sich intensiv mit den Argumentationen aller Beteiligten auseinanderzusetzen – und auch eigene Positionen zu hinterfragen. Die Veränderung von Wahrnehmungen von Kundinnen und Kunden ist häufig ein aufwendiges Unterfangen und benötigt erhebliche Mittel für eine entsprechende Informations- und Kommunikationspolitik – Mittel, die ein einzelnes Unternehmen kaum alleine aufbringen kann. Unternehmenskooperationen sind ein Weg, die benötigten Ressourcen gemeinschaftlich zu mobilisieren.

Tabelle 8.1
Ökologische Kooperationsformen zur Durchsetzung von funktions- und bedürfnisorientierten Unternehmensinnovationen

	Vertikale Kooperationen	Horizontale Kooperationen	Laterale Kooperationen
Ansatzpunkte	Erlangung konkreter Kosten- und Differenzierungsvorteile unter bestehenden Marktbedingungen für einzelne Unternehmen	Mitgestaltung der marktlichen Rahmenbedingungen zur Förderung eines ökologisch orientierten Wettbewerbs für die gesamte Branche	Beeinflussung der gesellschaftlichen, politischen und marktlichen Rahmenbedingungen unternehmerischen Handelns
Partner	Einzelne Unternehmen entlang der Wertschöpfungskette	Mehrheit oder alle Unternehmen einer Branche	Unternehmen, politische Institutionen (Gesetzgeber, Behörden), öffentliche Anspruchsgruppen

Formen der Vernetzung

Die Unternehmenskooperation ist eine allgemeine Strategie, die unterschiedliche konkrete Ausprägungsformen haben kann. Im folgenden werden drei Grundformen von Unternehmenskooperationen vorgestellt: Vertikale Kooperationen entlang der Wertschöpfungskette, horizontale Kooperationen auf der gleichen Wertschöpfungsstufe und laterale Kooperationen mit dem gesellschaftlichen Umfeld. Dabei treten diese Kooperationsformen in der Praxis oft auch gemischt auf. Tabelle 8.1 vermittelt einen ersten Überblick über die Kooperationformen (vgl. auch Schneidewind 1995b).

Vertikale Kooperationen entlang der Wertschöpfungskette

Bei vertikalen Kooperationen kooperieren einzelne Unternehmen entlang der Wertschöpfungskette, um Differenzierungs- und Kostenvorteile zu erlangen. Hierdurch soll die Umsetzung von funktions- und bedürfnisorientierten Lösungen im Markt erleichtert oder ermöglicht werden.

Als Illustration für vertikale Kooperationen seien die Strategien der schweizerischen COOP in den Produktbereichen «biologisch angebaute Lebensmittel» und «Textilien aus biologischer Baumwolle» angeführt (vgl. Kasten). Landwirt-Gastwirt-Kooperationen bei der Vermarktung regionaler biologischer Lebensmittel zielen in die gleiche Richtung. Diese Form der kooperativen Direktvermarktung ermöglicht es Landwirten, höhere Preise für ihre Produkte zu erzielen. Den Gastwirten eröffnen sich gleichzeitig Differenzierungsmöglichkeiten durch das Angebot besonders frischer regionaler Bioprodukte. Auch die Kooperationen von Farbenherstellern mit ihren Anwendern zur Optimierung von Lackier- und Farbprozessen bezwecken ökologische Verbesserungen bei gleichzeitigen Kosteneinsparungen.

Vertikale Kooperationen des schweizerischen Handelsunternehmens COOP

Mit dem COOP-Natura-Plan versucht die COOP in Produktbereichen wie Obst, Gemüse, Milch und Fleisch den Anteil biologisch angebauter Produkte am Gesamtumsatz bis zum Jahr 1998 auf 20% zu steigern. Eine solche Umstellung hat erhebliche Rückwirkungen auf den Funktionsverbund zur Herstellung landwirtschaftlicher Produkte, da grosse Teile der Landwirte ihre Produktion auf Anbaumethoden des biologischen Landbaus umstellen werden. Im Rahmen des COOP-Natura-Plans versucht die COOP ein umfassendes Netz biologischer Landbauern zu etablieren, indem sie Landwirte aktiv zur Umstellung ihrer Produktion motiviert. Dieses Netz soll der COOP die Lieferung der benötigten Mengen gewährleisten und sichert gleichzeitig den biologischen Landbauern den Absatz ihrer Produkte. Es zeigt sich, dass durch die unternehmerische Vernetzung der Aufbau eines ökologischen Massenmarktes gelingen kann und Widerstände gegenüber biologischen Anbaumethoden gebrochen werden können. Solche Vernetzungen sind daher wichtige Wegbereiter für ökologisch sinnvolle Veränderungen des Funktionsverbundes «landwirtschaftliche Produktion».
Ähnliches gilt für den Produktbereich «Natura-Line» der COOP. Unter diesem Namen bietet die COOP seit September 1995 ein umfassendes Sortiment von Textilien aus biologisch angebauter Baumwolle an. Fast das gesamte Unterwäschesortiment der COOP ist aus dieser Baumwolle produziert. Diese stammt aus einem biologischen Anbauprojekt in Maikaal/Indien, dessen Ausweitung auf die Produktionsstufen Spinnerei, Strickerei, Veredlung und Konfektion die COOP in Kooperation mit einem Garnhändler und einem Konfektionär vorangetrieben hat. Durch die Kooperation wurden für alle Partner in der Kette die wirtschaftlichen Unsicher-

heiten, die mit einer solchen Produktumstellung verbunden sind, erheblich gesenkt. Dank der breiten Umstellung und dem professionellen Kooperationsmanagement gelingt es, die Kosten für die ökologisch verbesserten Textilien nur unwesentlich über jenen der bisherigen Ware zu halten. Die Produkte werden von der COOP in den Filialen zu den gleichen Preisen wie bisher die konventionelle Ware angeboten. Auch hier ist das Netzwerk Motor für eine umfassende Funktionsverbundsinnovation im Baumwollanbau. Zudem fliessen in dieses Projekt Bedürfnisaspekte ein. Die um das Maikaal-Projekt herum initiierte Kooperation ist nicht nur Mittel zur Durchsetzung einer möglichst effizienten Herstellung von Öko-Textilien, sie wird selber zum marktlich nutzbaren Aspekt: Indem COOP das Maikaal-Projekt in seiner Kommunikation an die Kundinnen und Kunden betont, werden diese für die ökologischen und sozialen Implikationen des Baumwollanbaus im allgemeinen sensibilisiert. Die Befriedigung des Bedürfnisses nach Bekleidung wird dadurch in der Wahrnehmung und bei der Präferenzbildung der Konsumentinnen und Konsumenten durch neue Aspekte beeinflusst.

Horizontale Kooperationen auf der gleichen Wertschöpfungsstufe

Horizontale Kooperationen werden von einer Mehrheit oder von allen Unternehmen einer Branche/Wertschöpfungsstufe eingegangen. Sie zielen auf die Mitgestaltung der marktlichen Rahmenbedingungen zur Förderung eines ökologisch orientierten Wettbewerbs. Dies kann z.B. über die faktische Vorwegnahme politischer Rahmenbedingungen durch Branchenselbstverpflichtungen oder über die Erhöhung der Markttransparenz durch die Einigung auf eine einheitliche ökologische Kennzeichnung von Produkten und Dienstleistungen geschehen. Dies sei am Beispiel von Entsorgungsproblemen illustriert:

In Branchen wie der Lebensmittelbranche, der Computerbranche oder der Baubranche ist die Entsorgung der hergestellten Produkte bzw. Produktverpackungen ein zentrales ökologisches Problem. In der Regel gilt es einen gesamten Funktionsverbund (Hersteller, Verwender, Entsorger, Reparatur-, Recylingbetriebe, etc.) zu optimieren, um die Entsorgungsprobleme ökologisch befriedigend zu lösen. Vorstellbar wäre, dass ein ökologisch orientierter Wettbewerb zwischen unterschiedlichen Herstellern zur Konkurrenz verschiedener Entsorgungssysteme und dadurch zu einer ständigen ökologischen Optimierung der Entsorgungskonzepte führt. Die Praxis zeigt jedoch, dass eine solche ökologisch produktive Marktdynamik faktisch nicht zu beobachten ist. Wegen fehlender gesetzlicher Rahmenbedingungen, einem zu geringen Stellenwert des Entsorgungsproblems beim Kunden und insbesondere der Bedeutung von Mengeneffekten (Economies of Scale) bei Entsorgungslösungen blockiert die marktliche Koordination in der Regel die Lösung von Entsorgungsfragen. Horizontale Kooperationen, die auf eine branchenweite Entsorgungslösung zielen, können dagegen solche Blockaden auflösen. In einer solchen Kooperation sind sowohl die technischen Infrastrukturen als auch die geeigneten Anreizsysteme zu schaffen, die zur abfallseitigen Optimierung der Funktionsverbünde führen, in die die betroffenen Produkte eingebunden sind. Ein Beispiel hierfür ist die vorgezogene Entsorgungsgebühr für Elektronikgeräte im Rahmen der SWICO in der Schweiz (Monteil 1994). Derartige Branchenlösungen schaffen nicht nur ausreichende, lizenzierte Entsorgungskapazitäten, sondern geben allen Herstellern auch Anreize zur Produkt- und Funktionsoptimierung, etwa in Form von Leasing- und Dienstleistungsangeboten. Die Versuche in Deutschland und Österreich, ökologisch effektive privatwirtschaftlich organisierte Systeme zur Entsorgung von Verpackungsabfall zu errichten, zielen in die gleiche Richtung. Jedoch ist ihr ökologischer Erfolg nicht eindeutig zu bestimmen.

Laterale Kooperationen mit dem Umfeld

Laterale Kooperationen umfassen neben Unternehmen auch politische Institutionen (wie den Gesetzgeber oder Behörden) und öffentliche Anspruchsgruppen (wie die Medien und die Umweltschutzorganisationen). Sie ermöglichen eine umfassende Prägung der Wahrnehmungen und Präferenzen sowohl der an der Kooperation Beteiligten als auch von Konsumenten und der Öffentlichkeit. Im folgenden seien einige Beispiele für laterale Kooperationsformen dargestellt:

Regionale Kooperationen sind wichtig, weil sie Funktionsverbünde und Bedürfnisstrukturen auch über Branchen hinweg neu gestalten können. Herstellung, Konsum und Transportbelastungen entlang des Produktlebenszyklus etwa in den Bedürfnisfeldern «Ernähren», «Wohnen» und «Freizeit» können durch Regionalisierungsstrategien erheblich ökologisch entschärft werden. Durch die Verbindung bisher rein marktlicher Austauschbeziehungen mit identitätsstiftenden Faktoren wie einem Regionalbewusstsein ermöglichen Regionalisierungsstrategien erhebliche Veränderungen von Präferenz- und Wahrnehmungsstrukturen.

Unternehmenskooperationen – Perspektive ohne ordnungspolitischen Schatten?

Aus einer ordnungspolitischen Sicht ist das Plädoyer für mehr Unternehmenskooperationen auf den ersten Blick durchaus problematisch. Denn es kann zu einer Konzentration von Macht in der Hand solcher Kooperationen und damit zur Gefahr eines Machtmissbrauchs führen. In freiheitlich und marktwirtschaftlich geprägten Gesellschaftsordnungen wird daher in der Regel versucht, die Machtkonzentrationen in der Hand wirtschaftlicher Akteure – z.B. mit Kartellgesetzen – zu verhindern. In der Wirtschaft treten trotz solcher Regulierungen dennoch dauernd Machtungleichgewichte auf: So z.B. in Form von Schlüsselakteuren in Wertschöpfungsketten, die erheblichen Einfluss auf ihre Lieferanten haben, oder Grossunternehmen, die politische Prozesse, die öffentliche Wahrnehmung oder die Setzung technischer Standards in besonderem Masse beeinflussen. Der Einsatz dieser Macht führt dabei häufig auch zur Verhinderung ökologischer Fortschritte in Branchen oder im politischen Prozess. Angesichts der empirischen Relevanz von Machtkonzentrationen in der Wirtschaft – trotz aller gegenläufigen politischen Bemühungen – ist es von zentraler Bedeutung, nach welchen Kriterien sich der Einsatz dieser Macht öffentlich legitimiert. Diese legitimatorische Herausforderung stellt sich bestehenden mächtigen Akteuren und Verbänden genauso wie neu entstehenden ökologisch motivierten Kooperationen.

Kooperationen mit externen Anspruchsgruppen wie zum Beispiel Umweltschutz- und Konsumentenorganisationen erfüllen eine zweifache Funktion: Einerseits tragen sie bei den Unternehmen zu einer Sensibilisierung für ökologische Probleme bei, die aufgrund unternehmensbezogener Wahrnehmungsfilter sonst gar nicht erfasst worden wären (vgl. Belz 1995: 244 ff.). Zum anderen können solche Kooperationen auch die Durchsetzung von ökologisch orientierten Produkt- und Dienstleistungsalternativen am Markt unterstützen. So gewährleistet die Kooperation mit Umweltschutzverbänden dem Kunden eine hohe Glaubwürdigkeit der angebotenen Produktalternative. Zum Teil kann die Unterstützung sogar in der Mobilisierung der Kommunikationsmöglichkeiten von Umweltschutzorganisationen bestehen. Das Beispiel des FCKW-freien Kühlschranks der DKK-Scharfenstein Deutschland ist dafür ein Beispiel: Seine Durchsetzung am Markt gelang erst durch die massive öffentliche Unterstützung durch die Umweltschutzorganisation Greenpeace.

Die gezielte *Etablierung von neuen Koordinationsinstrumenten* ist eine weitere wichtige Stossrichtung lateraler Kooperationen. Zu solchen Koordinationsinstrumenten gehören alle Mechanismen, die entweder die Transparenz (Wahrnehmungsrestriktionen) oder die Anreizmuster (Präferenzrestriktionen) im Wirtschaftsprozess ökologisch orientiert verändern: Die Etablierung elektronischer Märkte für eine höhere Transparenz über ökologische Produktangebote ist ein Beispiel hierfür. Die kooperative Festlegung von Kriterien für ökologische Unternehmens- und Produktbewertungen ein weiteres.

8.3 Fazit und Ausblick

Um Wahrnehmungs- und Nutzenrestriktionen zu überwinden, muss das Handeln von Unternehmen flexibler und kreativer werden. Dies geschieht dadurch, dass sich sowohl die internen Strukturen als auch die externe Kopplung von Unternehmen mit ihrer Umwelt zügig verändern können. Die interne Wandlungsfähigkeit und die Umfeldvernetzung sind daher Schlüssel zur Durchsetzung von Funktions- und Bedürfnisinnovationen von Unternehmen.

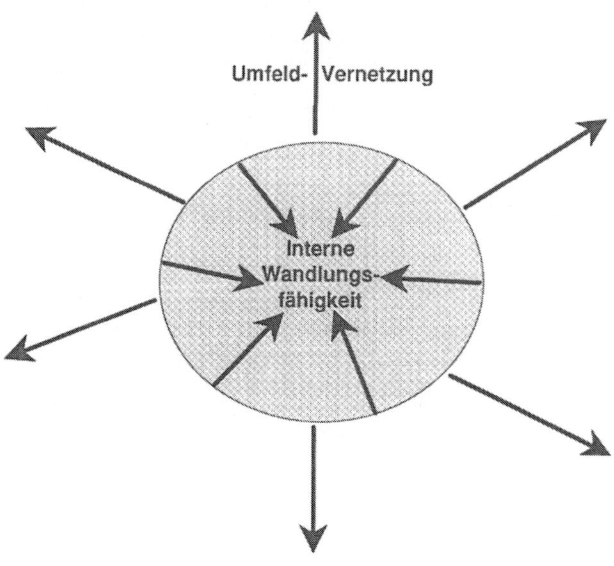

Abbildung 8.1
Interne und externe Flexibilisierung von Unternehmen

Dabei bedeutet die postulierte Vernetzungsoffensive nicht die Verdrängung von Markt, sondern lediglich die Etablierung eines neuen Gleichgewichtes zwischen Markt und Kooperation, wie es schon bei der Analyse von regionalen Akteurnetzen im 6. Kapitel aufgezeigt wurde. Kapitel 10 wird demonstrieren, wie Plattformen erfolgreich implementiert werden können, die eine breitere Umfeldvernetzung von Unternehmen ermöglichen. Daran sind auch politische Akteure beteiligt. Denn die Umsetzung politischer Innovationsperspektiven ist -wie im folgenden Kapitel gezeigt- ebenfalls auf Kooperationen angewiesen.

9 Ökologisch orientierte Wirtschaftspolitik – zur Integration von ökologischer Grobsteuerung und Wirtschaftspolitik

Zusammenfassung

Die Ökologische Grobsteuerung ist die zentrale Innovationsperspektive auf der Politik-Ebene. Nicht Perfektionierung der heutigen Feinsteuerung, sondern die Konzentration auf strategische Einflussgrössen wie Energie, Material, Raum, Mobilität und Gefährdungspotentiale verspricht den Durchbruch in Richtung Nachhaltige Entwicklung – und vermag gleichzeitig entscheidende Beiträge zur Lösung der heute drängenden wirtschaftspolitischen Probleme zu leisten, insbesondere der Arbeitslosigkeit und der Finanzknappheit bei öffentlichen Haushalten. Diese Integration ökologischer und ökonomischer Handlungserfordernisse im Sinne einer «ökologisch orientierten Wirtschaftspolitik» erlaubt es Wahrnehmungs- und Nutzenrestriktionen gegenüber ökologischen Anliegen zu überwinden, zumindest jedoch entscheidend abzubauen. Im vorliegenden Kapitel werden folgende konkreten Strategien behandelt: Der Abbau von Subventionen und weiterer ökologisch problematischer «nichtmarktlicher Privilegien», die ökologische Steuerreform, das Minimalkostenprinzip als Strategie zum Einsparen von Kosten und zur Schonung von Ressourcen sowie das «Prinzip Materialverantwortung».

9.1 Einleitung

Wozu Strategien für den Staat? Angesichts der heutigen Erfolglosigkeit einer an den Erfordernissen der Nachhaltigen Entwicklung orientierten Umweltpolitik scheint der Schluss nahe, sich besser auf jene Handlungsbereiche zu konzentrieren, in denen tatsächlich ökologisch motivierte Innovationen möglich und ausgewiesen sind: auf der Unternehmensebene unter Berücksichtigung der Beschleunigungsmöglichkeiten von Akteurnetzen. Anstrengungen auf der politischen Ebene scheinen geradezu als unnütze Mühe!

In der Tat sind Innovationen im Unternehmensbereich und innovative Akteurnetze unerlässlich und deshalb voranzutreiben. Über sie läuft der gesellschaftliche Suchprozess in Richtung Nachhaltiges Wirtschaften. Über sie sind letztlich auch Rahmenbedingungen nur veränderbar, weil sie selbst Teil des demokratischen Prozesses sind, in dem der Interessenausgleich stattfindet. Gleichzeitig wurde in Kapitel 7 aber deutlich, dass es entsprechender Rahmenbedingungen und Strukturen bedarf, welche die positiven ökologischen Effekte dieser Innovationen unterstützen und – im volkswirtschaftlichen Gesamtzusammenhang – erhalten. Dies zu gewährleisten bleibt unverzichtbare Aufgabe der Umweltpolitik beziehungsweise einer ökologisch bewussten Wirtschaftspolitik.

Ständiger Orientierungspunkt bleibt dabei die im 2. Kapitel vorgestellte *Idee der Nachhaltigen Entwicklung* mit den dazugehörigen Kernpostulaten «Biosysteme – Artenvielfalt», «lebenswerte Natur- und Kulturlandschaft», «Schutz erneuerbarer» und «nicht erneuerbarer Ressourcen», «Absorptionsfähigkeit der Ökosysteme», «Gross-Risiken» und «Verbot der Problemverschiebung».

Diese Postulate und die Erkenntnisse aus der kritischen Auseinandersetzung mit den Möglichkeiten und Grenzen einer emissionsorientierten Politik der ökologischen Feinsteuerung liessen uns in der *Ökologischen Grobsteuerung* die erfolgversprechende Innovationsperspektive erkennen. Es kann daher nicht darum gehen, die umweltpolitische Blockade durch Aktivismus im Feinsteuerungsbereich brechen zu wollen. Im Gegenteil, die heutige Vorliebe für Innovationen im Feinsteuerungsbereich ist selbst mehr Symptom der umweltpolitischen Krise als Instrument zu ihrer Lösung. Zukunftsweisende Strategien müssen sich deshalb auf die strategischen Grobsteuerungsbereiche Energie, Material inkl. Abfälle, Raum, Mobilität und Gefährdungspotentiale konzentrieren.

Um jedoch zu einer Grobsteuerung zu kommen, bedarf es einer neuen Problemwahrnehmung. Dabei scheint uns die wirkliche Wahrnehmungsschwäche nicht so sehr in einer mangelnden Problemwahrnehmung im Umweltbereich zu liegen, sondern in der *selektiven Wahrnehmung* ökologischer Probleme einerseits und genereller ökonomischer Probleme der Schweiz und vieler anderer Industrieländer andererseits. Unsere Arbeitsthese besagt, dass die heutige Blockierung in der Umweltpolitik nicht nur an ungeschicktem Strategiedesign krankt, sondern vor allem an einem gesellschaftlichen Wahrnehmungsdefekt bezüglich der tatsächlichen ökonomisch-ökologischen Problemlage leidet.

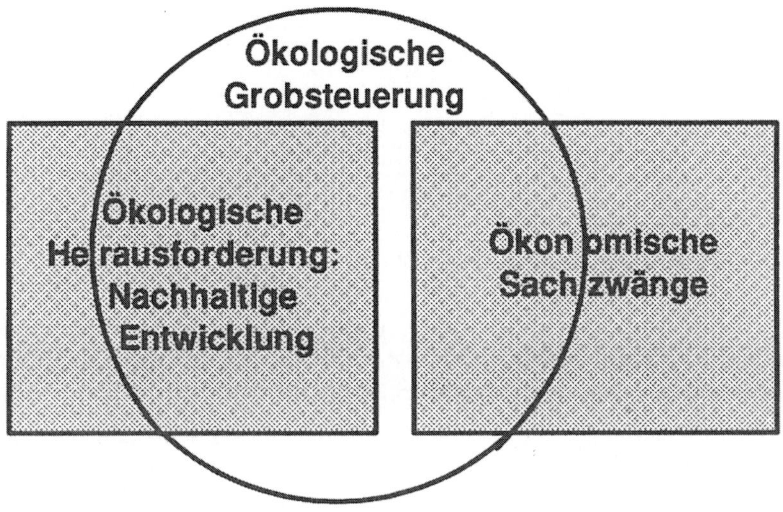

Abbildung 9.1
Ökologische Grobsteuerung: Innovationsperspektive für Umwelt und Wirtschaft

Diesen Wahrnehmungsdefekt gilt es offenzulegen und darzutun, dass umweltpolitische Strategien – sinnvoll ausgestaltet – nicht nur ökologisch, sondern auch im engeren Sinne ökonomisch an der Schwelle zum Jahr 2000 eine Notwendigkeit darstellen. Wir konzentrieren uns deshalb im folgenden auf *nichtökologische Sachzwänge*: auf Problemlagen und Entwicklungstrends, die als umweltpolitische Hebel erkannt und eingesetzt werden können. Solche ausserökologischen Sachzwänge sollen die Wahrnehmung aus dem engen umweltpolitischen «Korsett» befreien und einen Blick auf integrale Lösungsansätze einer ökologisch orientierten Wirtschaftspolitik ermöglichen (Abb.9.1). Konkret geht es darum, Wahrnehmungsmuster grundsätzlich zu überdenken und insbesondere sektorielle Problemlösungsansätze zu überwinden. Dies gilt sowohl bezüglich der Problemwahrnehmung als auch bei der Gestaltung neuer Instrumente und Lösungsansätze.

9.2 Motoren der Veränderung – Neue Argumente für eine Politik der Nachhaltigen Entwicklung

Leitgedanke ist, die «Kraft» bestehender Sachzwänge dazu zu benützen, ohnehin nötig werdende ökonomische Reformen mit positiven ökologischen Wirkungen zu koppeln. Sachzwänge nötigen zum Verlassen von gewohnten Pfaden und fordern die Suche nach neuen Lösungen. Zwei wichtige, die heutige wirtschaftspolitische Debatte dominierende Sachzwänge sind die Beschäftigungsproblematik und die Finanzknappheit der öffentlichen Haushalte.

Sachzwang Beschäftigungsproblematik

Die Arbeitslosigkeit hat sich in den letzten 20 Jahren immer weiter verschärft. Obwohl die Sicherung der Vollbeschäftigung zu den zentralen Aufgaben der Wirtschaftspolitik gehört, hat die Politik bisher keine überzeugenden Beschäftigungskonzepte vorgelegt. Sie setzt vielmehr weiter auf das Wachstum, von dem sie sich positive Beschäftigungseffekte erhofft. Abgesehen von der Schwierigkeit, Wachstum zu induzieren, das nicht inflationär verpufft, bleibt der längerfristige Erfolg bezüglich Beschäftigung äusserst vage. Es gibt gute Gründe und empirische Hinweise dafür, dass das Wachstum vor allem Rationalisierungsinvestitionen auslöst und damit gesamtwirtschaftlich zu einer sinkenden Arbeitsintensität führt (Binswanger/Frisch/Nutzinger 1983: 139 ff.). Dem Beschäftigungsproblem ist so nicht beizukommen.

Das Beschäftigungsproblem wird zudem durch einen **Globalisierungstrend** verschärft, der alle Volkswirtschaften erfasst. Dieser Trend zur Globalisierung der Wirtschaft hat beinahe schicksalshafte Züge, dem die einzelnen Nationen, vorab die kleinen, relativ hilflos ausgeliefert sind. Die international erfolgreiche Liberalisierung des Welthandels im Rahmen des GATT – mit dem vorläufigen Schluss- und Höhepunkt der sogenannten Uruguay-Runde und der Gründung der WTO – setzte einen beschleunigten Strukturwandel in Gang, wobei sich die internationale Arbeitsteilung dauernd weiter ausdifferenziert. An die Stelle der (mittlerweile geradezu traditionellen) multinationalen Unternehmungen treten zunehmend global agierende Wertschöpfungsketten, über die nationale wirtschaftspolitische Massnahmen international «verpuffen». Pointiert zugespitzt ist von einer schleichenden Entmachtung nationaler Politik allgemein und der Wirtschaftspolitik im speziellen auszugehen. Nationale Politik erreicht je länger je mehr nur noch kleine und mittlere Unternehmen, die auf lokale Produktionsfaktoren und Märkte mit einem Gebietsschutz angewiesen sind. Nationalisiert bleibt allerdings auch die Beschäftigungspolitik und die Arbeitslosigkeit. Und sie verkommt mehr und mehr zur wirkungslosen Symptombekämpfung. Was zu Recht als wichtiger Durchbruch zu einer erfolgreichen Beschäftigungspolitik galt – die auf die Arbeiten des Ökonomen Keynes zurückgehende *Integration des Beschäftigungsziels ins wirtschaftliche Zielsystem* und damit die Übernahme der Verantwortung für eine vollbeschäftigte Wirtschaft durch die Wirtschaftspolitik – geht nunmehr wieder *verloren.* Beschäftigungspolitik droht wieder zu einer von der Wirtschaftspolitik abgekoppelten, auf blosse Symptombekämpfung verwiesene Teilpolitik zu werden. Sie teilt damit das gleiche Schicksal wie die heutige Umweltpolitik: abgekoppelt von der «grossen» Politik bleibt dieser bloss festzustellen, dass die Vertiefung der internationalen Arbeitsteilung auf der Basis der ökologisch kontraproduktiven Verbilligung des Produktionsfaktors Natur geschieht (5. Kapitel). Verlierer sind die Arbeit und die Natur.

Im Lichte dieser Analyse ist zu fragen, ob die parallele Marginalisierung von nationaler Umwelt- und Beschäftigungspolitik nicht die Chance für neue Politikansätze birgt, die helfen, aus den skizzierten Mustern auszubrechen. Denn auch in der Umweltpolitik ist es nur ein Gemeinplatz, angesichts der beschriebenen Problemlagen verstärkte umweltpolitische Anstrengungen auf globaler Ebene zu fordern. Die Notwendigkeit solcher Anstrengungen sei nicht in Frage gestellt, unserer Meinung nach falsch ist allerdings der Alleingültigkeitsanspruch, mit dem diese Forderung oftmals vorgetragen wird. In dieser Situation sind alle Akteure zum Handeln aufgerufen. Und genauso, wie ökologische Innovationen der Unternehmungen und der Akteure regionaler Netze notwendige «Vorleistungen» sind zur Ökologisierung der Wirtschaft als Ganzes, sind nationale Strategien als Pfadfinder zu einer ökologisch nachhaltigen Weltwirtschaft unverzichtbar.

Sachzwang Finanzknappheit

Der zweite zentrale ausserökologische Hebel für eine Politik der Nachhaltigen Entwicklung ist die Finanzknappheit bei den öffentlichen Haushalten, die in letzter Zeit geradezu dramatische Ausmasse annimmt. Es ist dies ein Problem, das sämtliche Staaten des industrialisierten Nordens betrifft und neben der Beschäftigungsfrage *das* wirtschaftspolitische Thema der aktuellen Diskussion. Die Finanzknappheit hat ein Ausmass angenommen, das sogar lange als gesichert geglaubte sozialstaatliche Einrichtungen zu gefährden scheint. Sparen, sogar sozialer Abbau, aber auch das Erschliessen neuer Einnahmequellen prägen die finanzpolitischen Strategiedebatten. Angesichts dieser Sachlage wird auch die Umweltpolitik nicht «ungeschoren» davonkommen. Dabei wird es von zentraler Bedeutung sein, Sparpotentiale zu bezeichnen, die den umweltpolitischen Status quo nicht gefährden, sondern sogar einen aktiven Beitrag zur Ökologisierung der Wirtschaft leisten könnten! Naheliegend ist hierbei vor allem der Verzicht auf die ökologisch kontraproduktiven Verbilligungsstrategien (Kap. 5).

Weiterhin ist die staatliche Politik der umfassenden administrativen Regulierung nicht nur im Umweltbereich an Grenzen gestossen. Dies ist für den Staat von erheblicher finanzieller Bedeutung. Neue Formen der Regulierung sind daher gefordert, die Umweltschutz materiell nicht in Frage stellen, aber den notwendigen administrativen Aufwand erheblich reduzieren.

Ausserdem gilt es die Folgekosten heutiger Umweltverschmutzung zu beachten. Auch wenn ihre Erfassung schwierig ist und bislang nur unvollständig gelang, zeigen verschiedene Studien (z.B. van Dieren 1995) übereinstimmend eine zunehmende Tendenz dieses Kostentyps. Dies wirkt sich insbesondere auch negativ auf den Wohlstand der Bevölkerung aus. Was im Rahmen der Umweltökonomie schon lange vermutet und theoretisch untermauert wurde (z.B. H.C. Binswanger 1978: 105 ff.; Leipert 1989), wird nun von empirischen Untersuchungen bestätigt: dass eine Abkopplung von BIP-Wachstum und Entwicklung des effektiven Wohlstandes stattfindet. Konkret: In den Industrieländern sinkt seit Mitte der siebziger Jahre der effektive Wohlstand pro Kopf der Bevölkerung, trotz Wachstums des Sozialprodukts (van Dieren 1995: insb. 170 ff.).

Schritte zur Erfassung des «effektiven Wohlstandes»

Aus dem inzwischen reichhaltigen Literaturangebot sei beispielhaft auf den bislang umfassendsten zur Anwendungsreife gediehenen «Index des nachhaltigen wirtschaftlichen Wohlstandes» (Index of Sustainable Economic Welfare – ISEW) hingewiesen. Dieser von Daly und Cobb (1989) entwickelte Ansatz geht vom persönlichen Konsum als Basis des wirtschaftlichen Wohlstandes aus, wie er im Rahmen der traditionellen volkswirtschaftlichen Gesamtrechnung errechnet wird. Die Grösse «persönlicher Konsum» wird von einem Index für die Einkommensverteilung korrigiert. Dabei erfährt der Konsum eine stärkere Gewichtung, wenn die Einkommensverteilung gleichmässig verläuft, und eine schwächere bei ungleicher Einkommensverteilung. Entscheidend nun ist,

dass auf dieser Grundlage Additionen vorgenommen werden bei Tatbeständen, die den Wohlstand erhöhen. Auf den Wohlstand sich negativ auswirkende Tatbestände werden hingegen abgezählt. Hinzugezählt werden insbesondere die Leistungen der Privathaushalte (berechnet zu Marktpreisen). Abgezählt werden dagegen die Kosten für Arbeitslosigkeit, Berufsverkehr, Verkehrsunfälle sowie Umweltverschmutzung (insbesondere die Kosten aus der Verschmutzung von Wasser, Luft, Boden sowie aus Lärmbelästigungen). Diese Auswahl relativ leicht monetarisierbarer Kosten aus Umweltverschmutzung macht deutlich, dass die ausgewiesenen Kosten nur die Untergrenze der tatsächlichen Umweltkosten darstellen.
Trotz dieser äusserst vorsichtigen Schätzungen ergeben die Studien interessante Resultate: Konkret sank der ISEW pro Kopf in den Vereinigten Staaten seit 1973 um etwa 45%! Berechnungen für andere Industriestaaten ergeben ähnliche Werte. Für die Schweiz liegen zur Zeit keine Daten vor. (Eine aktuelle und ausführliche Auseinandersetzung mit dieser Thematik bietet van Dieren 1995)

Diese Bestandesaufnahme setzt deutliche Warnsignale, denn steigende umweltbedingte Kosten drohen vorerst in Einzelfällen und schliesslich generell zu einem gesamtwirtschaftlich dominanten Kostenfaktor zu werden. Handlungsleitend werden Überlegungen zur Kosteneinsparung allerdings erst, wenn klar wird, dass nachträgliches Beheben von Schäden, wenn überhaupt möglich, wesentlich teurer ist als deren Vermeidung – sofern die Probleme nicht einfach auf spätere Generationen verschoben werden!

9.3 Von den Sachzwängen zu den Strategiebausteinen

Die dargestellten Sachzwänge wirken als treibende Kräfte, um politische Rahmenbedingungen überhaupt ändern zu können. Dieser Druck alleine reicht jedoch noch nicht aus, um tatsächlich innovative Lösungswege zu beschreiten. Um relevante ökologische Innovationen in den Grobsteuerungsbereichen politisch durchsetzen zu können, müssen zuerst die Wahrnehmungs- und Präferenzrestriktionen (Kap. 7) überwunden werden. Es existieren durchaus Strategien, die sowohl die dominierenden gesellschaftlichen als auch die ökologischen Probleme integral lösen, wie die Beispiele der folgenden Abschnitte verdeutlichen – vorausgesetzt, sie berücksichtigen die Präferenzen der betroffenen Akteure.

Neben der Einsicht in die *«ökologische Kraft der ökonomischen Sachzwänge»* sind zur leichteren Einführung der Strategien weitere «Hilfen» notwendig.

Erstens ist die **Kommunikation** zwischen den betroffenen Akteuren wichtig. Gemeinsam erarbeitete und getragene Lösungen führen am ehesten zum Ziel und zu einem dauerhaften Erfolg. Wie diese Kommunikation gefördert und etabliert werden kann, wie bedeutend sie auch für die Lösungssuche auf jeder einzelnen Ebene ist, zeigen die Ausführungen zu den ökologisch orientierten Unternehmenskooperationen (Kap. 8) und verdeutlichen die Strategien zur Förderung von Innovationskooperationen im nächsten Kapitel (Kap. 10).

Zweitens gilt es **Machbarkeitsbeweise** durch positive Beispiele seitens Unternehmen, Verbänden oder rechtlichen Körperschaften zu erbringen. Solche Beispiele zeigen konkrete Möglichkeiten ökologischen Wirtschaftens auf. Wer die Chancen kennt, die neue politische Rahmenbedingungen bieten, wird sich leichter dafür einsetzen können.

Drittens gilt es die **Spielräume einer föderalistischen Staatsstruktur** gezielt zu nutzen. Traditionellerweise wurde – und wird insbesondere heute in der Umweltpolitik, aber auch in der Sozialpolitik – auf neue Fragen eine politische Lösung erarbeitet und dann gewissermassen en bloc, mit der Zustimmung der Bevölkerungsmehrheit bzw. Parlamentsmehrheit für alle Glieder der Gesellschaft verbindlich als *die* Lösung eingeführt. Dieser Ansatz ist entscheidend davon abhängig, dass bezüglich des zu lösenden Problems eine gewisse Einigkeit herrscht. Dies mag für traditionelle Probleme/Aufgaben des Staates, wie z.B. Inflationsprobleme, Zahlungsbilanzkrisen, Massenarbeitslosigkeit und militärische Bedrohungen, mehr oder weniger der Fall sein. Bei der ökologischen Bedrohung ist diese Einigkeit ganz offensichtlich nicht vorhanden. Das Problem wird nicht nur unterschiedlich wahrgenommen, sondern es bestehen insbesondere radikal verschiedene Interessenlagen.

Die Föderalisierung ist eine Antwort auf diese Situation. Im Bereich des Fiskalföderalismus wird sie schon lange praktiziert. Hier wird davon ausgegangen, dass in einem freiheitlichen System die einzelnen Wirtschaftssubjekte nicht nur Güter nach ihren individuellen Präferenzen wählen können, sondern auch ihre ökonomischen Rahmenbedingungen. Dieser Standortwettbewerb ist auf ökologische Probleme übertragbar: Je mehr Freiräume einzelne Gebietskörperschaften in der Gestaltung der ökologischen Rahmenbedingungen besitzen, de-

Für eine Erweiterung der polit-ökonomischen Analyse – Warum neben Nutzen- auch Wahrnehmungsrestriktionen betrachtet werden müssen

Die polit-ökonomische Analyse versucht das Verhalten von Politikerinnen und Politikern dadurch zu erklären, dass sie annimmt, auch diese würden lediglich nach der Maximierung ihres persönlichen Nutzens streben. Politischer Einfluss und ein gesichertes Einkommen sind in der Regel wichtige Komponenten dieses persönlichen Nutzens. Sie lassen sich am besten durch eine regelmässige Wiederwahl gewährleisten. Politiker streben demnach nach einer Stimmenmaximierung. Diese lässt sich dadurch erreichen, dass insbesondere Schlüsselwählergruppen (Medianwähler) ein hoher Nutzen gestiftet wird. Medianwähler sind Wähler, die nicht von vorneherein einem bestimmten politischen Lager zugeordnet werden können und deren Wahlverhalten für den Wahlausgang daher ausschlaggebend ist. Wenn die Nutzenvorstellungen solcher Medianwähler durch ökologische Massnahmen (z.B. Befürchtung geringeren wirtschaftlichen Wohlstandes) besonders beeinträchtigt werden, so erklärt dies das derzeit zu beobachtende Scheitern wichtiger ökologischer Massnahmen.
Die polit-ökonomische Analyse geht jedoch immer von gegebenen Nutzenvorstellungen bei Politikerinnen sowie Politikern und insbesondere bei (Median-)wählern aus. Unsere Diskussion von Wahrnehmungsrestriktionen verdeutlicht, dass eine solche Betrachtung zu kurz greift: Viele ökologische Massnahmen werden heute in den Nutzenvorstellungen von Schlüsselwählern noch mit einem Nutzenverlust (geringeres Einkommen, geringere Lebensqualität) assoziiert. Die Sensibilisierung dafür, dass Instrumente wie eine ökologische Steuerreform oder ein Minimalkostenprinzip helfen, auch Probleme wie die Arbeitslosigkeit oder die öffentliche Finanzknappheit zu entschärfen, zielt gerade darauf, diese heutigen Nutzenannahmen zu korrigieren. Erst die Kombination von Nutzen- und Wahrnehmungsbetrachtung kann daher Wege aus der aktuellen politischen Blockade ökologischer Massnahmen weisen.

sto grösser wird die Chance für die Umsetzung innovativer Strategien, sofern es sich nicht um globale Probleme handelt, wie beispielsweise CO_2-Emissionen. Die Basler Emissionszertifikate sind hierfür ein Beispiel.

Gelingt es einzelnen (Vorreiter-)Regionen, aktuelle ökonomische Sachzwänge unter Einbezug umweltpolitischer Ziele zu lösen – z.B. die Lebensqualität in der Region zu erhöhen und gleichzeitig die Arbeitslosigkeit zu senken –, dann dürften sich solche Strategien auch eher in anderen Gebietskörperschaften durchsetzen lassen. Umgekehrt kann Freiwilligkeit diesbezüglich auch bedeuten, dass einzelne Kantone weiterhin unökologische Lösungsstrategien verfolgen. Doch angesichts des ökologischen Problemdrucks und ökonomischer Sachzwänge werden auch solche Körperschaften mittelfristig die erfolgreichen Strategien übernehmen müssen, die beide Aspekte in Einklang bringen. Wir setzen auf Vorreiterkantone oder -Gemeinden, die bereit sind, innovative Strategieentwürfe umzusetzen. Dass solche Spielräume existieren, zeigten die verschieden Beispiele etwa der Kantone Basel, St. Gallen, oder Zürich auf (Kap. 5). Regionale Plattformen helfen bei der Suche und Umsetzung solcher innovativen Lösungen.

Viertens sind **Spielräume bei der Umsetzung** zu schaffen. Bei vorgegebener strategischer Stossrichtung und demokratisch gesetzten Zielen können Restriktionen der Unternehmen oder Verbände dadurch überwunden werden, dass ihnen freigestellt wird, eigene Lösungswege zu suchen. Die Politik sollte deshalb nicht Wege konkret vorgeben, sondern konkrete Ziele (vgl. z.B. Schaltegger 1996). Das regt betroffene Akteure an, ihre eigene Sachkompetenz und Kreativität aufzubieten, um effiziente Lösungen zu erarbeiten und umzusetzen. Beispiele der aktuellen Umweltpolitik belegen dies. So legte die schweizerische Abfallpolitik Mengenziele für Verpackungsstoffe fest. Die Mittel und Wege zur Vermeidung grösserer Abfallmengen wurden den Adressaten überlassen (VGV 1991). Ebenso gaben im Energiebereich einzelne Kantone Spar- bzw. Effizienzziele vor (vgl. Energiegesetzrevision im Kanton Zürich und neu: Verordnung zur Reduktion des Treibstoffverbrauchs importierter Neuwagen).

Solche Lösungsansätze führen allerdings nicht zwingend zum gewünschten Erfolg. Deshalb müssen verbindliche Sanktionsmechanismen bei der Nicht-Einhaltung der vorgegeben Ziele vorgesehen sein. Schliesslich, und entscheidend für eine Nachhaltige Entwicklung: *Die Ziele müssen gesellschaftlich im demokratischen Prozess erarbeitet und festgelegt werden und dürfen nicht selbst Verhandlungssache zwischen Wirtschaft und Staat sein.*

Denkanstoss: Funktionaler Föderalismus

Die Vorteile einer föderalistischen Staatsstruktur zur Umsetzung ökologischer Strategien im Sinne eines ökologischen Standortwettbewerbs zwischen Gebietskörperschaften zu nutzen, heisst vor dem Hintergrund, dass die (zur Wahl stehenden) ökologisch-ökonomischen Rahmenbedingungen strikt an eine bestimmte Gebietskörperschaft (zum Beispiel Kanton) gebunden ist, dass der Entscheid eines Unternehmens bezüglich ihm geeigneter Rahmenbedingungen deshalb immer auch ein Standortentscheid ist.
Es stellt sich die Frage, ob die innovative Kraft des Föderalismus in jedem Falle nur dann genutzt werden kann, wenn die ökologische Verantwortung von der nationalen Politik auf die Regionen (Kantone) abgeschoben wird. Konkret: Ist es zwingend, dass unterschiedliche Rahmenbedingungen zwar gleichzeitig existieren können, aber nur in unterschiedlichen Regionen? Oder könnte man sich eine «Koexistenz» unterschiedlicher zur Auswahl stehender Rahmenbedingungen innerhalb der gleichen Gebietskörperschaft (Schweiz) vorstellen?
Als Denkanstoss sei eine Idee vorgestellt, die man als «funktionalen Föderalismus» bezeichnen könnte: Geeignete Elemente neuer ökologischer Rahmenbedingungen könnten von der (nationalen) Politik als Angebot, als Option offeriert werden, die zu beanspruchen beziehungsweise unter deren Regime sich zu begeben der Freiheit der Wirtschaftsakteure überlassen bleiben würde. Kunst wird es sein, diese neuen ökologischen «Politikprodukte» genügend attraktiv auszugestalten, so dass sich mit der Zeit immer mehr Akteure beteiligen und der Lebenszyklus der alten Politiken gewissermassen natürlich zu Ende geht. Ziel sollte es also sein, der ökologischen Grobsteuerung eine Chance zu geben, jedoch nicht indem sie schon zu Beginn en bloc von allen Akteuren akzeptiert und umgesetzt werden muss, sondern indem sie – beziehungsweise geeignete Teile – als Option formuliert, den ökologisch aufgeschlossenen Akteuren Gelegenheit gibt, ihre Handlungsräume ökologisch zu erweitern, Erfahrungen zu sammeln, zu beobachten und sich im Sinne eines individuellen und kollektiven Lernprozesses schrittweise auf eine ökologischere Leistungserstellung einzurichten. Dies bietet Anschauungsmaterial für ökologische Nachahmer, das heisst, die Vorbildsfunktion tätiger ökologischer Initiativen einzelner Unternehmungen kann einen gesellschaftlichen Lernprozess in

Richtung Nachhaltige Entwicklung auslösen bzw. alimentieren, worum es letztlich ja gehen muss.
So könnten beispielsweise im Abfallbereich den Verursachern zur Disposition gestellt werden, ob sie Lösungen über besondere Sammelaktionen, vorgezogene Abfallgebühren oder Pfand anstreben wollen.

Aus den oben vorgetragenen strategischen Ansatzpunkten leiten wir im folgenden einzelne, unseres Erachtens besonders erfolgversprechende Teilstrategien bzw. Instrumente ab, die dann prioritär in Angriff zu nehmen sind. Sie wurden so ausgewählt, dass sie inhaltlich alle fünf Bereiche der Ökologischen Grobsteuerung umfassen. Instrumentell nehmen sie die aktuelle umweltökonomische Diskussion auf (Primat der marktwirtschaftlichen Instrumente) und lösen so auch den Anspruch auf eine höhere Effizienz und Effektivität ein. Die Zielsetzung besteht jedoch nicht darin, einen umfassenden und vollständigen Katalog möglicher umweltpolitischer Empfehlungen zu formulieren, im Vordergrund stehen die konzeptionellen Überlegungen zur Erarbeitung innovativer Strategien. Zu erwarten sind also nicht grundsätzlich neue Instrumente zur Schaffung von Rahmenbedingungen bzw. ökologieverträglicher Anreizsysteme, es geht vielmehr darum, die vorhandenen, zum Teil bereits ausführlich diskutierten und als effizient und wirkungsvoll anerkannten Instrumente im demokratischen Prozess implementierbar zu machen.

Tabelle 9.1
Überblick über innovative Strategiebausteine

	Privilegien abbauen	**Umwelt-verbrauch statt Arbeit besteuern**	**Minimalkosten-prinzip anwenden**	**Verantwortung tragen**
Ansatz	Bereinigung von Preisverzerrungen (ökologische Wahrheit)	Umbau des Steuersystems	Effizienter Einsatz knapper Ressourcen	Verantwortungs-prinzip als allgemeine Regel
Instrumente	Suventions-abbau, Kosten internalisieren	Lenkungs-abgabe, evtl. Zertifikate	Least-Cost-Planning,	Material-verantwortung
Grobsteue-rungs-bereiche	Entsorgung, Mobilität, Energie, Risiken	Energie, Boden	Energie, Abfall (Material), Mobilität (Verkehr)	Material
Sachzwänge (Hebel)	Finanzknappheit	Beschäftigung	Finanzknappheit	Kombination von Beschäftigungs- und Finanzpolitik

9.4 Abbau von Subventionen und weiterer «nichtmarktlicher Privilegien»

Es gibt gute Gründe, insbesondere jenen der Aufrechterhaltung der Wettbewerbsfähigkeit der Schweizer Wirtschaft, um ein ausgeglichenes Budget primär durch Senkung der Ausgaben und nicht durch Steuererhöhungen anzustreben (vgl. beispielsweise de Pury et. al. 1995: 60). Dies kann mit ökologischen Strategien sinnvoll verknüpft werden. Konkret geht es um Subventionsabbau, Finanzausgleich und Privatisierungen. Die politische Umsetzung solcher Forderungen wird zwar schwierig, sobald die Vorschläge konkret vorliegen und potentielle Verlierer feststehen. Dass dies dennoch möglich ist, zeigen bisher erfolgreich durchgeführte Massnahmen:

Trotz langjähriger Tradition gelang es, die *Subventionen auf Brotgetreide* in der Schweiz aufzuheben. Wohl fallen die ökonomischen und ökologischen Effekte dieser Aktion kaum ins Gewicht, umso bedeutender ist ihre Signalwirkung: Immerhin gelang es damit die «Urform» der merkantilistischen Politik der billigen Ressourcen (Kap. 5) abzuschaffen!

Dieser Pioniertat folgten bald weitere Schritte in Richtung Abbau ökologisch kontraproduktiver Subventionen, so 1987 *Gewässerschutz*. Angesichts leerer Bundeskassen modifizierte der Gesetzgeber die Subventionsbestimmung im Gewässerschutzgesetz (Art. 61: Botschaft 29.4.87: 96 ff.). Für Bau und Unterhalt von Abwasserhauptsammelkanälen entfallen fortan Bundesbeiträge. Abgeltungen für Leitungen und Anlagen zur Beseitigung oder Verwertung fester Abfälle werden nur noch an finanziell mittelstarke und schwache Kantone geleistet (Art. 61 GSchG 1991, Abs. 2). Insgesamt können so die Beiträge im Vergleich zu 1986 um ein Drittel reduziert werden. Die Aufhebung der Subventionen in diesen staatlich dominierten Aufgabenbereichen zwingt die Betreiber dazu, für die gleichen Entsorgungsleistungen höhere, nunmehr verursachergerechte Gebühren zu erheben.

Abbau ökologisch kontraproduktiver Subventionen

Eine konsequente ökologisch orientierte Wirtschaftspolitik dehnt die oben skizzierte Strategie des Abbaus von ökologisch kontraproduktiven Subventionen systematisch auf *weitere Bereiche der Ökologischen Grobsteuerung* aus. Auch hier kann ein zweifaches erreicht werden: erstens eine substantielle Entlastung des öffentlichen Budgets und zweitens das Setzen wirkungsvoller Anreize in Richtung Nachhaltige Entwicklung. Der «Suchbereich» für solche Strategien umfasst alle Grobsteuerungsbereiche, vor allem aber:

- die Energiepolitik (insbesondere Elektrizität)
- die Material- beziehungsweise Ressourcenpolitik (insbesondere Abfall)
- die Mobilitätspolitik (insbesondere Infrastrukturpolitik)

Grundsätzlich geht es darum, diese Grobsteuerungsbereiche nach ökologisch problematischen Subventionen zu durchforsten und deren Streichung zu diskutieren. Dabei sind die in den folgenden Abschnitten (Kap. 9.3) dargelegten Erörterungen zu berücksichtigen. Wenn dann entsprechende Mittel eingespart werden, können diese unmittelbar *an die Bevölkerung* weitergegeben werden, zum Beispiel über eine Reduktion der direkten Steuern. Das politische Angebot lautet hier: *Steuersenkung für alle statt Subventionierung unökologischen Verhaltens von einigen*. Eine weitere Möglichkeit bestünde in einer kompensatorischen Reduktion der Lohnnebenkosten. Schliesslich könnten die eingesparten Mittel, zumindest zum Teil, auch zur Abfederung sozial- und regionalpolitischer Härtefälle verwendet werden (vgl. die Ausführungen zum Finanzausgleich).

Ein solcher Subventionsabbau begegnet zwar grosser Opposition aus direkt interessierten Kreisen. Immerhin zeigten verschiedene Abstimmungsresultate der letzten Zeit (z.B. die Zustimmung zu einer leistungsabhängigen Schwerverkehrsabgabe 1994 sowie zur verbrauchsabhängigen Heizkostenabrechnung oder zu den Kehrichtsackgebühren; vgl. Kap. 5) eine grundsätzliche Bereitschaft weiter Bevölkerungskreise zu einem solchen Abbau.

Die prinzipielle Akzeptanz des Verursacherprinzips darf allerdings nicht darüber hinwegtäuschen, dass aus guten Gründen nicht sämtliche Leistungen des Staates vollumfänglich verursachergerecht finanziert werden können oder sollen: Die Rede ist von den sogenannten *«öffentlichen Gütern»*, wie zum Beispiel die Sicherheitspolitik (inkl. Landesverteidigung) oder eine gesicherte Grundversorgung im Erziehungs- und Gesundheitswesen. Auch wenn, wie dargestellt, die heutige umfassende Verallgemeinerung dieser Idee der gesicherten Grundversorgung auf die Grobsteuerungsbereiche ökonomisch und ökologisch unsinnig ist, heisst dies natürlich noch nicht, dass man sich von der Idee des öffentlichen Gutes schlechthin zu verabschieden hat. Aber man hat sie wörtlich zu nehmen: sie haben der Allgemeinheit zu dienen – und müssen deshalb den Anforderungen der Nachhaltigen Entwicklung genügen. So wird beispielsweise im Verkehr auch weiterhin eine gewisse infrastrukturielle Mindest- oder Grundausstattung zu gewährleisten sein, die sich einer engen verursacherorientierten Finanzierung entzieht, etwa in topographisch schwierigen Regionen. Die Zielvorstellungen bezüglich solcher Grundausstattungen haben jedoch neben sozialen und regionalökonomischen Überlegungen auch ökologische Belange im Sinne der Nachhaltigkeitspostulate zu berücksichtigen. Eine kritische Analyse der heutigen Infrastrukturpolitik, die weiterhin zunehmende Verkehrsaufkommen ohnmächtig hinnimmt, fördert namhafte Sparpotentiale zu Tage, deren Realisierung die berechtigte und ausgewiesene Grundausstattung nicht gefährdet.

Abbau ökologisch kontraproduktiver Steuer-, Zoll- und Haftungsprivilegien

Schwieriger greifbar sind jene Vergünstigungen oder Privilegien, die ausgewählten Akteuren gewährt werden und sich nicht in effektiven staatlichen Ausgaben äussern, sondern in einem Verzicht von Einnahmen. Da so gewisse Steuereinnahmen nicht realisiert werden können, belasten solche Privilegien indirekt natürlich ebenfalls die öffentlichen Haushalte, vor allem aber können sie auch ökologisch problematisch sein. Denn auch diese versteckte Spielart einer Subvention verbilligt bestimmte Prozesse und/oder Produkte relativ zu anderen nichtprivilegierten Prozessen und Produkten, die ökologisch möglicherweise günstiger zu bewerten wären. Als primäres Suchraster seien auch hier die Grobsteuerungsbereiche empfohlen, insbesondere:

- die Energiepolitik
- die Material- bzw. Ressourcenpolitik
- die Mobilitätspolitik und
- die Politik der «Risikoübernahmegarantie »

Ökologisch äusserst problematisch – und ökonomisch innerhalb einer Marktwirtschaft nicht zu begründen – ist beispielsweise der Verzicht auf eine Besteuerung der Treibstoffe im Luftverkehr und bei landwirtschaftlichen Fahrzeugen. Ein weiteres sowohl den Postulaten der Nachhaltigen Entwicklung als auch den Prinzipien der Marktwirtschaft widersprechendes Privileg ist die Risikoübernahme bei Stromproduzenten (insbesondere die Fixierung von Obergrenzen des zu versichernden Schadens, siehe Kap. 5) und die neuerdings von vielen Staaten beschlossenen subtilen Spielarten von Haftungsbefreiungen für Risiken bei der Gentechnik.

Finanzausgleich ohne ökologisch problematische Verbrauchsanreize

Am oben erwähnten Beispiel des Gewässerschutzes zeigt sich eine vermeintliche Grenze des Subventionsabbaus: Es scheint nicht möglich, dort Subventionen abzubauen, wo sie als Instrument des Finanzausgleichs zwischen Bund und Kantonen konzipiert sind. Tatsächlich handelt es sich hier jedoch nicht um eine Grenze des Subventionsabbaus, sondern um ein Problem der nicht adäquaten Instrumentierung des Finanzausgleichs. Um hier Lösungen zu finden, die sachlich unerwünschte Verzerrungen und dem Verursacherprinzip widersprechende Preisbildungen verhindern, gilt es, den *Finanzausgleich auf eine neue instrumentelle Basis* zu stellen: Zweckgebundene Subventionen mit Finanzausgleichsfunktion sind durch *Globalbudgets* zu ersetzen. Dies gilt insbesondere in den Grobsteuerungsbereichen, in denen die Verbilligungsstrategie ökologisch und ökonomisch falsche Anreize setzt. Die mit Globalbudgets verbundene Vergrösserung der Handlungsfreiheit der Kantone ist ökonomisch sinnvoll, denn sie gewährleistet, dass die Mittel für jene Zwecke ausgegeben werden können, die den grössten Nutzen versprechen. Der Übergang von einem Finanzausgleich der zweckgebundenen Subventionen zu einem der Globalbudgets ist also mit einer Wohlstandserhöhung verbunden. Ökologisch ist diese neue Art des Finanzausgleichs von Bedeutung, weil damit der Abbau von ökologisch problematischen Subventionen unabhängig von Fragen des Finanzausgleichs möglich ist.

Ein Wort zur Frage der Problemverschiebung: der Übergang zu einem Finanzausgleich auf der Basis von Globalbudgets muss sicherstellen, dass für die nunmehr abgebauten ökologisch problematischen Bundessubventionen nicht der Kanton in die Lücke springt und die Subvention wieder einführt. Dies gilt selbstverständlich für alle Ebenen staatlichen Handelns.

Privatisierungen prüfen

Eine Privatisierung heute vom Staat wahrgenommener Aufgaben kann sich aus Sicht der Nachhaltigen Entwicklung günstig auswirken – oder auch nicht! Günstig ist die Privatisierung von staatlichen Tätigkeiten, die Grobsteuerungsbereiche verbilligen. Hierzu gehören zum Beispiel Bau und Betrieb der Verkehrsinfrastruktur auf Staatskosten. Weshalb sollten beispielsweise zusätzlich gewünschte Alpentunnels oder Viadukte nicht privat erstellt und betrieben werden? Die Vermutung liegt nahe, dass bei einer betriebswirtschaftlichen Kalkulation und entsprechenden Nutzungspreisen der ausgewiesene Bedarf wesentlich geringer sein würde als angenommen. Oder mit anderen Worten: der Zusatznutzen einer neuen Verbindung, ausgedrückt in der Zahlungsbereitschaft der Verkehrsteilnehmer für nichtsubventionierte Preise ist wohl ziemlich tief[1].

Selbst Kernkraftwerke könnten grundsätzlich privat erstellt und betrieben werden. Privat heisst jedoch, dass sämtliche Kosten, insbesondere auch die Versicherungsprämien für eine vollumfängliche Haftpflichtversicherung sowie die Entsorgungsgebühren, von den Betreibern zu tragen sind. Ohne staatliche Subventionen und ohne staatliche Risikoübernahme (bzw. bei Haftungsbegrenzung) würde dies allerdings in vielen Fällen aus wirtschaftlichen Gründen zu einem Verzicht auf solche Anlagen führen. Dieses Markt-Verdikt ist dann konsequenterweise auch ernst zu nehmen.

1 Amerikanische Versuche, Autobahnen privat zu erstellen, sind bisher an unerwartet schwacher Nachfrage gescheitert (Washington DC, Verbindung Stadt-Airport; Ringautobahn E470, Denver, Colorado).

Auch eine privatisierte Abfallentsorgung (ohne Zuschüsse der öffentlichen Hand) könnte effizienter und kostengerechter wirtschaften. Betriebswirtschaftliches Kalkül und die Möglichkeit, in Konkurs zu gehen, stellten die Überwälzung sämtlicher Kosten an die Benützer sicher. Diese würden vermehrt Güter vorziehen, die in der Entsorgung billiger sind beziehungsweise im Hinblick auf eine Wiederverwendung oder eine Wiederverwertung konzipiert sind. Damit wären die Signale zur Herstellung weniger ressourcenintensiver Produkte und Dienstleistungen für Produzenten unübersehbar.

Es muss jedoch auch auf eine *Gefahr* hingewiesen werden, die mit den Privatisierungen verbunden sein kann: Betriebswirtschaftlich effiziente Lösungen sind nur dann auch aus gesamtwirtschaftlicher Sicht effizient und damit erstrebenswert, wenn sämtliche ökologisch kontraproduktiven Subventionen, Privilegien sowie die sogenannten «Schattensubventionen» infolge ökologischer externer Effekte (vgl. nächster Abschnitt!) abgebaut sind. Sobald dies nicht oder noch nicht der Fall ist, und davon ist in der politischen Realität auszugehen, bergen Privatisierungen zusätzliche ökologische Gefährdungen. So käme beispielsweise unter den heutigen ökonomisch-ökologischen Rahmenbedingungen die Privatisierung einer Universalbahn (zum Beispiel der Schweizerischen Bundesbahn) einer Förderung des Strassenverkehrs bei gleichzeitigem Rückzug des Eisenbahnverkehrs auf rentable Einzeldienste (Personenhochgeschwindigkeitszüge und/oder Gütertransit) gleich. Solche Fehlentwicklungen gilt es zu verhindern, denn sie stellen eine Verletzung des Ziels der Nachhaltigen Entwicklung dar.

Achtung externe Effekte! – Warnung vor Problemverschiebungen

Der Abbau von Subventionen und Steuer-, Zoll- und Haftungsprivilegien macht ökonomisch und ökologisch grundsätzlich Sinn. Teillösungen dürfen aber nicht zu Problemverschiebungen führen. Werden lediglich einzelne Subventionen abgebaut, ändern sich die relativen Preise der einzelnen Güter. Damit besteht für die Konsumentinnen und Konsumenten der Anreiz, von den durch Subventionsabbau nunmehr teurer gewordenen Gütern oder Diensten auf billigere Substitutionsgüter auszuweichen. Ob damit tatsächlich die umweltverträglicheren Güter die ökologisch problematischeren verdrängen, ist beim Vorliegen negativer externer ökologischer Effekte unbestimmt. Unter negativen externen Effekten werden jene Folgen der Aktivitäten von Akteuren verstanden, die den Nutzen oder die Produktionsmöglichkeiten anderer Akteure einschränken, ohne dass dies durch den Preismechanismus – beispielsweise in Form einer Entschädigungszahlung – erfasst wird (nach Frey 1972: 42). Oder in Kostenbegriffen ausgedrückt: der Verursacher trägt nicht sämtliche Kosten, die im Zusammenhang mit seinen Aktivitäten entstehen; diese Aktivitäten sind deshalb zu billig, verglichen mit jenen Aktivitäten, die mit keinen solchen schädigenden Effekten verbunden sind. Externe Effekte – beziehungsweise, falls sinnvoll in Geldwerte übersetzbar: externe Kosten – stellen deshalb eine Art von Subventionen dar. Die geschädigten Akteure heute oder – bei Langzeitschäden wie beispielsweise beim «Treibhauseffekt» – die zukünftigen Generationen subventionieren gewissermassen die schädigenden Aktivitäten. Wie bei Subventionen sind die Produkte zu billig, folglich werden sie stärker genutzt, als es wirtschaftlich effizient wäre.

Damit wird klar: Werden nur die «offiziellen» Subventionen abgebaut, also jene, die unmittelbar mit budgetrelevanten Geldzahlungen verbunden sind, externe Kosten (bisweilen auch «Schattensubventionen» genannt) jedoch vernachlässigt, dann bleibt der ökologische Nutzen der ausgelösten wirtschaftlichen Anpassungsreaktionen fraglich. Oftmals ist gar mit einer ökologischen Verschlechterung zu rechnen. Zu gleichen Schlussfolgerungen gelangt man bei einem Abbau von Steuer-, Zoll- und Haftungsprivilegien, der die Externalitätenfrage nicht berücksichtigt. Zwei paradigmatische Beispiele sollen dies verdeutlichen:

Strassen- versus Schienenverkehr

Widmet sich die verkehrspolitische Diskussion nur den Subventionen, dann hätte der Strassenverkehr beispielsweise für das Jahr 1993 ungedeckte Kosten in der Höhe von 1,3 Milliarden Franken nachzuzahlen (Strassenrechnung 1993). Beim Schienenverkehr beträgt der Unterschied zwischen den Ausgaben und Einnahmen 5,4 Milliarden Franken (Defizit gemäss Verkehrsstatistik 1993). Ein unreflektierter Subventionsabbau würde somit die relativen Preise der beiden Verkehrsdienste zu Lasten des Schienenverkehrs verändern. Unter Berücksichtigung der externen Kosten (im Sinne einer *Minimalschätzung,* meist nur als ungedeckte Unfall- und unmittelbar monetarisierbare Umweltschäden ausgewiesen) zeigt sich, dass damit genau das Gegenteil dessen, was ökologisch notwendig wäre, erreicht würde. Mit 10 Mrd. Franken jährlichen externen ökologischen Kosten des Strassenverkehrs und 0,4 Mrd. Franken des Schienenverkehrs beträgt die effektive gesellschaftliche Subventionierung des Verkehrs 11,3 Mrd. Fr. beim Strassenverkehr und 5,8 Mrd. Fr. beim Schienenverkehr (Zahlen nach IWW/ Infras 1994). Eine ökonomisch und ökologisch verursachergerechte Preisbildung (und nicht erhöhte Subventionierung des Schienenverkehrs) müsste die relativen Preise zu Gunsten des Schienenverkehrs verändern.

Kernkraft versus fossile Stromproduktion

Ähnlich ist die Problematik beim Abbau von Privilegien. Wird beispielsweise einseitig eine volle Haftungsdeckung durch die Betreiber von Kernkraftanlagen verlangt, dann führt dies zu einem wirtschaftlich bedingten Ersatz durch eine billigere Energieproduktion, wie beispielsweise durch Gas-, Öl- oder Kohlekraftwerke (so die Tendenz in England und in den Vereinigten Staaten). Damit wird zwar das Risiko eines Kernschmelzunfalles aus der Stromproduktion vermindert und der Bedarf nach «Kernbrennstoff» reduziert, dafür werden jedoch die nicht erneuerbaren Rohstoffe Gas, Öl und Kohle rascher verbraucht, die Absorptionsfähigkeit der ökologischen Systeme zusätzlich belastet und das Risiko aus der Erderwärmung vergrössert. Auch hier würden durch eine einseitige Korrektur von Preisverzerrungen lediglich Probleme verlagert.

Die Gefahr solcher Problemverschiebungen ist jedoch kein Argument gegen den Abbau ökologisch bedenklicher Subventionen und Privilegien. Gefordert werden muss vielmehr, dass ihr Abbau mit der Beseitigung der «Schattensubventionen» (ökologisch negative Externalitäten) einher geht. Eine solche flankierende Massnahme, der heute zur Einleitung einer Entwicklung in Richtung Nachhaltigkeit hohe Priorität zukommt und die gleichzeitig den Sachzwang der Arbeitslosigkeit zu entschärfen hilft, ist Gegenstand des nächsten Abschnitts: die ökologische Steuerreform.

9.5 Ökologische Steuerreform – ein umwelt-, beschäftigungs- und finanzpolitischer Imperativ

Ein wichtiger Beitrag zur Überwindung gleich mehrerer der oben dargelegten Sachzwänge leistet die Strategie, den Produktionsfaktor natürliche Umwelt (konkret die Umweltbeanspruchung) zu besteuern statt die Arbeit. Obwohl dieser Vorschlag seit langem bekannt ist (erstmals formuliert von Binswanger/Frisch/Nutzinger 1983: insbes. 268 ff.) und zwischenzeitlich konkretisierend weiterentwickelt wurde (vgl. beispielsweise Teufel 1988 und 1989; Nutzinger/Zahrnt 1989; Mauch/Iten/von Weizsäcker/Jesinghaus 1992), ist er jetzt erst richtig aktuell geworden.

Die *ökologische Problematik* hat sich weiterhin verschärft. Dasselbe gilt für die *Beschäftigungslosigkeit*, die heute dramatische Formen angenommen hat. Empirische Untersuchungen zeigen nämlich, dass nicht nur im Industriesektor (wie seit einiger Zeit schon), sondern zunehmend auch im Dienstleistungssektor das *Wirtschaftswachstum beschäftigungs**un**wirksam verläuft* («jobless growth»). Zwar wuchs in der Schweiz bereits seit etwa Mitte der 60er Jahre die Industrieproduktion ohne entsprechende Zunahme der Beschäftigung. Arbeitslosigkeit in grösserem Ausmass entstand jedoch nicht, da der Dienstleistungssektor ständig neue Arbeitsplätze schuf und auch ein Teil des Beschäftigungsrückgangs über eine Rückwanderung der Fremdarbeiter exportiert werden konnte. Diese kompensatorische Wirkung des Dienstleistungssektors auf die Beschäftigtenzahl ist indessen dahin, weil auch hier rationalisiert wird. Verschärft wird das Problem zusätzlich durch den wirtschaftlichen Globalisierungsprozess (vgl. oben). Die Arbeitslosigkeit ist deshalb weiterhin – und zunehmend – eine *der* grossen wirtschaftspolitischen Herausforderungen unserer Zeit. Zunehmende Arbeitslosigkeit ist aber sozial-, wirtschaftspolitisch und insbesondere auch finanzpolitisch nicht zu verkraften, denn eine auf dem Wege der traditionellen Mittelbeschaffung (vornehmlich über Lohnnebenkosten) nicht mehr zu finanzierende Arbeitslosenversicherung zwingt am Ende zum Rückgriff auf staatliche Steuermittel oder zur Reduktion des Versicherungsschutzes. Beides ist in grösserem Umfange nicht machbar.

Schliesslich verdeutlichen unsere Ausführungen zur Gefahr der *Problemverschiebung* im Zusammenhang mit dem Subventionsabbau, dass sich sinnvolle ökologische Effekte beim Subventionsabbau nur einstellen, wenn zugleich alle «Schattensubventionen» (externe ökologische Effekte) beseitigt werden. Dabei wäre es verfehlt, in eine Politik der Feinsteuerung zurückzufallen, die sich einer Unzahl einzelner Emissionsprobleme durch einen entsprechenden «Feinsteuerungsreglementismus» annimmt. Im Sinne der Ökologischen Grobsteuerung gilt es, sich auf wenige, ökologisch zentrale Faktoren zu konzentrieren. Dies ist gleichzeitig auch ein Funktionserfordernis der ökologischen Steuerreform: ihre Sache ist ebenfalls nicht die Feinsteuerung, sondern die Konzentration auf **die** Grösse, die den Produktionsfaktor Natur möglichst gut «repräsentiert»: die Energie. Daraus folgt: Die ökologische Steuerreform ist die ideale Grobsteuerungs-Strategie zum Abbau der «Schattensubventionen» – und damit notwendige Voraussetzung für den finanzpolitisch erwünschten Abbau ökologisch problematischer Subventionen.

Die ökologische Steuerreform ist daher ein umwelt-, beschäftigungs- und finanzpolitischer Imperativ! Bevor kurz ein konkreter Vorschlag zu einer ökologischen Steuerreform in der Schweiz skizziert wird, seien vorgängig die zentralen ökologischen und beschäftigungspolitischen Ansatzpunkte dargestellt, an denen sich ein solcher Vorschlag sinnvollerweise zu orientieren hat: die Kosten der Arbeit und die Energiekosten (vgl. ausführlicher M. Binswanger 1994).

Beschäftigungspolitisch kontraproduktive Verteuerung der Arbeit

Um die Chancen der Arbeit als Produktionsfaktor im Wirtschaftsprozess abzuschätzen, ist es wichtig, die tatsächlichen Arbeitskosten zu kennen. Diese setzen sich aus den Direktentgelten und den Lohnnebenkosten zusammen. Letztere enthalten sowohl gesetzliche als auch freiwillige Sozialleistungen und Aufwendungen für arbeitsfreie Tage. Die sogenannten Reallöhne, wie sie vom BIGA ausgewiesen werden, umfassen im wesentlichen nur die Direktentgelte und einige wenige Lohnnebenkosten (Gratifikationen, 13. Monatslohn).

Diese Reallöhne sind seit den frühen sechziger Jahren etwa parallel zur Arbeitsproduktivität (Wertschöpfung/Beschäftigung) gestiegen. Seit Mitte der achziger Jahre ist ein stärkeres Wachstum der Arbeitsproduktivität als der Reallöhne festzustellen. Daraus darf allerdings nicht geschlossen werden, dass wegen der gestiegenen Arbeitsproduktivität die Reallohnerhöhungen kein Problem darstellen. Denn die Arbeitsproduktivität ist auf gesamtwirtschaftlicher Ebene kein sehr guter Indikator für beschäftigungspolitisch akzeptable Lohnerhöhungen. Die Arbeitsproduktivität erhöht sich nämlich sowohl bei Entlassungen als auch bei tatsächlichen Produktivitätsfortschritten. Untersuchungen legen denn auch den Schluss nahe, dass die steigenden Reallöhne ein wesentlicher Grund für die Erhöhung des Indikators Arbeitsproduktivität gewesen sein dürften (und nicht umgekehrt): sie erzwangen Rationalisierungsinvestitionen mit entsprechenden Entlassungen (BIZ 1994: 25f).

Beschäftigungspolitisch bedeutsam sind jedoch die effektiven Arbeitskosten. Es gilt also auch die Lohnnebenkosten zu berücksichtigen. Konkret ist ihr Anteil an den Direktentgelten in der Schweiz zwischen 1970 und 1992 von 40% auf 50% gestiegen. Die gesamten Arbeitskosten sind also stärker gestiegen, als es der Anstieg der Reallöhne vermuten lässt. Hinter dem Anstieg der Lohnnebenkosten stehen in erster Linie Sozialabgaben (vor allem für AHV/IV, BVG und Arbeitslosenunterstützung), die häufig über Lohnprozente direkt dem Faktor Arbeit angelastet werden. Eine derartige Finanzierung verteuert den

Faktor Arbeit dann unmittelbar, wenn ein Teil der Abgaben, wie dies meist der Fall ist, von den Arbeitgebern bezahlt werden muss. Gemäss einer Studie (SBG 1994) betragen die über Lohnprozente finanzierten Arbeitgeberbeiträge etwa 15% der Direktentgelte, also beinahe ein Drittel der gesamten Lohnnebenkosten. Durch diese Finanzierungsart hat der Staat in der Schweiz wie auch in vielen anderen Industrieländern den Faktor Arbeit systematisch verteuert, so dass die Arbeitskosten immer weniger mit den Löhnen übereinstimmen. Der Einsatz des Faktors Arbeit wird für die Unternehmen damit zusehends unattraktiv. Dies gilt insbesondere für den Dienstleistungssektor, wo sich seit 1991 eine Rationalisierungswelle abzeichnet – exakt in jenem Sektor also, der bis anhin die Arbeitsfreisetzungen im Industriesektor zumindest teilweise aufgefangen hat.

Tiefe Energiepreise

Ähnlich wie beim Faktor Arbeit lässt sich auch die Entwicklung der realen Energiepreise zur Energieproduktivität (Wertschöpfung/Energieverbrauch) in Beziehung setzen. Dabei führte der im Vergleich zu den Löhnen nur geringe Anstieg der Energiepreise zu einer wesentlich geringeren Erhöhung der Energieproduktivität im Vergleich zur Arbeitsproduktivität. Während sich die Arbeitsproduktivität von 1963 bis 1992 mehr als verdoppelte, stieg die Energieproduktivität nur gerade um 25%, wobei der Anstieg erst in der zweiten Hälfte der 70er Jahre einsetzte. Dies ist im wesentlichen auf die «Erdölschocks» anfangs der siebziger und in den achziger Jahren zurückzuführen. Die plötzlichen starken Erhöhungen der Erdölpreise drosselten deutlich, allerdings nur vorübergehend, den Erdölverbrauch. Der Preis für Elektrizität, ein von staatlichen Monopolbetrieben vornehmlich nach politischen Kriterien (vgl. die Ausführungen zur Politik der Verbilligung von Zentralressourcen in Abschnitt 5.3) gesetzter Preis, ist seit 1970 real mehr oder weniger konstant geblieben. Dies führte zwischen 1978 und 1986 zu einer relativen Verbilligung der Elektrizität gegenüber Heizöl und Industriegas. Diese relative Verbilligung der Elektrizität dürfte wesentlich zum starken Anstieg des Elektrizitätsverbrauchs beigetragen haben. Dies zeigt sich während der beiden Ölpreisschocks, die den Preis der Elektrizität nicht beeinflussten: Der Elektrizitätsverbrauch ging damals kaum zurück, was seinen Anteil am gesamten Energieverbrauch jeweils erhöhte.

Seit Mitte der achziger Jahre hat der Energieverbrauch insgesamt wieder zugenommen. Der Elektrizitätsverbrauch des Industriesektors der Schweiz lag beispielsweise 1993 um mehr als das Doppelte über dem Verbrauch von 1960, während der gesamte Energieverbrauch sich «nur» um rund drei Viertel erhöhte.

Die bisherigen Ausführungen zeigen deutlich, dass bis heute die Erhöhung der Arbeitsproduktivität gegenüber der Erhöhung der Energieproduktivität eindeutig Vorrang hatte – sowohl beschäftigungspolitisch wie umweltpolitisch ein Weg in die falsche Richtung! Die ökologisch-ökonomische Strategieempfehlung ist daher klar: Es gilt die Energie zu verteuern und gleichzeitig die finanzielle Belastung der Arbeit zu reduzieren.

Energie verteuern – Arbeit entlasten!

Von den verschiedenen Vorschlägen zu einer ökologischen Steuerreform (vgl. Nutzinger/Zahrnt 1989) sei hier auf jenen Bezug genommen, der obiges Postulat – Energie verteuern und Arbeit entlasten – unmittelbar aufnimmt: Eine Energiesteuer, die gleichzeitig die Kosten des Produktionsfaktors Arbeit reduziert. Dabei geht es nicht um die ausführliche Vorstellung einer konkreten Vorlage. Beabsichtigt ist vielmehr, die Idee dieser ökologischen Innovation in Erinnerung zu rufen und anhand eines Zahlenbeispiels (vgl. M. Binswanger 1994) zu verdeutlichen. Es wird sich zeigen, dass die heutigen Widerstände gegen die ökologische Steuerreform weniger auf Präferenzrestriktionen zurückzuführen sind, als auf Wahrnehmungsrestriktionen: Die Nachteile dieser Innovation werden in der politischen Diskussion erstens *überschätzt* und zweitens mit einer vermeintlich günstigeren Alternative verglichen, die *nicht existiert*!

Das Beispiel: Die dynamische, aufkommensneutrale Energiesteuer

Das illustrierende Beispiel basiert auf einem Vorschlag des Deutschen Instituts für Wirtschaftsforschung DIW (1994), das seinerseits auf dem Vorschlag von Binswanger/Frisch/Nutzinger (1983) aufbaut. Massgebend für die Auswahl dieses Beispiels war dabei nicht so sehr seine inhaltlich detaillierte Ausgestaltung, sondern seine Fähigkeit, konkrete Aussagen über das Funktionieren und die Auswirkungen einer ökologischen Steuerreform zu machen, die auch bei inhaltlichen Modifikationen gültig bleiben. Gegenstand des Beispiels ist eine über einen bestimmten Zeitraum steigende Energiesteuer (dynamische Energiesteuer), deren Ertrag vollumfänglich an die Verbraucher (Haushalte und Unternehmen) zurückerstattet wird (aufkommensneutrale Energiesteuer). Ausgangspunkt ist ein fiktiver Grundpreis pro Einheit Energiegehalt (in Gigajoule = 10^9 Joule), der in Deutschland gemäss DIW 9 DM pro Gigajoule Energieverbrauch beträgt. Die Berechnung dieses Grundpreises für die Schweiz (Preis der einzelnen Energieträger minus die bereits vom Staat erhobenen Abgaben) zeigen, dass 9 SFr./GJ einen plausiblen Wert darstellen: er trifft für Heizöl extra leicht, Benzin und Diesel ziemlich genau zu; Heizöl mittel und schwer können bei der Durchschnittspreisberechnung vernachlässigt werden, da sie kaum mehr ins Gewicht fallen; für Industriegas besteht kein einheitlicher Preis; unter Berücksichtigung der relativ hohen Umwandlungsverluste bei der Herstellung der hochwertigen Energie Elektrizität sind 9 SFr./GJ auch für diesen Energieträger ein realistischer Wert.

Auf dieser Basis soll der Energiepreis progressiv jährlich um 7% ansteigen. Die Energiesteuer bezieht sich in diesem Beispiel auf den realen Energiepreis. Bei Inflation müsste sie demnach zusätzlich auch mit der Inflation wachsen. Besteuert wird die Endenergie. Der fiktive Grundpreis würde sich nach 10 Jahren beinahe verdoppelt haben. Auf die Endpreise der einzelnen Energieträger wirkt sich diese Erhöhung unterschiedlich aus. Dies deshalb, weil in den Endpreisen die bereits vom Staat erhobenen Abgaben enthalten sind, die bekanntlich je nach Energieträger verschieden hoch sind. Am stärksten steigt der Heizölpreis (Heizöl mittel und schwer +155%, extra leicht + 92%), während die Erhöhungen bei den Treibstoffen (Benzin verbleit +28%, unverbleit +30%, Diesel +30%) und der Elektrizität (+23%) relativ gering ausfallen. Im gewogenen Durchschnitt würde die Energiesteuer den Endenergiepreis um 50% erhöhen.

Besteuerungsgrundlage

Die Energiesteuer sollte grundsätzlich auf der gesamten Energie erhoben werden, da mit jedem Energieträger Umweltprobleme verbunden sind.[2] Dies gilt beispielsweise auch für die Wind- und Sonnenenergie, wenn sie ausserhalb der Siedlungsgebiete gewonnen werden und deren Anlagen die Landschaft beeinträchtigen. Ausgenommen von der Energiesteuer wäre aber die Sonnenenergie, die auf den Dächern der Häuser gewonnen, also nicht gekauft wird.

2 Im Unterschied dazu sieht der Vorschlag des DIW eine Energiesteuer nur bei Erdölprodukten, Erdgas, Kohle und Elektrizität vor. Nicht besteuert würden erneuerbare Energien, die Abfallverbrennung und die Verwendung von Abwärme aus Produktionsanlagen.

Rückerstattung an Haushalte und Unternehmen

Um zu einem geeigneten Rückerstattungsmodell zu gelangen, müssen die Anteile der Energiesteuereinnahmen ermittelt werden, die von den Unternehmen und von den Haushalten stammen. Schwierigkeiten ergeben sich dabei insbesondere bei der Aufteilung des verkehrsbedingten Energieverbrauchs. Geht man davon aus, dass beim Verkehr rund 1/3 den Unternehmen anzulasten ist und 2/3 den Haushalten (vgl. Mauch et. al. 1992), dann verteilt sich der gesamte Energieverbrauch in der Schweiz je hälftig auf die Unternehmen (inkl. Landwirtschaft) und auf die Haushalte. Soll es zu keinen Umverteilungswirkungen zwischen Unternehmen und Haushalten kommen, müssen die eingenommenen Steuermittel also zu 50% an die Unternehmungen und zu 50% an die Haushalte zurückerstattet werden.

Von besonderem Interesse ist hier die Rückerstattung an die Unternehmen, geht es doch darum, die Kosten der Arbeit zu senken. Im folgenden sei deshalb der Unternehmenssektor näher betrachtet. Ziel der Rückerstattung sollte es sein, die Lohnnebenkosten zu senken. Diese machen, wie oben erwähnt, in der Schweiz etwa 50% der direkten Lohnkosten aus. Rund 12% der Lohnnebenkosten bestehen (1994) aus Beiträgen an die staatlichen Sozialversicherungen. Administrativ am einfachsten zu bewältigen ist eine Rückerstattung über eine Reduktion der Arbeitgeberbeiträge zur AHV, deren Anteil an den Lohnnebenkosten 8.4% beträgt und die sich (1992) auf rund 9 Mrd. SFr. belaufen. Die Arbeitgeberbeiträge zur AHV könnten jährlich um jenen Betrag gesenkt werden, der an die Unternehmen zurückerstattet wird.

Zehn Jahre nach Einführung der Energiesteuer, also nach Steigerung des Energiepreises um etwa 50%, würde das gesamthafte Energiesteueraufkommen 6.751 Mrd. SFr. betragen, das Aufkommen der Unternehmen also 3.376 Mrd. SFr. Damit wären rund 38%, also mehr als ein Drittel, der Arbeitgeberbeiträge an die AHV in der Höhe von 9 Mrd. Sfr. durch die Energiesteuer gedeckt. Dieser Berechung liegt der Gesamtenergieverbrauch der Schweiz des Jahres 1993 zugrunde, ohne Berücksichtigung des steuerbedingten Rückgangs beim Energieverbrauch. Rechnet man, gemäss DIW-Modell, mit einer Reduktion des Verbrauchs von etwa 10%, dann wären immer noch 34% der Arbeitgeberbeiträge durch die Energiesteuer gedeckt.

Auswirkungen auf die Energiekosten der Unternehmen

Die gesamthafte Zunahme der Energiekosten beträgt für den Industriesektor (bei Berücksichtigung der verschiedenen Energieträger) rund 50%. Für den Durchschnittsbetrieb im verarbeitenden Gewerbe mit 2.5% Anteil der Energiekosten an den Gesamtkosten bedeutet diese Zunahme eine Erhöhung des Energiekostenanteils von 2.5% auf 3.75%. Zum Vergleich: der durchschnittliche Anteil der Arbeitskosten beträgt 25%: diese würden entsprechend im Durchschnitt auf 23.75% sinken.

Eine gewisse Mehrbelastung ergibt sich in energieintensiven Branchen, also insbesondere bei der Herstellung von Zement, Kalk, Gips sowie bei Papier und Zellstoff. Bei allen übrigen Branchen des Industriesektors sind die Auswirkungen hingegen minim oder führen zu Minderbelastung. Im besonderen gilt das für arbeitsintensive Dienstleistungen, zum Beispiel Sozialdienstleistungen wie Heime, Wohlfahrtspflege (82% Anteil der Arbeitskosten am Bruttoproduktionswert), Einzel- und Detailhandel (54% Anteil) sowie Planung und Beratung (50% Anteil).

Mehr Beschäftigung bei Reduktion des Energieverbrauchs

Diese Besserstellung der arbeitsintensiven Branchen ist nicht etwa eine beklagenswerte Schwäche des Konzepts, sondern ist erwünscht: denn diese Branchen sind potentiell jene Branchen, bei denen mit der Schaffung zusätzlicher Arbeitsplätze gerechnet werden kann und die bislang unter der systematischen Verteuerung der Arbeit besonders litten. Ebenso erwünscht ist natürlich, dass die energieintensiven Branchen Anreize erhalten, ihre Produktion bzw. Leistungserstellung energieeffizienter zu gestalten.

Nach den Schätzungen des DIW werden sich 10 Jahre nach Einführung der skizzierten Energiesteuer Einsparungen beim Energieverbrauch sowohl bei den Haushalten (Einsparpotential zwischen 15% und 20%) als auch bei den Unternehmen (7% bis 10%) ergeben. Beim «Verbrauchsposten» Verkehr ist hingegen nur mit geringen Energieeinsparungen zu rechnen, da die steuerbedingten Preiserhöhungen bei den Treibstoffen relativ gering ausfallen. Gesamtwirtschaftlich jedoch rechnet das DIW für Deutschland mit Energieeinsparungen von mindestens 10%. Diese Grössenordnung dürfte auch für die Schweiz gelten.

Das Zielsystem

Offen ist die Frage, wie lange die Energiesteuer jährlich (im vorliegenden Beispiel um 7%) angehoben werden soll. Grundsätzlich sind zwei Zieltypen denkbar:

- ein Mengenreduktionsziel (zum Beispiel 10% Reduktion des Energieverbrauchs)
- ein Finanzierungsziel (die vollständige Finanzierung oder eine bestimmte Teilfinanzierung der Arbeitgeberbeiträge an die AHV durch die Energiesteuer)

In beiden Fällen bleibt offen, wie hoch die Steuer schliesslich sein wird. Um einerseits dem Bedürfnis der Unternehmen und Haushalte nach möglichst sicheren Kalkulationsgrundlagen entgegenzukommen (von Weizsäcker 1989: 163) und andererseits einen kreativen, aber «kontrollierten Vorausgang» der Schweiz bei der Ökologisierung des Steuersystems zu ermöglichen, kommt ein dritter Zieltyp in Frage:

- Die Festlegung der Höhe, bis zu welcher die Energiesteuer steigen soll und damit der Anzahl Jahre, in denen eine (immer gleiche) Steigerung vorgesehen ist (zum Beispiel 7% pro Jahr während 10 Jahren).

Die gesamtwirtschaftlichen Vorteile einer ökologischen Steuerreform sind schon in zahlreichen Studien dargelegt worden (vgl. bspw. Jochimsen/Kirchgässner 1995: 44 ff.), die Herausforderung liegt heute bei der politischen Umsetzung (vgl. auch Benkert/Bunde/Hansjürgens 1995). Dabei können besonders betroffenen Branchen durchaus gewisse Ausnahmeregelungen zugestanden werden. Zahlreiche Vorschläge sind auf dem Tisch: zum Beispiel zeitlich begrenzte Ausnahmeregelungen für energieintensive Branchen, geringere Anfangssätze oder direkte Rückerstattung an die Branche nach Massgabe der Wertschöpfung. Entscheidend scheint uns die Einsicht, dass die Alternative zur Ökologischen Steuerreform nicht eine Null-Lösung im Sinne des Status-quo sein kann: Eine Null-Lösung hiesse unter den eingangs geschilderten Rahmenbedingungen und Entwickungstrends weiterhin ungehinderte Zunahme der Arbeitslosigkeit und sich verschärfende Umweltprobleme. Dies ist die wirkliche Alternative!

9.6 Das Minimalkostenprinzip als kosten- und ressourcenschonende Strategie staatlicher Infrastrukturbereitstellung

Bei diesem dritten Strategiebaustein geht es darum, staatliche Infrastrukturleistungen nach dem Prinzip der minimalen volkswirtschaftlichen Kosten bereitzustellen. Das Minimalkostenprinzip lehnt sich an das in Kapitel 5 vorgestellte Instrument «Least-Cost-Planning» oder «Integrierte Ressourcenplanung» an. Ansatzpunkt sind die politisch geforderten Dienstleistungen und deren Kosten. Durch das Ausschöpfen wirtschaftlicher Effizienzsteigerungspotentiale und alternativer Problemlösungen werden nicht nur Kosten, sondern auch die aus der Infrastrukturnutzung entstehenden Umweltbelastungen und der Ressourcenverbrauch reduziert. Die Umsetzung dieses Prinzips wird im Gegensatz zur bisherigen Interpretation den privaten Unternehmen nicht vorgeschrieben, sondern durch Wettbewerbselemente in der staatlichen Auftragsvergabe gefördert.

Die Infrastruktur für Energieversorgung, Verkehr und Entsorgung ist wegen der langfristigen Umweltbelastung in den entsprechenden Grobsteuerungsbereichen von hoher Bedeutung. Durch Angebot und Preisgestaltung wird die Nachfrage nach dem Nutzen aus der Infrastruktur und der damit verbundenen Umweltwirkung beeinflusst. Das Schliessen immer neu diagnostizierter Infrastrukturlücken bei fehlenden Preissignalen (Knappheitspreisen) kann eine Übernutzung der Infrastruktur nicht verhindern. Eilt der Infrastrukturausbau der prognostizierten Nachfrage voraus, führt dies zu Überkapazitäten und damit zu überflüssigem Verbrauch von Umweltgütern. Die herkömmliche Infrastrukturplanung mit den Elementen Bedarfsprognose, Subventionen bei Bau und Betrieb, politisch erwünschter Ausbau, Defizitdeckung, marktferne Preisbildung etc. belastet die Umwelt und das Budget der öffentlichen Hand. Nicht nur der Bau, sondern auch Folgekosten aus Betrieb und Unterhalt sowie allfälliger Entsorgung verschärfen die strukturell bedingten Finanzprobleme. Somit knüpft eine Strategie, die Investitionskosten und Folgekosten spart, am Sachzwang der Finanzknappheit an.

Damit diese Strategie von den Akteuren akzeptiert und durchgeführt wird, müssen die verschiedenen Hemmnisse sowohl der staatlichen als auch der privaten Akteure überwunden bzw. Vorteile und Gewinnmöglichkeiten wahrnehmbar werden. Dies ist der Fall, wenn neuen Anbietern Chancen eröffnet (Spartechniken, Dienstleistungen) und gleichzeitig steuerliche Belastungen reduziert werden. Dies kommt den Präferenzen der staatlichen Akteure entgegen, die bisher die Unterstützung der Infrastrukturhersteller erhofften, und nun mit Wählerstimmen der Steuerzahler und der Neu-Anbieter rechnen können. Zusätzlich erhalten die Politiker die Möglichkeit, trotz Finanz- und Umweltknappheit mit der bestehenden Infrastruktur zusätzlichen Nutzen anbieten zu können. Die Benutzer der Infrastruktur werden nicht auf deren Nutzung verzichten müssen und ihre Gesamtkosten bleiben stabil, was wiederum das Verhalten gegenüber den Entscheidungsträgern günstig beeinflusst.

Mit effizienten Problemlösungen zu geringeren Kosten und vermindertem Umweltverbrauch

Die Idee «**Minimalkostenprinzip**» bedeutet, unabhängig von der zu erfüllenden Aufgabe jeweils die kostengünstigste Lösung zu suchen. Dabei werden insbesondere vom Staat geforderte Leistungen betrachtet, deren Erfüllung bisher an langfristige Planungen, Prognosen und budgetintensive Bauaufträge gekoppelt waren. Nach dem Minimalkostenprinzip sollen im Sinne einer Funktionsorientierung nicht mehr Infrastrukturbauten vom Staat bestellt werden, sondern die daraus zu erbringenden Funktionen zu den tiefsten Kosten gekauft, bestellt oder selbst erbracht werden. Konkret: nicht ein Strassenstück, sondern die Möglichkeit des Güteraustausches, der Kommunikation oder der Arbeitsverrichtung sollen geschaffen werden. Ziel ist die volkswirtschaftliche Effizienzsteigerung durch das Ausschöpfen rentabler Sparpotentiale, die bisher aufgrund fehlenden Wissens, anderer Prioritätensetzung oder Finanzierungshemmnissen etc. nicht ausgeschöpft worden sind. Mit Hilfe dieses Prinzips können auch natürliche Monopole (Schienennetz) oder Gebietsmonopole (Elektrizitätsversorgung) für Substitutionsprodukte geöffnet und dadurch eine Wettbewerbssituation hergestellt oder zumindest gefördert werden (vgl. Ecoplan 1993: 9). Als solche «Produkte» bieten sich Dienstleistungen oder Einsparinvestitionen an, die den gleichen Kundennutzen wie die Infrastruktur erbringen. Das Minimalkostenprinzip ist daher auch in hohem Masse kompatibel mit der Innovationsperspektive «Funktionsorientierung» auf der Unternehmensebene.

Statt Infrastruktur vorauseilend auszubauen, sollen nach dem Minimalkostenprinzip Knappheiten akzeptiert werden. Es sollten vermehrt Marktsignale statt Prognosen über Angebot und Nachfrage entscheiden und sich Knappheiten zuerst in steigenden Preisen ausdrükken (z.B. höhere Strompreise je nach Tages- oder Jahreszeit). Auf Preissignale bzw. Auftreten von Überschussnachfrage kann dann durch kurzfristige Angebotserweiterungen aus Einsparinvestitionen oder Dienstleistungen reagiert werden. Ein Ausbau der Infrastruktur ist danach erst nötig (und sinnvoll), wenn das Potential aller wirtschaftlich günstigeren Alternativen ausgeschöpft worden ist. Dieses Potential wird um so grösser, je eher externe Kosten der bisherigen Produktion in den Preisen wiedergegeben werden, d.h. internalisiert sind. Dabei kommt eine ökologische Steuer, wie sie in Abschnitt 9.5 vorgeschlagen wurde, diesem Ziel entgegen.

Direkte Anreize zur Durchführung des Minimalkostenprinzips

Ein erster Ansatz, mit dem das Minimalkostenprinzip umgesetzt werden kann, ist das ursprünglich für die amerikanische Elektrizitätsversorgung entwickelte Konzept des «Least-Cost- Planning» (Lovins 1977; 1985). Grundidee des Least-Cost-Planning ist, dass Produktion und Einsparung als gleichwertige Ressourcen betrachtet werden. Die effiziente Ausnützung gegebener Ressourcen wird sowohl durch ein optimiertes Angebot als auch durch die effiziente Nutzung der bereitgestellten Güter erreicht (nachfrageseitige Optimierung). Die Durchführung von Produktions- und Einsparmassnahmen erfolgt nach dem Kriterium der Kosteneffektivität (vgl. Ecoplan 1993: 9). Dieser Ansatz soll als Maxime für staatliche Unternehmen bzw. vom Staat zur Verfügung gestellte Infrastruktur gelten. So können Kosten gespart und die Akzeptanz im privatwirtschaftlichen Umfeld erhöht werden. Als zweites Beispiel eines solchen Verhaltens kann die Verkehrsinfrastrukturplanung diskutiert werden. Unter dem Sachzwang der Finanzierungsprobleme ist zu überlegen, ob beispielsweise die Funktionen einer Eisenbahnalpentransversale nicht durch Effizienzsteigerung innerhalb der bestehenden Infrastruktur (Pendolino statt Neubaustrecken) oder durch Dienstleistungen (Frachtenbörse) erfüllt werden können. Statt des Ausbaus bestehender Strassenverbindungen sollten zunächst günstigere Varianten zur Erhöhung der Leistungsfähigkeit ausgenützt werden. Entsprechende Massnahmen sind zum Beispiel Geschwindigkeitsbegrenzungen (maximale Leistung einer Autobahn bei Tempo 80), Verkehrsleitsysteme, aber auch preisliche Anreize zur Vermeidung von Nutzungsspitzen und verursachergerechte Gebühren (Benutzungsgebühren, variable Strassenverkehrsabgaben). Die Verkehrsnachfrage kann ausserdem durch Telekommunikationseinrichtungen oder gemischte Nutzungen (lange Strecken: Öffentlicher Verkehr, Feinverteilung durch öffentlich zu nutzende Kleinfahrzeuge, Car-Sharing) reduziert oder substituiert werden.

Um privatwirtschaftlich organisierte Unternehmen zu einem entsprechenden Verhalten zu bringen, sind anstelle von Detailvorschriften die Rahmenbedingungen so zu setzen, dass das Ausschöpfen der wirtschaftlichen Investitionsalternativen Geschäftsstrategie wird. Solche Anreize entstehen dann, wenn Preisverzerrungen infolge staatlicher Subventionen abgeschafft werden; erst dann können Investitionen auch tatsächlich verglichen werden (vgl. Abschnitt 9.4). Vermeidungslösungen zum Beispiel durch Separatsammlungen und Recycling schneiden dann im Vergleich zu konventionellen Entsorgungslösungen günstiger ab. Ein anderes Signal wäre die absolute Begrenzung weiterer Ausbauten (wie z.B. Kernkraftmoratorium, Stabilisierung des alpenquerenden Strassengüterverkehrs). Mit solchen Bestimmungen wird es selbstverständlich, Investitionsalternativen zu prüfen, mit denen auch steigende Kundenbedürfnisse weiterhin befriedigt werden können. Mit der Ausweitung der geschäftlichen Tätigkeiten auf Spartechniken und Dienstleistungen lassen sich so auch bei begrenzten Ausbaumöglichkeiten Umsätze steigern und Marktstellungen verteidigen.

Förderung von Effizienzsteigerungsinnovationen und Alternativangeboten durch Auftragserteilung

Um die Ziele des Minimalkostenprinzips zu erreichen, eignet sich das in den Vereinigten Staaten in den achtziger Jahren entwickelte und bei der Elektrizitätsversorgung erfolgreich eingesetzte Instrument «Competitive Bidding». Das Elektrizitätsunternehmen (oder z.B. der Staat) ersteigert in einem geregelten Prozess Elektrizität oder Erzeugungskapazität zur Deckung der von ihm erwarteten Nachfrage. Gewählt werden die Angebote mit den niedrigsten Kosten bei gleicher Qualität. Verglichen werden nicht nur Angebote von Stromerzeugern, sondern auch nachfrageseitige Einsparofferten (Herppich u.a. 1989: 96).

Dieses Ausschreibeverfahren setzt einen Substitutionswettbewerb in Gang. In der Schweiz könnten staatliche Grossbezüger (Städtische Elektrizitätswerke) auch eingesparte Strommengen (Negawatts) offerieren lassen und deren Kosten mit den Strompreisen aus Neuanlagen vergleichen. Wenn die Kosten der Einsparungen niedriger ausfallen, erhält diese Offerte den Vorzug. Dabei besteht ihr Vorteil darin, dass sie steigende Gesamtbedürfnisse auch mit einer gegebenen Menge erzeugter Energie befriedigen und kurzfristige Schwankungen auffangen können.

Im Bereich der Verkehrsinfrastruktur kann diese Art der Vergabe innovative, kosten- und ressourcenschonende Lösungen initiieren. Der Auftraggeber einer neuen Strassen- oder Schienenverbindung (Staat,

Kanton, Gemeinde) schreibt zunächst einen Wettbewerb aus und definiert darin die zu erfüllenden Bedürfnisse. Der billigste Anbieter der Bedürfnisbefriedigung (nicht der billigste Strassen- oder Schienenbauer) erhält den Auftrag.

Auch in der Abfallwirtschaft lässt sich dieses Konzept anwenden. So sollen in Ausschreibungen nicht lediglich grössere Verbrennungskapazitäten, sondern gleichwertig auch Vermeidungslösungen, Effizienzsteigerungen bestehender Anlagen oder Dienstleistungen als Material-Abfall-Substitute nachgefragt und verglichen werden (Abfälle sortieren und wiederverwenden, Reparaturleistungen anstelle von Entsorgung, Abfallholz als Heizölsubstitut).

Effizienzsteigerung und neue Tätigkeitsfelder

Durch den Einbezug der Nachfrageseite lassen sich auch Effizienzsteigerungen realisieren, die sonst zum Beispiel wegen falscher Preissignale (zu tiefe Preise), wegen der Nutzer-Investor-Problematik (der Eigentümer kann die Investition nicht oder nur teilweise überwälzen), infolge von Transaktions- und Informationskosten (Nicht-Wissen über Kosten und Nutzen von effizienteren Techniken) oder aufgrund von Finanzierungsproblemen (kein Zugang zum Kapitalmarkt, unterschiedliche Rückzahlfristen) nicht machbar schienen (vgl. Herppich u.a. 1989). Ein Instrument, um diese Hemmnisse zu überwinden, ist das sogenannte «Contracting». Spezialisierte Dienstleistungsunternehmen versorgen den Kunden mit optimierten Infrastrukturdienstleistungen und finanzieren sich durch die eingesparten Kosten, zum Beispiel durch die eingesparten Energiekosten. «Contracting» dient als Beispiel für ein erfolgreiches Auslagern eines Geschäftsbereiches, der üblicherweise nur von marginalem Interesse für das Unternehmen ist und wofür es auch nicht bereit ist, knappe Investitionsmittel aufzuwenden oder für den das entsprechende Know-how fehlt (vgl. weiterführende Literatur: z.B. Henzelmann 1995, ÖBU 1995, Basler Handelskammer 1995).

Zur Förderung dieser Geschäftstätigkeit kann der Staat als Vorbild vorangehen und die eigenen Gebäude und Anlagen durch «Contracting-Unternehmen» energietechnisch optimieren lassen. Die Gewinne aus den Einsparungen werden vertragsgemäss aufgeteilt, so dass die Risiken der Vertragsnehmer entschädigt werden. Auch die Entsorgung bzw. Verarbeitung gewisser Stoffe kann durch private Anbieter erfolgen, sofern deren Preise tiefer sind als die eingesparten Kosten der Erstellung neuer Entsorgungsanlagen (selbstverständlich bei gleichen Umweltauflagen). Nicht nur der Unterhalt, sondern auch die Optimierung des Betriebs eignen sich im Verkehrswesen als «Contracting-Objekte» für private Anbieter. Davon profitieren sowohl die privaten Unternehmer als auch die entlasteten Steuerzahler.

9.7 Das «Prinzip Materialverantwortung»

Der zweite absolut zentrale Grobsteuerungsbereich neben der «Wirkursache» Energie ist die «Materialursache», konkret die Ressourcen- bzw. Abfallfrage. Unser Ausgangspunkt ist das Gebot, das Materialdurchflussproblem der heutigen Industriewirtschaft in den Griff zu bekommen. Instrumentell geht es darum, an den Sachzwängen zur Vereinfachung der administrativen Verfahren und der Finanzknappheit der öffentlichen Hand anzuknüpfen.

Schon wegen des Finanzierungsnotstands, ganz abgesehen von umweltökonomischer Einsicht, ist vermehrt auf Finanzierungssysteme zu setzen, welche die Verursacher der Abfälle miteinbeziehen. Das heisst: es gilt, die heute bestehende «staatliche Garantie zur Abnahme unverkäuflicher Produkte» (d.h. Abfälle) aufzuheben! An ihre Stelle hat eine den ökonomischen und ökologischen Knappheiten entsprechende Bepreisung der Entsorgungsleistungen zu treten. Dazu gehören direkt beim Abfall ansetzende Gebühren (z.B. die Abfallsackgebühr) und Abfallabgaben genauso wie beim Produkt ansetzende Systeme vorgezogener Entsorgungsgebühren (inkl. Pfandlösungen). Die sich daraus ergebenden preislichen Anreize stellen eine notwendige, jedoch im Abfallbereich *nicht* hinreichende Voraussetzung für eine erfolgreiche ökologische Umorientierung dar. Zum einen haben Abfallgebühren unter Umständen einen relativ *langen Wirkungsweg*, was den Lenkungseffekt abschwächt und verzögert. Zum anderen verunmöglichen *Praktikabilitätsüberlegungen* die preisliche Erfassung sämtlicher ökologisch problematischer Abfallstoffe. Bei vorgezogenen Entsorgungsgebühren, Abgaben auf Rohstoffen usw. treten diese Nachteile zwar nur noch in abgeschwächter Form auf. Es hiesse jedoch einen neuen Vollzugsnotstand zu programmieren, wollte man sämtliche Problemstoffe einer solchen Lösung zuführen. Vorgeschlagen sei deshalb eine grundsätzliche *Neudefinition der Verantwortung für Abfälle* (seien es nun Abfälle aus der Produktion oder handle es sich um Güter nach erfolgtem Gebrauch): Abfälle sind als das zu nehmen, was sie tatsächlich sind, als *Rohstoffe am falschen Ort.*

Der Nutzen- und der Ressourcenaspekt eines Gutes

Ein Gut stiftet in der Regel nicht als blosser «Materieklumpen» Nutzen, sondern als Problemlösung. Hierzu ist zweifelsohne Materie (und Energie) notwendig, jedoch vor allem menschliche Kreativität, die einer konkreten Idee – oder eben Problemlösung – materiale Form gibt. Hat nun ein Gut seine Funktion als Nutzenstifter erfüllt und verliert es damit im engeren Sinne seine ökonomische Existenz, so steht es natürlich im Prinzip weiterhin als Material- beziehungsweise Ressourcenreservoir zur Konkretisierung weiterer, neuer Gut-Ideen zur Verfügung. Diese Ressource wird heute jedoch nicht genutzt, Güter transformieren sich vielmehr ungehindert zu Abfall! Es ist dies ein Ausfluss der römisch-rechtlichen Eigentumskonzeption, konkret des Privateigentums im Sinne des *Dominiums.* Dieser Eigentumsbegriff beinhaltet neben dem Recht auf Nutzung und Veräusserung auch das *Recht auf Zerstörung* des jeweiligen Gutes durch den Eigentümer. In einer «kultivierten» Form ist dies im Grunde das Recht auf Abfallproduktion. Wie in Kapitel 5.3 dargestellt, wird dieses Recht durch die heutige staatliche «Entsorgungsgarantie» tatkräftig untermauert. Dies ist nicht vereinbar mit dem Postulat des sparsamen Umgangs mit nichterneuerbaren Ressourcen – und äussert sich unter anderem im heutigen «Abfallnotstand». Es ist deshalb notwendig, zwischen dem *Nutzenaspekt* eines Gutes und dem *Ressourcenaspekt* zu unterscheiden und die heutige Koppelung dieser beiden Aspekte aufzubrechen. Es sollte nicht mehr sein, dass bei Verlust des Nutzenaspekts gewissermassen automatisch auch gerade der Verlust des Ressourcenaspekts hingenommen wird beziehungsweise hingenommen werden muss. Konkret geht es darum, *den ökonomischen Wert der ins wirtschaftliche System eingespeisten Rohstoffe – und soweit wie möglich auch die bei ihrer «Transformation» in Güter im Rahmen der Produktion verwendete Energie – über die Lebensdauer des jeweiligen Guts hinaus langfristig zu erhalten.* Die Rohstoffe sollten mit anderen Worten in ökonomisch möglichst hochwertiger Form an die zukünftigen Generationen vererbt werden können. Dies bedingt den Entzug des Ressourcenaspekts aus der Verfügungsgewalt des Gutseigentümers – oder mit anderen Worten: die Pflicht zur Ressourcenwerterhaltung.

Diese Idee ist nichts grundsätzlich Neues. Sie ist das Wesensmerkmal eines anderen, etwas in Vergessenheit geratenen und unseres Erachtens wiederzuentdeckenden Eigentumsbegriffs: des germanisch-rechtlichen *Patrimoniums* (H.B. Binswanger 1978). Der Mensch wird in dieser Konzeption nur als Nutzniesser der Naturgüter betrachtet. Diese sind von den Vorfahren vererbt worden und intakt an die Nachfahren weiterzugeben. Das Naturgut steht demnach nicht als solches zur Disposition des menschlichen Handelns. Es gehört der Gesamtheit der gegenwärtigen und zukünftig lebenden Menschen und ist infolgedessen zu erhalten. Das Handeln der einzelnen Menschen wird durch Nutzungsbeschränkungen in jene Grenzen verwiesen, die eine dauerhafte Existenz des Naturgutes sicherstellen. Die Idee der Nachhaltigen Entwicklung leitet sich unmittelbar aus dieser Eigentumskonzeption ab. Eine patrimoniale Eigentumsauffassung beinhaltet also die Pflicht zur Erhaltung der Natur. Im Unterschied zum Dominium ist beim Patrimonium das Postulat der Naturerhaltung unmittelbar in den Eigentumsbegriff selbst eingebaut, es ist Teil des Eigentumsbegriffs. Diese Idee wird im folgenden aufgenommen und im Hinblick auf die heutige industriewirtschaftliche Wirklichkeit als umfassende *«Materialverantwortung der Produzenten und des Handels»* konkretisiert (Minsch/Cabernard 1991).

Materialverantwortung als allgemeine Regel

In Stichworten lässt sich das «Prinzip Materialverantwortung» anhand der folgenden Hauptelemente skizzieren:

- Abfälle sind Rohstoffe am falschen Ort und gehören im Sinne einer integralen Produktgestaltung in den Verantwortungsbereich von Forschung&Entwicklung, Design und Produktion.
- Der Grundsatz der Ressourcenverantwortung ist als allgemeine Regel, die sich prinzipiell an alle Akteure entlang des Produktlebenszyklus richtet, gesetzlich zu verankern. Konkretisiert als «Materialverantwortung der Produzenten und des Handels» ist sie zentrale Voraussetzung für einen *Einstieg in eine umfassende Dienste-orientierte Leistungserstellungsphilosophie der Unternehmungen.* Dies führt dazu, dass sich Unternehmen funktions- und bedürfnisorientiert ausrichten und ihre Materialflüsse minimieren, um Kosten zu sparen.
- Bis eine gesetzliche Verankerung Realität ist, können Unternehmungen und Branchen die Materialverantwortung im Rahmen von Selbstverpflichtungen freiwillig vorsehen, denn: Materialverantwortung ist eine ökologische Zusatzleistung, die den Kundinnen und Kunden selbst individuelle Vorteile bringen kann, die diese deshalb durchaus zu honorieren bereit wären. So enthebt es sie beispielsweise von Reparatur-, Nachrüstungs- und Abfallproblemen, deren Lösung nunmehr integral zum Dienstleistungsangebot der Unternehmen gehört. Erste interessante Versuche zur Wahrnehmung der

Materialverantwortung existieren bereits (zum Beispiel im Bereich der Büro- und Unterhaltungselektronik) und demonstrieren die Praktikabilität und Entwicklungsfähigkeit dieses Lösungsansatzes.

- Konkret ergibt sich aus der Materialverantwortung für jede Produktions- und Handelsstufe innerhalb der Produktlinie die Pflicht zur Rücknahme im Sinne der «Retrodistribution». Es gilt, die bestehenden «Ein-Weg»-Versorgungsstrassen von der Produktion über die verschiedenen Stufen der Weiterverarbeitung und des Handels bis zum Konsum um eine *Wiederverwendungs-, Wiederverwertungs- und Entsorgungsspur* auf eine «Zwei-Weg»-Strasse zu erweitern.

Ökologischer Innovationsanreiz für Unternehmen und Branchen

Die Pflicht zur Rücknahme erlaubt verschiedene Rückzugsstrategien, deren Wahl grundsätzlich den Unternehmungen freisteht. Je nach Situation kann die einzelne Unternehmung die Rücknahme in eigener Regie betreiben, in Zusammenarbeit mit anderen Betrieben innerhalb der Branche oder in branchenübergreifender Kooperation; schliesslich können auch Drittunternehmungen mit dieser Aufgabe beauftragt werden. Die Wirtschaft formuliert in eigener Verantwortung zur Sicherung einer funktionierenden Retrodistribution geeignete Ziele (Qualitätsziele, Standardisierungen usw.), baut Organisationsstrukturen auf, legt innerbetriebliche und betriebsübergreifende Kontroll- und Sanktionsmechanismen fest und entwickelt die notwendigen Finanzierungsmodelle. Damit ist auch der Anreiz gesetzt, die Materialrücknahme so kostengünstig wie möglich zu realisieren und zu diesem Zwekke, wenn angebracht, in eigener Regie marktwirtschaftliche Instrumente einzusetzen (bspw. brancheninterne vorgezogene Rücknahmegebühren). Da sich mit der Materialverantwortung die Abfallfrage unmittelbar der jeweils abfallproduzierenden Wirtschaft stellt, hat diese den Anreiz, grundsätzlich neue Lösungen bereits auf der Ebene der *Produktgestaltung* zu entwickeln. Hierzu gehören all jene Anstrengungen, die in der einschlägigen Literatur unter den Stichworten Nutzungsdauerverlängerung von Produkten und Komponenten, abfallvermindernde Vertriebslösungen, Wiederverwertung und Rückgewinnung diskutiert werden (vgl. Stahel 1991 und 1995). Ausserdem lenkt die Materialverantwortung die unternehmerische Kreativität über die technischen Aspekte der Produktgestaltung hinaus zu *funktions- und bedürfnisorientierten ökologischen Innovationen.*

Was dem Staat zu tun bleibt

Zuerst gilt es, die Materialverantwortung in geeigneter Form *gesetzlich zu verankern*. Dadurch kann sich der Staat bzw. die Verwaltung von vielen Detailproblemen entlasten, welche die Wirtschaft nunmehr – dank Problemnähe und entsprechender Sachkompetenz – in eigener Regie löst. Er kann sich strategisch auf die *Erfolgskontrolle* und gegebenenfalls auf *Sanktions- und Ersatzmassnahmen* beschränken. Dabei braucht dies nicht unbedingt die Verwaltungsbehörden selbst zu beschäftigen. Die Erfolgskontrolle kann durchaus im staatlichen Auftrag von spezialisierten privaten Firmen wahrgenommen werden; die Sanktionierung von Verstössen gegen die Materialverantwortung gehört in den Aufgabenbereich der gerichtlichen Instanzen; Ersatzmassnahmen können prinzipiell ebenfalls privaten Unternehmungen aufgetragen werden.

Um das Funktionieren der Materialverantwortung dauerhaft zu gewährleisten, also auch bei Geschäftsaufgaben einzelner Unternehmen innerhalb der Produktlinie, etwa infolge Konkurses, sind entsprechende institutionelle Sicherungen vorzusehen. So könnte bestimmt werden, dass beispielsweise die Branche dann *subsidiär* zur Wahrnehmung der Materialverantwortung verpflichtet ist, wenn einzelne Unternehmen hierzu nicht mehr in der Lage sind. Damit die Branchen diese Aufgabe wahrnehmen können, wird es notwendig sein, jedes Unternehmen entweder durch Mitgliedschaft und/oder adäquate Versicherungs- oder Fondslösungen an die subsidiär verantwortliche Branche zu binden.

Die Unternehmen sind grundsätzlich frei, wie sie die Materialverantwortung in die Tat umsetzen wollen. Sie können dies im Alleingang tun, aber natürlich auch, was naheliegt, in Kooperation mit den anderen Unternehmen innerhalb oder gar über die Branchengrenzen hinweg. Damit besteht eine gewisse Gefahr des monopolistischen Missbrauchs. Zu den staatlichen Pflichten gehört deshalb auch hier (wie in allen anderen Märkten) eine wirkungsvolle *wettbewerbspolitische Aufsicht* mit der Möglichkeit entsprechende Sanktionsmassnahmen zu ergreifen.

Trotz Materialverantwortung werden selbstverständlich *traditionelle Entsorgungsdienste* auch in Zukunft erbracht werden müssen. Sofern der Staat sich weiterhin dieser Aufgabe annimmt, wird er nicht darum herumkommen, ökonomisch und ökologisch adäquate Preise dafür zu verlangen. Dabei gilt es insbesondere auch die beschränkten Deponie- und Verbrennungskapazitäten preislich zum Ausdruck zu bringen (vgl. Cabernard 1995), die ökologisch erforderlichen Qualitätsanforderungen an das Deponiegut durchzusetzen sowie Problemverschiebungen ins Ausland zu verhindern. Diesen Anforderungen haben auch die privat angebotenen Entsorgungsdienste zu entsprechen. Bleibt es jedoch bei der heutigen, ökonomisch und ökologisch nicht zielführenden «Entsorgungsgarantie», dann verkommt die «Materialverantwortung» zu leerer Rhetorik. Zwar würden Retrodistributionswege geöffnet, diese führten jedoch unweigerlich in die nicht zukunftsfähige traditionelle Abfallentsorgung.

9.8 Fazit

Zwei der wichtigsten heute bestehenden ökonomischen Sachzwänge – das Beschäftigungsproblem und die Finanzknappheit der öffentlichen Haushalte – sind in hohem Masse kompatibel mit den Forderungen nach einer ökologischen Grobsteuerung. Der Schritt in eine innovative Umweltpolitik scheitert daher heute nicht an «harten» ökonomischen Hindernissen, sondern vielmehr an einer erheblichen instrumentellen Phantasielosigkeit. Diese gilt es zu bekämpfen. Innovationskooperationen, in denen Akteure der unterschiedlichen Ebenen zusammenkommen, können der entscheidende Hebel sein, solche Wahrnehmungsbarrieren zu überwinden.

10 Innovationskooperationen – zur kooperativen Entwicklung ökologischer Innovationen

Zusammenfassung

Sowohl bei den unternehmensbezogenen als auch bei den politischen Innovationsstrategien spielte die Zusammenarbeit und das gegenseitig aufeinander Bezugnehmen unterschiedlicher Akteure eine zentrale Rolle. «Innovationskooperationen» sind daher ein Weg, um die Entstehung weitgehender Innovationsperspektiven zu fördern. Wie solche Plattformen initiiert und gestaltet werden können, ist das Thema des folgenden Kapitels.

Die Botschaft der letzten Kapitel war eindeutig: Es gibt Innovationsperspektiven, die uns den Postulaten einer Nachhaltigen Entwicklung näher bringen. Es sind dies die Funktions- und Bedürfnisorientierung bei Unternehmen und die Idee einer Ökologischen Grobsteuerung in der Umweltpolitik. Ebenso wurde deutlich, dass die Umsetzung dieser Perspektiven in konkrete Strategien, wie sie in den beiden vorangehenden Kapiteln entwickelt worden sind, vornehmlich von Wahrnehmungs- und Präferenzrestriktionen behindert oder gar verunmöglicht wird.

Es gilt herkömmliche *Wahrnehmungsmuster* zu durchbrechen. So gewinnen beispielsweise für Unternehmen Allianzen an Bedeutung, die im bisherigen Geschäft keine Rolle spielten. Oder in der Umweltpolitik müssen politische Sachzwänge und Politikbereiche gemeinsam gesehen werden, die bis dahin unabhängig nebeneinander herliefen.

Auf der Basis dieser neuen Wahrnehmung gilt es neue Formen des *Präferenz- und Interessensausgleich* zu entdecken. Ökologischer Wandel erzeugt zwar Gewinner, aber auch Verlierer und daher Widerstände bei den so Betroffenen. Durch die neue Problemsicht können solche Widerstände angegangen und abgebaut werden: Wenn mehr Umweltschutz auch wirtschaftlichen Zusatznutzen stiftet, etwa wenn er zur Sanierung der öffentlichen Hauhalte beiträgt oder das Problem der Arbeitslosigkeit entschärft. Oder wenn die Bedürfnisorientierung für Unternehmen den Ausbruch aus ökonomisch erdrückenden «Forschungsspiralen» ermöglicht.

Schliesslich muss auch bei Funktions- und Bedürfnisorientierung und Ökologischer Grobsteuerung den *unbeabsichtigten (ökologischen) Nebenwirkungen* Beachtung geschenkt werden. Die Gefahr solcher Nebenwirkungen ist hier zwar grundsätzlich geringer als bei Prozess-/Produktinnovationen und der ökologischen Feinsteuerung, aber dennoch gegeben und deshalb im Auge zu behalten.

Um diesen Herausforderungen zu begegnen, bieten sich *«Innovationskooperationen»* unter betroffenen Akteuren an:

- Innovationskooperationen eignen sich aufgrund ihres prozessualen Charakters als *Foren für gemeinsames ökologisches Lernen und Handeln* unterschiedlicher Akteure. Hier eingebrachte unterschiedliche Perspektiven und Handlungserfahrungen erhöhen das kreative Potential für neue Lösungsansätze und schärfen das Verständnis für die Interessenslagen anderer Betroffener. Hierdurch ist es leichter möglich, Lösungen zu entwickeln, die bestehende Widerstände Betroffener überwinden.
- Innovationskooperationen reduzieren durch die kooperative und zielgerichtete Zusammenarbeit von Akteuren unbeabsichtigte Nebenwirkungen von ökologischen Innovationen. Durch den Einbezug vieler Betroffener zeigen sich erste Signale für solche Nebenwirkungen nämlich schon früh und werden nicht erst wahrgenommen, wenn sie sich in starkem Widerstand äussern.

Innovationskooperationen sind eine neue Art, die Beziehung zwischen Akteuren in Wirtschaft, Politik und Öffentlichkeit zu gestalten. Sie sind damit selbst eine Innovation – und haben so ebenfalls mit Umsetzungswiderständen zu kämpfen. Wie auf Unternehmens- und politischer Ebene sind auch hier nicht technische oder Kostengründe die Hauptbarrieren (zum Beispiel technische Barrieren in der Kommunikation oder zu hohe Transaktionskosten), sondern vielmehr Aspekte wie *fehlendes Vertrauen* der Akteure in den Nutzen und das Funktionieren der kooperativen Zusammenarbeit und *Angst vor Nachteilen*, die Innovationskooperationen für ökologische Innovationsprozesse haben können (Gefahr der Erstarrung). Hierzu gehören auch Hindernisse, die im Selbstverständnis der Akteure verankert sind oder dieses erschüttern. So befürchten Akteure etwa, durch Innovationskooperationen ihren Einfluss zu verlieren, oder sie können nicht akzeptieren, dass Überwachungs- und Sanktionsmöglichkeiten gegenüber anderen Akteuren in kooperativen Prozessen im Vergleich zu anderen Koordinationsformen relativ gering sind. Diese Hindernisse können Akteure darin bestärken, ihre Innovationsprojekte weiterhin in Eigenregie voranzutreiben und damit am Nutzen von Innovationskooperationen gar nicht oder nur partiell teilzuhaben. Derartige Restriktionen zu überwinden haben auch Akteure, die zwar Beziehungen zu anderen Akteuren pflegen, diese aber nicht für Innovationskooperationen nutzen.

Der zentrale Kern von Plattformen für Innovationskooperationen sind daher die *Vertrauensbeziehungen* zwischen den unterschiedlichen, aber zumindest potentiell füreinander interessanten Akteuren. Diese gilt es aufzubauen oder derart zu intensivieren, dass sie die skizzierten Restriktionen vermindern. Solche Vertrauensbeziehungen für ökologische Innovationsprozesse entwickeln sich besonders gut, wenn *Akteure unmittelbar und persönlich in Beziehung* zueinander treten.

Das folgende Kapitel widmet sich daher der Frage, wie erfolgreiche Plattformen für Innovationskooperationen initiiert und gestaltet werden können. Bei der *Initiierung* geht es darum, Akteure überhaupt zusammenzubringen, um die für Innovationskooperationen notwendigen Vertrauensbeziehungen, eine gemeinsame ökologische Problemwahrnehmung sowie gemeinsame Interessen aufzubauen. Die *Gestaltung* der Innovationskooperationen zielt darauf, jene prozesshafte Dynamik zu entwickeln, die Akteure nicht von einem Engagement abhält, die ökologische Handlungsorientierung gewährleistet und die Kooperationen nicht zu Bremsen für Innovationen werden lässt.

Beide Strategien zielen auf Akteure, die die Nutzen von Innovationskooperationen zunächst nicht oder nur unzulänglich wahrnehmen, jedoch bereit sind, den ökologischen Strukturwandel nachhaltig zu gestalten. Wer allerdings weder die Notwendigkeit einsieht noch die grundsätzliche Bereitschaft zu einer kooperativen Zusammenarbeit mit weiteren Akteuren zeigt, kann mit diesen Strategien nicht erreicht werden. Denn die Beteiligung an Innovationskooperationen ist immer ein bewusster und aktiver Vorgang.

Bevor mögliche Ansatzpunkte dazu skizziert werden, wie Innovationskooperationen initiiert und gestaltet werden können, ist zu klären, wer diese Prozesse eigentlich vorantreibt (Träger der Strategien) und welche grundsätzlichen Regeln dabei zu beachten sind (Anforderungen an Massnahmen).

Innovationskooperationen – ein Garant für ökologischen Erfolg?

Kooperative Lösungsstrategien haben gegenwärtig in umweltpolitischen, soziologischen und volks- und betriebswirtschaftlichen Strategiebüchern Hochkonjunktur. Nach einer Phase der machtbetonten Konfrontation zwischen den Verursachern von Umweltproblemen und Umweltorganisationen, werden heute kooperative Lösungen zwischen den ehemaligen Kontrahenten angestrebt. Die Auseinandersetzung Greenpeace – Shell um Brent-Spar 1995 gilt als «Rückfall in die Frühzeit der umweltpolitischen Auseinandersetzung» und lieferte den Kommunikationsberatern den letzten Beweis für die Notwendigkeit von kooperativen Lösungsstrategien. Obwohl sich letzlich auch dieses Buch dieser Stossrichtung verpflichtet fühlt, gilt es drei Vorbehalte anzubringen.

(1) Innovationskooperationen sind nicht für alle ökologischen Innovationen die adäquate Lösungsstrategie. Gerade die Analysen dieses Buches zeigten, dass ökologische Innovationen weiterhin auch durch Marktkräfte bewirkt werden, die zudem in der Umsetzungsphase von ökologischen Innovationsprozessen einen entscheidenden Antrieb darstellen. Kooperationen also ja, aber nur in Komplementarität zu Konkurrenzbeziehungen. Denn sonst droht Gefahr, dass mit Kooperationen unter Vorgabe ökologischer Motivation eine marktbeherrschende Stellung zwecks Abschöpfung monopolistischer Renten angestrebt wird.

(2) Kooperationen bedeutet auch nicht die Auflösung aller ökologischer Probleme in Harmonie. Machtgefälle und Konflikte sind ein Teil von kooperativen Gefügen. Wer Ressourcen kontrollieren kann, kann Kooperationen dominieren oder zu seinen Gunsten steuern. Innovationsprozesse laufen auch nicht ohne Konflikte zwischen Partnern ab. Im Gegenteil, Konflikte sind Ausdruck von Dynamik in einer Kooperation. Ohne Konflikte drohen Kooperationen zu erstarren. Was es jedoch zu vermeiden gilt, sind Widersprüche zwischen Akteuren. Dies sind Situationen, in denen der gemeinsame Hintergrund oder das gemeinsame Interesse der Akteure zerbricht, keine gemeinsame Plattform mehr vorhanden ist. Macht und Konflikte sind somit Bestandteil von dynamischen Kooperationen, jedoch nur solange keine Widersprüche zwischen den Beteiligten auftreten.

(3) Kooperationen sind für einen Akteur immer doppelte Herausforderungen. Diejenigen Akteure, die mit einem Kooperationsent-

scheid nur ihre Aussenbeziehungen prozesshaft gestalten und ihre internen Strukturen und Lernprozesse unverändert belassen, können von den Vorteilen von Innovationskooperationen nur teilweise profitieren und laufen zudem Gefahr, in diesem Spannungsfeld handlungsunfähig zu werden. Sich auf Innovationskooperationen einlassen heisst also immer, auch die Selbstorganisation überprüfen und entsprechend neu gestalten.

10.1 Innovationskooperationen – einige Gedanken zum Grunddesign

Träger der Strategien

Motor für Innovationskooperationen sind häufig einzelne *Unternehmen* und *staatliche Institutionen.* Um ökologisch nachhaltige Innovationen auszulösen, sind diese auf die Zusammenarbeit mit anderen Akteuren angewiesen. Sei dies entlang eines Produktlebenszyklus, in Bedürfnisfeldern oder sei es bei der Ausgestaltung von umweltpolitischen Optionspaketen. Auch *Interessenorganisationen* spielen häufig eine tragende Rolle auf derartigen Plattformen. Sie können über einen längeren Zeitraum hinweg einen institutionalisierten Rahmen für einen ungezwungenen Erfahrungsaustausch und für eine gemeinsame Entscheidungsfindung zur Verfügung stellen. Allerdings besteht die Gefahr, dass sie nur solche Interessen thematisieren, die eine Mehrheit der einflussreichen Mitglieder interessiert. Staatliche Institutionen sind für Innovationskooperationen nicht nur wegen ihres starken Eigeninteresses und ihrer Fähigkeit zum Interessenausgleich zentral, sondern sie haben durch ihre institutionelle Konstanz sowie durch die Möglichkeit der Schaffung von Gesetzen, Verordnungen und Regeln das Potential, die mittel- bis langfristige Orientierung derartiger Kooperationen sicherzustellen. Es sind die Schlüsselakteure, die Innovationskooperationen vorantreiben (vgl. Kap. 6).

Anforderungen an Massnahmen

Innovationskooperationen können nur dann entstehen und «funktionieren», wenn ihr prozessualer Charakter zum Tragen kommt und zwischen den beteiligten Akteuren ein ökologisch orientierter Lernprozess abläuft. Bei der Initiierung und Gestaltung von Innovationskooperationen ist daher auf folgende Aspekte zu achten.

Es gilt eine **prozessuale Dynamik** zu gewährleisten: Zwischen den beteiligten Akteuren muss ein gemeinsamer Lernprozess stattfinden können, der gemeinsame Erfahrungen ermuntert und Vertrauen schafft. Dies setzt einen geeigneten formalen Rahmen sowie die Bereitschaft der Akteure voraus, sich aktiv zu beteiligen, zu kommunizieren und zu experimentieren, bei Konflikten Kompromisse einzugehen sowie ein gemeinsames Set von Regeln aufzubauen und zu respektieren.

Exemplarisches Vorgehen ist zu ermöglichen: Akteuren muss erlaubt sein, ihr Handeln zu hinterfragen und allenfalls zu korrigieren. Zentral sind ökologische Projekte, bei denen bestehende Handlungspielräume der Beteiligten voll ausgenützt, die scheinbar unverrückbaren «Rahmenbedingungen» des Handelns verändert werden und bei denen versucht wird, die nicht beabsichtigten ökologischen Folgen einer Handlung miteinzubeziehen. Positive ökologische und ökonomische Resultate sollen andere Akteure ebenfalls zu ökologischem Handeln motivieren. Erfolgreiche Ideen sollen in andere Regionen oder auf andere Ebenen übertragen werden können.

Die **mittel- bis längerfristige Orientierung** ist sicherzustellen: Innovationskooperationen können nicht von einem Tag auf den andern, sondern nur über einen längeren Zeitraum hinweg aufgebaut werden. Diese mittel- bis längerfristige Orientierung ist inhaltlich wie institutionell zu sichern. Besonders bedeutsam ist das Engagement von Schlüsselakteuren, die dafür aufgrund ihrer institutionellen Konstanz oder ihres Eigeninteresses die Verantwortung übernehmen. Mit einmaligen und kurzfristigen Interventionen können Innovationskooperationen zwar angestossen, es kann ihnen jedoch kaum zum Durchbruch verholfen werden.

Die **ökologischen Innovationsperspektiven von Unternehmen und staatlichen Institutionen** sind zu unterstützen: Mit der inhaltlichen Ausrichtung der Massnahmen sind Unternehmen und staatliche Akteure zu unterstützen, die ökologisch nachhaltige Innovationen tätigen möchten – funktions- und bedürfnisorientierte Innovationen sowie ökologische Grobsteuerung in den Bereichen Energie, Material/Abfall, Boden, Verkehr, Risiken – und dafür auf Plattformen für Innovationskooperationen angewiesen sind.

Es gilt die **Handlungsrationalitäten und -restriktionen von unterschiedlichen Akteuren zu berücksichtigen,** aber nicht in den Vordergrund stellen: Eine Stärke der Innovationskooperationen besteht darin, dass unterschiedliche Akteure gemeinsame Interessen, Vorstellungen und Ansprüche entwickeln beziehungsweise vor diesem Hintergrund ökologische Innovationen erleichtert tätigen können. Der Aufbau dieser gemeinsamen Optik soll deshalb im Vordergrund stehen – ohne jedoch zu verkennen, dass die einzelnen Akteure unterschiedlichen Rationalitäten und Restriktionen unterliegen.

Die **ökologische Orientierung ist sicherzustellen.** Innovationskooperationen führen nicht zwangsläufig zu ökologischen Innovationen. Nur wenn Ökologie ein zentrales Thema ist und es auch bleibt, ist mit Erfolg zu rechnen.

Der **Zusatznutzen der räumlichen oder sozialen Nähe** ist gezielt einzusetzen: Innovationskooperationen haben gute Erfolgsaussichten, wenn die relevanten Akteure von den Zusatznutzen der räumlichen oder sozialen Nähe profitieren können. Standort und kultureller Hintergrund der Beteiligten sind deshalb im Auge zu behalten. Dies gilt besonders für Innovationen, deren Erfolg und Natürlichkeits-Garantie auf dem glaubwürdigen ökologischen Image einer Region basiert. Nur wenn sich die Verbindung von ökologischer Qualität und Standort herstellen lässt, ist diese Innovation möglich.

10.2 Initiierung von Plattformen für «Innovationskooperationen»

Zur Initiierung von Innovationskooperationen sind die unterschiedlichen Akteure zusammenzubringen, um die notwendigen Vertrauensbeziehungen, eine gemeinsame ökologische Problemwahrnehmung sowie gemeinsame Interessen aufzubauen. Die zentrale Bedeutung von Vertrauensbeziehungen bedingt ein schrittweises Vorgehen. Vom Zeitpunkt der Initiierung bis zum "Funktionieren" von Innovationskooperationen können vereinfacht drei Schritte unterschieden werden:

- **Breite Initiierung durch einen Akteur**: In der Regel bietet ein Schlüsselakteur im Rahmen eines Informationsforums einem relativ breiten Kreis von potentiell Interessierten Gelegenheit zu ersten Gesprächen. Der Schlüsselakteur spannt erste Fäden zu kooperationsbereiten Akteuren, bleibt jedoch noch unverbindlich.
- **Gezielte Initiierung durch einen Akteur**: In der Regel bringt derselbe Akteur wieder Akteure zusammen, schränkt die Teilnehmenden jedoch gezielter auf die kooperationsbereiten und die Akteure mit Schlüsselpositionen ein. Die Gespräche werden konkreter, der Erfahrungsaustausch wird verbindlicher und anstehende (ökologische) Probleme werden erörtert. Der Organisator schafft gezielt Kontakte zu relevanten Akteuren, um die Vorteile dieser gegensei-

tigen, aber noch allein auf ihn zentrierten Kooperationen für Innovationen zu nutzen.

- **Vom Stern zum Netz**: Die an einer Innovationskooperation Beteiligten profitieren nicht nur von der Zusammenarbeit mit dem Schlüsselakteur, sondern beginnen auch untereinander ihre Aktivitäten zu koordinieren. Dadurch entsteht ein dynamisches Geflecht von kooperativen Beziehungen zwischen allen Beteiligten.

Wegen der bestehenden Restriktionen ist es ratsam, zuerst jene Akteure für eine verstärkte Zusammenarbeit zu gewinnen, bei denen vorwiegend Nutzenrestriktionen überwunden werden müssen. Diese sind gezielt anzusprechen und durch exemplarisches Vorgehen von den Vorteilen dieser Plattformen für die Entstehung von ökologischen Innovationen zu überzeugen. Kommen dadurch Innovationskooperationen zustande, können anschliessend auch Akteure, bei denen Wahrnehmungsrestriktionen zu überwinden sind, einbezogen werden.

Von den verschiedenen möglichen Massnahmen zur Initiierung von Plattformen für Innovationskooperationen seien drei näher vorgestellt:

Informationsforen

Dem Konzept von Informations- und Förderforen liegt die Idee zugrunde, dass ein oder mehrere Schlüsselakteure potentiell an Innovationskooperationen interessierte Akteure zu einem ersten informellen Kontakt zusammenbringen und die Gelegenheit zum gegenseitigen Kennenlernen schaffen. Als Rahmen für derartige Veranstaltungen eignen sich zum Beispiel Messen, Kongresse oder Ausstellungen, an denen Schlüsselakteure vertreten sind und durch Referate oder Workshops zum gegenseitigen und ungezwungenen Gedanken- und Erfahrungsaustausch angeregt werden. Ziel dieser Informationsforen ist es, Nutzen- und Wahrnehmungsrestriktionen abzubauen, ohne jedoch direkt schon die Entstehung von Innovationskooperationen anzustreben.

Förderforen

Die gezielte Förderung von Innovationskooperationen ist der Zweck von eigentlichen Förderforen, an die nur noch bestimmte Akteure eingeladen werden. Die Initiative dafür geht von einem Akteur aus, der erkennt, dass er für die innovative Lösung eines ökologischen Problems auf die kooperative Zusammenarbeit mit weiteren Akteuren angewiesen ist, beziehungsweise die ökologische Entlastung dadurch noch erhöht werden kann. Dies setzt voraus, dass er über Macht oder Ressourcen verfügt, die es auch für weitere Akteure attraktiv macht, an diesem Forum teilzunehmen. Die Förderforen sind dann erfolgreich, wenn aus den dort entstandenen Kontakten Innovationskooperationen entstehen.

Bestehende Beziehungen auf Innovationskooperationen hin prüfen

Bestehende Beziehungen zu anderen Akteuren mit Blick auf eine Innovationskooperation zu überprüfen, ist ein weiterer Ansatz zur Initiierung solcher Plattformen. Ziel ist es hier, schon vorhandene Beziehungen im Hinblick auf eine ökologische Herausforderung bewusster zu nutzen, gezielter zu gestalten und zu ergänzen. Dieser Ansatz kann in der Regel auf bestehende Vertrauensbeziehungen aufbauen.

Ökologische Pilotprojekte von Schlüsselakteuren

Innovationskooperationen können auch von konkreten Pilotprojekten ausgehen. In solchen Fällen warten Schlüsselakteure nicht auf Vorgaben und sichere Rahmenbedingungen, sondern gewinnen weitere Schlüsselakteure für ein ökologisches Pilotprojekt in politisch oder wirtschaftlich blockierten Umweltbereichen. Hierzu eignen sich besonders Unternehmen, die bewusst auf Vernetzung und Kooperation setzen oder die aufgrund ihrer Marktstellung oder herausragenden Fähigkeiten ein grosses Renommée besitzen, aber nicht bereit sind, die ökologische Herausforderung im Alleingang anzunehmen. Bei Erfolg erlaubt dieses Vorgehen, die Abschöpfung von ökologischen Pionierrenten. Mit ökologischen Pilotprojekten können zudem erstarrte oder blockierte Innovationskooperationen aufgebrochen werden. Pilotprojekte besitzen ihre Stärken im exemplarischen und experimentierfreudigen Vorgehen von vernetzten Schlüsselakteuren. Sie rechnen zu Beginn nicht mit dem Beifall von Mehrheiten, sondern haben den Mut zum ersten, wegen ihren herausragenden Fähigkeiten und ihrer Macht jedoch nur bedingt risikobehafteten ersten Schritt.

10.3 Gestaltung von Plattformen

Mit der Gestaltung von Plattformen soll das Funktionieren von bestehenden Innovationskooperationen optimiert werden. Gestaltung steht für jede Form von Einflussnahme eines Akteurs auf das Funktionieren einer Innovtionskooperation, sei es von einem Akteur innerhalb der Kooperation oder durch einen externen Dritten. Sie umfasst das breite Spektrum von Moderation bis hin zum Management von Kooperationen. Sie gewährleistet die Dynamik der Innovationskooperation, hält die Akteure trotz Restriktionen engagiert, verstärkt die ökologische Handlungsorientierung und wacht darüber, dass die Kooperationen nicht zu Bremsen für Innovationen werden.

Zunächst wird daher auf einige grundsätzliche Erfordernisse des Managements von Innovationskooperationen eingegangen, um abschliessend zwei Massnahmen vorzustellen, die spezifisch die ökologische Handlungsorientierung anregen und aufrechterhalten helfen.

Moderation und Management

Akteurnetze werden von einem externen oder internen Moderator oder Management gefördert und begleitet. Diese greifen punktuell oder während des gesamten Innovationsprozesses ein. Extern meint, dass der Berater bzw. die Beraterin von ausserhalb des Aktuernetzes beigezogen wird, bei einer internen Lösung übernimmt eine beteiligte Person diese Funktion. *Moderation* orientiert sich primär an den Möglichkeiten und der Bereitschaft zur Zusammenarbeit der Beteiligten. Der Lernprozess baut auf den vorhandenen Fähigkeiten und Ressourcen des Akteurnetzes auf. *Management* bringt zusätzlich externes Wissen über den Prozess der Innovationsentstehung sowie zum Inhalt ein. Der Lernprozess wird dadurch aktiver gestaltet. Es soll sicherstellen, dass

- je nach Innovationsphase die relevanten Schlüsselakteure einbezogen werden,
- bewusst auch die anfänglich blockierenden Akteure mitmachen,
- der Macht- und Interessenausgleich zwischen den Akteuren spielt,
- die Konsensfindung und Zielorientierung des Innovationsprozesses gefördert wird,
- für die Kooperation Spielregeln erstellt und eingehalten werden.

Die Anregung für eine aktive Kooperationsgestaltung kann von einem oder mehreren Unternehmen, Interessenorganisationen oder vom Staat ausgehen und bereits durch ein gezieltes Management oder eine Moderation begleitet sein. Dies hat für den Initianten den Vorteil, dass der Prozess von Beginn weg auf ihn fokussiert wird. Es vermindert aber wegen der dadurch entstehenden Machtkonstellation für die übrigen Akteure die Attraktivität der Zusammenarbeit. Es kann also von Vorteil sein, die Frage der Netzwerkmoderation oder des Netzwerkmanagements auch dem Akteurnetz vorzulegen. Dort muss ebenfalls festgelegt werden, ob diese Funktion innerhalb vergeben oder einer unabhängigen externen Beratung übertragen werden soll. Empirisch hat sich gezeigt, dass eine externe Beratung wegen ihrer Unabhängigkeit und Unvoreingenommenheit für Moderations- und Managementfunktionen besser geeignet ist, vorausgesetzt sie verfügt über das entsprechende Persönlichkeitsprofil.

Drei Punkten muss beim Management von Innovationskooperationen besondere Aufmerksamkeit geschenkt werden:

Dynamik: Plattformen für Innovationskooperationen bieten den beteiligten Akteure nur dann Nutzen, wenn zwischen den Beteiligten ein dynamischer, innovationsfördernder Austausch stattfindet, das Zusammenspiel zwischen den Akteuren funktioniert und die Innovationskooperationen durch gemeinsame Aktivitäten immer wieder erzeugt und bestätigt werden. Wichtiges Ziel eines Kooperationsmanagments muss es deshalb sein, diese Dynamik aufrecht zu erhalten und die Gefahr der inneren Erstarrung zu bannen. Dies kann durch den gezielten Einbezug von neuen Akteuren oder mindestens von neuen Ressourcen erfolgen, z.B. in Form eines Kongresses. Dies heisst aber auch, die Beteiligten immer wieder daran zu erinnern, ihre Kontakte mit anderen Akteuren nicht nur auf die Plattform zu beschränken, sondern auch aus anderen Beziehungen neue Impulse und Trends aufzunehmen.

Flexibilität: Je grösser die Zahl der Involvierten, desto grösser ist die Tendenz, in Innovationskooperationen die Vorteile der vertrauensbasierten Zusammenarbeit durch explizite Strukturierungen zu formalisieren. Kooperationsmanagment hat ein Gleichgewicht zwischen den Formalisierungswünschen der Akteure sowie der für die Dynamik der Innovationskooperation nötigen Flexibilität zu schaffen und dafür die nötigen Instrumente bereitzustellen.

Restriktionen: Auch bestehende Plattformen sind nicht gegen Restriktionen immun. Wegen ihres prozessualen Charakters und des dynamischen Zusammenspiels der Beteiligten können sie jederzeit wieder neu aufbrechen. Gerade deshalb können in Innovationskooperationen Restriktionen nie vollständig ausgeräumt, sondern nur vermindert und kalkulierbarer gemacht werden. Aufgabe eines Kooperationsmanagements ist es deshalb, diese immer wieder auftretenden Restriktionen nicht zu verdrängen, sondern rechtzeitig zu thematisieren und die Dynamik der Kooperation so zu beeinflussen, dass das

Engagment möglichst vieler Beteiligter erhalten bleibt. Dadurch werden die Restriktionen Teil des gemeinsamen Lernprozesses, aus der Schwäche wird eine Stärke.

Ziel jeglicher Art von Gestaltungen von Plattformen muss es deshalb sein, eine gemeinsame Innovationskooperations-Kultur aufzubauen, für die diese drei Punkte konstitutierend sind.

Regionale Umweltberichterstattung

Regionale Umweltberichte, die sich nicht auf das Darstellen von Fakten beschränken, sondern grosses Gewicht auf konkrete Handlungsanregungen legen, können die Wahrnehmungsrestriktionen der Schlüsselakteure gegenüber ökologischen Innovationen abbauen. Akteure sollen verstärkt für die ökologische Qualität ihrer alltäglichen beruflichen und privaten Lebensumwelt sensibilisiert werden. Ziel ist es, derartige regionale *Umweltberichte* als *handlungsorientiertes Führungsinstrument* in Zusammenschlüssen von Gemeinden oder Unternehmen zu etablieren.

Bisher übliche Umweltberichterstattung erschöpft sich meist in «sektoriellen» Umweltanalysen, die sich auf die Beschreibung des Ist-Zustandes und die Offenlegung des Handlungsbedarfs konzentrieren. Umweltpolitische Ziele und Strategien sowie daraus abgeleitete Aktionsprogramme sind nur vereinzelt entworfen worden. Um jedoch einem Umweltbericht handlungsorientierten Charakter zu verleihen, sind sowohl der Handlungsbedarf offenzulegen als auch die verantwortlichen Akteure sowie die späteren Entscheidungsträger in die Arbeit miteinzubeziehen. Der Bericht muss insbesondere Antworten auf folgende Fragen geben können: Welche Akteure sind betroffen? Welche Handlungsspielräume haben diese? Welche Umsetzungsstrategien stehen sinnvollerweise zu Gebote, das heisst: welche konkreten Innovationsperspektiven bieten sich zu einer Lösung an? Das Instrument des «handlungsorientierten Umweltberichts» scheint uns ein wichtiges Instrument zu sein, um die ökologische Sensibilisierung der Akteure innerhalb ihres konkreten Lebens- und Handlungsfeldes zu erhöhen.

Entscheidend ist nun, dass als Träger für diese Massnahme nicht nur staatliche Akteure in Frage kommen. Wenngleich die Idee des handlungsorientierten Umweltberichts als umweltpolitisches Instrument für kleinere und mittlere Städte entwickelt wurde (Keller/Pulver 1995), so ist ihr Anwendungsbereich nicht zwingend auf diese Körperschaften beschränkt. Denkbare Träger sind insbesondere auch freiwillige Zusammenschlüsse von grösseren Unternehmen oder Institutionen (Innovationskooperationen), die periodisch punktuell oder umfassend einen handlungsorientierten Umweltbericht für ihren Bereich veröffentlichen. Dies mit dem Ziel, mittelfristig die Bereitschaft zu ökologischen Innovationen oder zum Kauf von ökologisch nachhaltigeren Produkten zu erhöhen.

Umweltstandards als Teil einer neuen Standortpolitik

Wenn politisch abgegrenzte Regionen auf ihrem Territorium für ausgewählte Bereiche der Grobsteuerung, neuartige und/oder verschärfte Regio-Umweltstandards erlassen, ist dies ein wichtiger Motor für die Gestaltung von Innovationskooperationen. Regionen übernehmen in diesem Fall eine ökologische Vorreiterrolle. Damit erhöhen sie die ökologische Innovationstätigkeit der betroffenen Akteure und bewirken eine erhöhte Bereitschaft für Innovationskooperationen. Regio-Umweltstandards werden mit Vorteil schrittweise und zuerst für die Grobsteuerungsbereiche mit den stärksten ökologischen Belastungen eingeführt. Es ist das Ziel, das ökologische Image der Region möglichst schnell als Marketing-Label und als Differenzierungsstrategie im globalen Standortwettbewerb einzusetzen. Starke Belastungen sollen möglichst schnell reduziert und als Motivation für die Festsetzung von Regio-Umweltstandards in weiteren Grobsteuerungsbereichen dienen. Die Initiierung und Trägerschaft dieses Instruments ist zwar auf den Akteur Staat konzentriert, kann aber nicht realisiert werden, wenn die übrigen Schlüsselakteure von den Vorteilen dieser Strategie nicht überzeugt sind. Sie hat also nur dann Realisierungschancen, wenn sich die Betroffenen mehrheitlich auf ein Vorgehen sowie gemeinsame Regeln einigen können.

Die Idee solcher Standards lässt sich, entsprechende Anpassungen vorausgesetzt, auch auf andere Regionen übertragen. Wichtig in unserem Zusammenhang ist indes, dass sich Umweltstandards, losgelöst vom regionalen Bezug, als Managementinstrument in Innovationskooperationen anbieten

10.4 Fazit

Die Vorteile kooperativer Lösungsstrategien sind in der Fachliteratur schon seit einiger Zeit bekannt. Insbesondere die Einsicht in die Vorteile einer regionalen Konzentration von Akteuren blickt auf eine lange theoriegeschichtliche Tradition zurück. Sie wurde bereits 1890 vom englischen Ökonomen Alfred Marshall als Resultat positiver externer

Effekte interpretiert und unter dem Stichwort der sogenannten «Agglomerationsvorteile» thematisiert – und hundert Jahre später insbesondere von Vertretern der strategischen Managementlehre als Instrument zur Aufrechterhaltung der internationalen Wettbewerbsfähigkeit von Unternehmen wiederentdeckt und weiterentwickelt (vgl. bspw. Porter 1990 oder Borner/Porter/Weder/Enright 1991). Der in diesem Kapitel skizzierte Vorschlag geht dahin, dieses Instrument – konkret: die Kooperation in Netzwerken – gezielt zur Generierung, Unterstützung und Durchsetzung von ökologischen Innovationen auf Unternehmensebene und auf Politikebene einzusetzen.

Trotz des ökologischen Potentials, das Kooperationen in Netzwerken innewohnt, bleibt festzuhalten, dass sich damit nicht automatisch ökologischer Erfolg einstellt. Zum einen bleiben sie auf das tätige Engagement jedes einzelnen, insbesondere jedoch der Schlüsselakteure angewiesen. Innovationskooperationen ersetzen nicht innovative Unternehmer und Unternehmerinnen in Wirtschaft und Politik, sondern sind ein Instrument in ihrer Hand!

Zum anderen: Damit dieses Instrument volle Wirksamkeit entfalten kann, gilt es die geeignete Kooperationsform zu wählen, ausserdem müssen einige grundlegende Funktionsbedingungen und Managementregeln beachtet werden. Sie wurden im vorliegenden Kapitel kurz erörtert.

Schliesslich besteht auch die Gefahr, dass sich Innovationskooperationen zu ökonomisch und letztlich ökologisch kontraproduktiven Machtgebilden entwickeln, die nicht mehr auf ökologisch innovatorische Leistungen angewiesen sind, sondern sich mit dem Abschöpfen von Monopolrenten begnügen können. Zentral ist deshalb die Aussage, dass Kooperationen ihre Vorteile insbesondere in der Phase der Generierung von ökologischen Innovationen ausspielen. Bei der Durchsetzung bedarf es des «Konkurrenzstimulus» des Marktes. Kurz: Innovationskooperationen haben die Entstehung von Innovationen zu unterstützen, durchsetzen müssen sich diese dann aber auf einem Markt, der (möglichst vielen) Nachahmerinnen und Nachahmern der ökologischen Innovationen eine Chance gibt!

11 Zusammenfassung und Ausblick

Sind Innovationen der Schlüssel für die Umsetzung einer Nachhaltigen Entwicklung? Welche Arten von Innovationen braucht es dafür? Woran scheitern vielversprechende Innovationen? Wie kann ihnen zum Durchbruch verholfen werden?

Der Untertitel des vorliegenden Buches «Innovationsstrategien für Unternehmen, Politik und Akteurnetze» wirft solche Fragen auf. Im folgenden werden die wichtigsten Antworten in sieben Thesen zusammengefasst. Sie sollen zur Diskussion anregen, zu konstruktiv-kritischem Weiterdenken einladen – und «Mut zum ökologischen Umbau» machen. Abb. 11.1 gibt die wichtigsten Elemente des Buches in Kurzform wieder.

Erstens: Nachhaltige Entwicklung benötigt nicht nur technische Innovationen – sie müssen durch politische und gesellschaftliche Innovationen ergänzt werden.

Wenn in unserer Gesellschaft über Innovationen gesprochen wird, so sind damit in der Regel technische Innovationen gemeint: «Biotechnik», «3-Liter-Autos», «Solartechnik» oder «produktionsintegrierter Umweltschutz» werden als Verheissungen eines neuen ökologischen Zeitalters gepriesen. Wenig ist dagegen die Rede von politischen, wirtschaftlichen und gesellschaftlichen Innovationen, die solche technischen Problemlösungen erst möglich machen und bestimmen, welche konkreten ökologischen Wirkungen letztlich von ihnen ausgehen. Ökologische Innovationen im Sinne einer zielgerichteten Neugestaltung müssen auch diese Dimensionen umfassen, um Nachhaltige Entwicklung zu ermöglichen. Dieser breiten Innovationsperspektive ist das Buch verpflichtet.

Zweitens: Nachhaltige Entwicklung verlangt Klarheit über das ökologische Referenzsystem. Es ist die «ökologische Nachhaltigkeit».

Eine zielgerichtete Neugestaltung benötigt Ziele. Grundlage für die Zielformulierung ist die Erkenntnis, dass Natur in einem komplementären Verhältnis zu allen anderen von Menschen gemachten Produktionsfaktoren steht. Sie ist nicht ersetzbar – und daher in ihrer Vielfalt und Vitalität zu erhalten. Jede an Austauschbarkeit zwischen Natur und Kapital orientierte Nachhaltigkeitsbetrachtung erfüllt namentlich jene Forderung nicht, die auch späteren Generationen ein Recht auf unversehrte Natur zuspricht. Vor diesem Hintergrund entwickelt das Buch ein aus sieben Kernpostulaten bestehendes Referenzsystem für eine Nachhaltige Entwicklung.

Drittens: Der heute stattfindende Strukturwandel weist nicht in Richtung Nachhaltige Entwicklung, sondern von ihr weg.

Nachhaltige Entwicklung ergibt sich nicht von selbst. Dies ist die zentrale Erkenntnis aus der Analyse des aktuellen ökonomischen Strukturwandels. Die in den Trend zur Dienstleistungs- und Informationsgesellschaft gesetzten ökologischen Hoffnungen erfüllen sich nicht. Ökonomische Wertschöpfung und ökologische Belastungen entkoppeln sich nicht oder nur in einem Ausmass, welches nicht ausreicht, den Postulaten einer Nachhaltigen Entwicklung gerecht zu werden. Dies zeigt das Buch exemplarisch an Zahlen zur Schweizer Umwelt und Wirtschaft.

Viertens: Ökologische Innovationen gibt es auf verschiedenen Ebenen, noch aber greifen sie oft zu kurz.

Nachhaltige Entwicklung ist ein Gestaltungsauftrag an alle gesellschaftlichen Akteure, insbesondere jedoch an jene, denen hinsichtlich ihrer Gestaltungsmacht besondere Verantwortung zukommt: Unternehmen und Akteure der Politik. Ansatzpunkte hierfür sind zahlreich vorhanden. Sowohl in *Unternehmen* als auch in der *Politik* lassen sich in den letzten Jahren viele Innovationen beobachten, die auf ökologische Verbesserungen zielen. Auch die Art und Weise, wie sich die Akteure *koordinieren*, um solche Verbesserungen voranzutreiben, haben sich gewandelt und nehmen an Bedeutung zu. Trotzdem: Nähere Betrachtung zeigt, dass diese Innovationen oft zu kurz greifen: Unternehmen konzentrieren sich heute noch zu sehr auf ökologische Verbesserungen bei ihren Produktionsprozessen und auf die selektive Verbesserung einzelner Produkteigenschaften. Der gesamte Anwendungsverbund oder die einem Produkt zugrundeliegenden Bedürfnisse sind selten Ausgangspunkt für Innovationen. Hier bestehen jedoch erhebliche ökologische Potentiale. Ähnliches gilt für die Umweltpolitik: Sie bedient sich in der Regel einer emissionsorientierten Feinsteuerung, ohne jede Chance, im Umfeld einer fehlgeleiteten inputorientierten Grobsteuerung grundlegende Belastungen zu drosseln oder zu beseitigen. Dass dabei nicht mehr als eine Symptombekämpfung herauskommt, verwundert nicht! Wesentlich mehr Erfolg versprechen

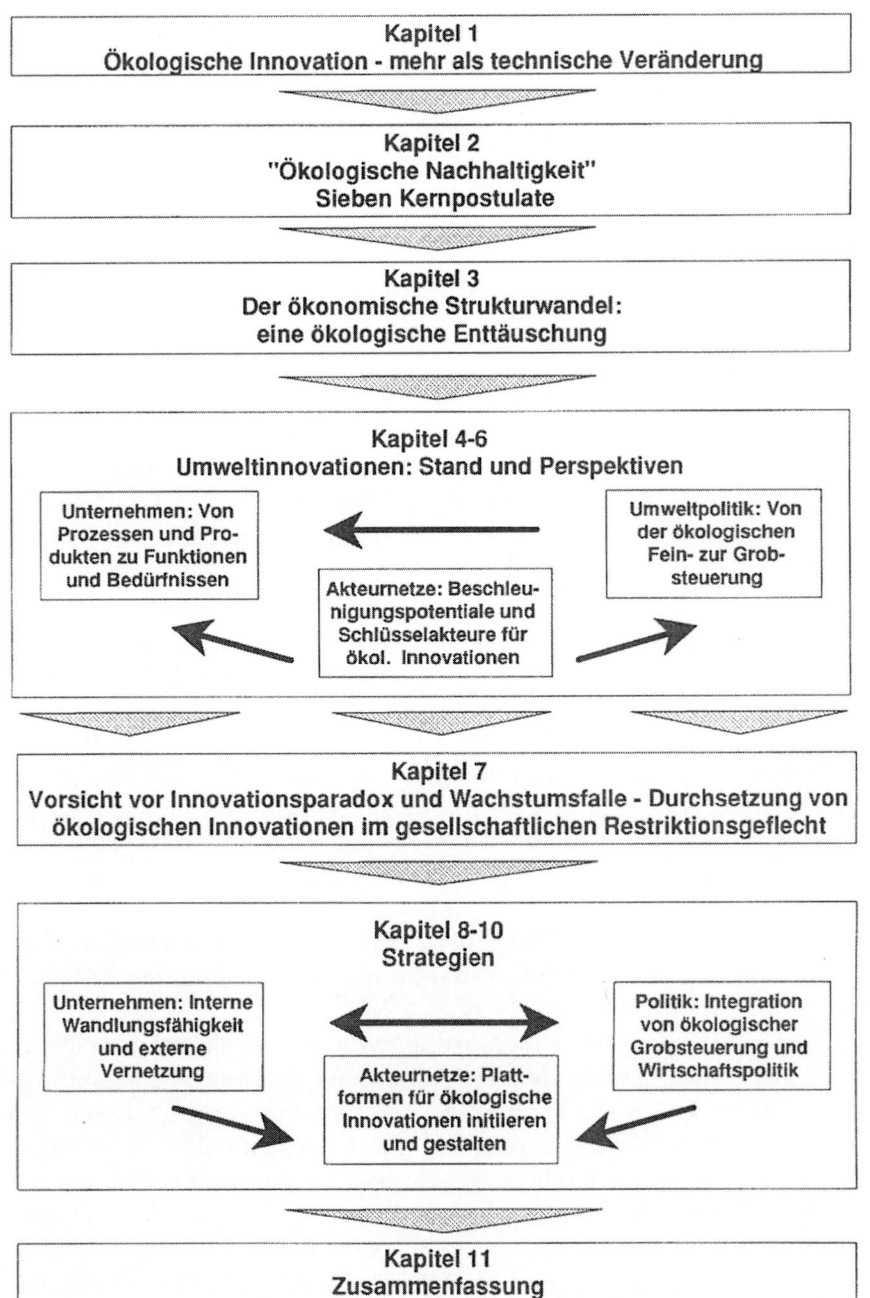

Abbildung 11.1
Grundelemente und Grundaussagen des Buches

Funktions- und Bedürfnisorientierung auf Unternehmensebene und Ökologische Grobsteuerung in der Umweltpolitik sowie Innovationskooperationen als neue Form der Zusammenarbeit zwischen den verschiedenen Akteuren. Sie sind daher die Innovationsperspektiven für eine Nachhaltige Entwicklung.

Fünftens: Die Kunst der ökologischen Innovation besteht darin, Innovationsparadox und Wachstumsfalle zu vermeiden sowie Restriktionen zu überwinden.

Die grössten Gefahren für die heute praktizierten Umweltinnovationen von Unternehmen und Politik liegen im Innovationsparadox, lauern in der Wachstumsfalle und stecken in den Widerständen von Akteuren. Das Innovationsparadox tritt dann auf, wenn der ökologische Fortschritt nur isoliert eine einzelne Innovation betrachtet und die Gesamtwirkungen im Anwendungskontext ausgeblendet bleiben: Ein 3-Liter-Auto ist im Vergleich zu einem 9-Liter-Auto eine ökologisch effizientere Lösung, es entlastet aber nur dann auch die Umwelt, wenn der neue Autotyp *anstatt* des alten und nicht zusätzlich zu ihm gefahren wird. Ähnliches gilt für vordergründig umweltpolitische Massnahmen, welche ökologische Probleme nur zeitlich, räumlich oder medial verschieben. Bei der Wachstumsfalle schliesslich werden die Wirkungen ökologischer Innovationen durch das wirtschaftliche Wachstum wieder zunichte gemacht. Schliesslich scheitern ökologische Innovationen oft an den Widerständen von Akteuren. Ökologische Innovationen dürfen daher nicht isoliert betrachtet werden. Es gilt sie immer in das Umfeld einzubetten, das ihre ökologische Wirkung und ihre Durchsetzungsmöglichkeiten am Ende bestimmt.

Sechstens: Ein neues Unternehmens-, Politik- und Koordinationsverständnis kann vielen Innovationen für eine Nachhaltige Entwicklung zum Durchbruch verhelfen.

Den oben skizzierten Gefährdungen kann durch ein erweitertes Unternehmens-, Politik- und Koordinationsverständnis begegnet werden. Unternehmen, die nach innen ihre Flexibilität erhöhen und sich mit ihrem Umfeld stärker vernetzen, werden sich früher neuen Problemlösungen öffnen und Durchsetzungswiderstände überwinden. Eine ökologisch orientierte Wirtschaftspolitik, die aktuelle ökonomische Sachzwänge wie die Arbeitslosigkeit oder die Finanzknappheit aufgreift und mit ökologischen Lösungen verknüpft, schafft die Grundlage für einen ökologischen Strukturwandel, der breit getragen und ökologisch wirkungsvoll ist. Solche erweiterten Ansätze benötigen Plattformen für die Ideengenerierung und Verständigung zwischen

Akteuren. Erst derartige Plattformen brechen bestehende Wahrnehmungs- und Handlungsmuster auf und schaffen die Möglichkeit zu neuen Lösungen.

Siebtens: Innovationsstrategien in Dienste einer Nachhaltigen Entwicklung benötigen ein neues Zusammenspiel zwischen den Akteuren.

Das Handeln von Unternehmen und Politik ist bei den genannten Strategien eng miteinander verknüpft: Je flexibler und umfassender unternehmerische Lösungsansätze sind, desto geringer werden die Anpassungswiderstände für neue, ökologisch effektive Politikformen. Unternehmen, die heute schon in funktions- und bedürfnisorientierten Mustern denken, sind z.B. durch eine ökologische Steuerreform weit weniger bedroht, als solche, die festen Produkt- und Produktionsmustern verhaftet bleiben. Eine Politik der Ökologischen Grobsteuerung schafft besondere Anreize für umfassende ökologische Problemlösungen auf Unternehmensebene. Die Chancen dieser neuen Lösungen lassen sich aber nur bei einer neuen Sichtweise auf die heutigen ökologischen Herausforderungen realisieren. Die Umdefinition der Probleme und das Erkennen integraler Lösungen ist im wesentlichen ein kollektiver Verständigungs-, Such- und Lernprozess. Ohne diesen dominieren weiter Polarisierung und Blockade das Feld. Neue Plattformen für Verständigung und Innovationskooperation weisen den Weg in Richtung Nachhaltige Entwicklung.

Literaturverzeichnis

Aebischer, B./Spreng, D. (1994): Entwicklung des Elektrizitätsverbrauchs im Dienstleistungssektor einer grösseren Stadt. Bundesamt für Energiewirtschaft. Bern, EDMZ: Januar 1994.

Aebischer, B./Spreng, D./Schwarz, J. (1994): Perspektiven des Energieverbrauchs im primären und tertiären Sektor. Arbeitsbericht. Forschungsgruppe Energieanalysen, ETH Zürich. 13. September 1994.

Aebischer, C./Schnewlin, M./Spörndli, E. (1987): Die Bedeutung des Energiesektors in der schweizerischen Volkswirtschaft. Eine Analyse aufgrund der KOF/ETH-Input/Output-Tabelle 1980, Nr. 22, Konjunkturforschungsstelle Eidgenössische Technische Hochschule Zürich, Zürich 1987.

Agenda für eine Nachhaltige Entwicklung, «Agenda 21» (1993): Eine allgemein verständliche Fassung der Agenda 21 und der anderen Abkommen von Rio, veröffentlicht vom Centre for Our Common Future, hrsg. von Michael Keating. Genf 1993.

Akademie für Raumforschung und Landesplanung (1994): Dauerhafte, umweltgerechte Raumentwicklung. Arbeitsmaterial Nr. 212. Hannover 1994.

Aydalot, P./Keeble, D. (1988), Hrsg.: High Technology Industry and Innovative Environments. London 1988.

BAK (1995): Koellreuter et. al.: Standortattraktivität von Regionen in der Schweiz. Grundlagenbericht. Basel: Konjunkturforschung Basel AG, Februar 1995.

Basler Handelskammer (1995): Mehr Markt mit Energie. Marktwirtschaftlich sinnvolle Alternativen zum planwirtschaftlichen Konzept der Integrierten Ressourcenplanung (IRP). Schriftenreihe der Basler Handelskammer Nr. 30. Basel, 1995.

Bassand, M., u.a. (1985): Les Suisses entre la mobilité et la sédentarité. Lausanne 1985.

Bathelt, H., (1991): Schlüsseltechnologie-Industrien. Berlin 1991.

Baumberger, H.B./Spreng, D. (1978): Bilanz der grauen Energie, NZZ vom 30. 6. 1978.

Bell, D. (1975): Die nachindustrielle Gesellschaft. Frankfurt 1975.

Belz, F. (1995): Ökologie und Wettbewerbsfähigkeit in der Schweizer Lebensmittelbranche. Bern u.a. 1995.

Benkert, W./Bunde, J./Hansjürgens, B. (1995): Wo bleiben die Umweltabgaben? Erfahrungen, Hindernisse und neue Ansätze. Marburg 1995.

Biedermann, A./Hofstetter, P./Schläpfer, K. (1992): Treibhausgasbilanz Schweiz, Greenpeace, Zürich 1992.

Binswanger, H.C. (1990): Abschied von der Restrisiko-Philosophie. Herausforderungen der neuen Gefahrendimension, in: Schütz, M. (Hrsg.): Risiko und Wagnis – Die Herausforderungen der industriellen Welt. Pfullingen 1990.

Binswanger, H.C./Bonus, H./Timmermann, M. (1982): Wirtschaft und Umwelt. Stuttgart/Berlin/Köln/Mainz 1981.

Binswanger, H.C./Frisch, H./Nutzinger, H.G. u.a. (1983): Arbeit ohne Umweltzerstörung. Strategien einer neuen Wirtschaftspolitik. Frankfurt am Main 1993; 1. Auflage 1988.

Binswanger, H.C./Geissberger, W./Ginsburg, T. (1978), Hrsg.: Der NAWU-Report: Wege aus der Wohlstandsfalle. Frankfurt am Main 1978.

Binswanger, H.C./Minsch, J. (1992): Theoretische Grundlagen der Umwelt- und Ressourcenökonomie – Traditionelle und alternative Ansätze, in: von Hauff, M./Schmid, U., (Hrsg): Ökonomie und Ökologie. Ansätze zu einer ökologisch verpflichteten Marktwirtschaft. Stuttgart 1992, S. 41 ff.

Binswanger, H.C. u.a. (1978): Eigentum und Eigentumspolitik – Ein Beitrag zur Totalrevision der Schweizerischen Bundesverfassung. Zürich 1978.

Binswanger, M. (1993): Gibt es eine Entkoppelung des Wirtschaftswachstums von Naturverbrauch und Umweltbelastungen? Daten zu ökologischen Auswirkungen wirtschaftlicher Aktivitäten in der Schweiz von 1970 bis 1990. Diskussionsbeitrag Nr. 12 des Instituts für Wirtschaft und Ökologie an der Universität St. Gallen. St. Gallen 1993.

Binswanger, M. (1994): Ökologisch relevante Trends des wirtschaftlichen Strukturwandels und ihre Auswirkungen auf den Energieverbrauch. Analyse der Entwicklung in der Schweiz seit den 70er Jahren. Diskussionsbeitrag Nr. 16 des Instituts für Wirtschaft und Ökologie an der Universität St. Gallen. St. Gallen 1994.

Birnbacher, D. (1988): Verantwortung für zukünftige Generationen. Stuttgart 1988.

Borner, S./Porter, M.E./Weder, R./Enright, M. 1991): Internationale Wettbewerbsvorteile: Ein strategisches Konzept für die Schweiz. Frankfurt am Main 1991.

Bosselmann, K. (1992): Im Namen der Natur. Der Weg zum ökologischen Rechtsstaat. Bern/München/Wien 1992.

Boulding, K.E. (1970): Fun and games with the gross national product – The role of misleading indicators in social policy, in: Helferich, H.W. (Hrsg.): The environmental crisis, New Haven/London 1970, S. 157 ff.

Boulding, K.E. (1971): Income or welfare, in: Boulding, K.E.: Collected Papers Vol.1, Boulder (Colorado) 1971, S. 265 ff.

Brundtland-Bericht (1987): Unsere gemeinsame Zukunft – Der Brundtland-Bericht der Weltkommission für Umwelt und Entwicklung, hrsg. von V. Hauff. Greven 1987.

BUND/Misereor (1996), Hrsg.: Zukunftsfähiges Deutschland. Ein Beitrag zu einer global nachhaltigen Entwicklung. Studie des Wuppertal Instituts für Klima, Umwelt, Energie. Basel u.a. 1996.

Bundesamt für Energiewirtschaft (1993): Schweizerische Gesamtenergiestatistik 1992 (GES). Bern 1993.

Bundesamt für Energiewirtschaft (1994): Energiegesetz. Erläuternder Bericht und Energiegesetz. Entwurf. Bern: Bundesamt für Energiewirtschaft, 13. April 1994.

Bundesamt für Statistik (1992): Schweizerische Verkehrsstatistik 1990. Bern 1992.

Bundesamt für Statistik (1994): Schweizerische Verkehrsstatistik 1991/1992. Band 11 Verkehr und Nachrichtenwesen. Bern: Bundesamt für Statistik 1994.

Bundesamt für Statistik (1994): Statistisches Jahrbuch der Schweiz 1995. Zürich 1994.

Bundesamt für Statistik (1995): Statistisches Jahrbuch der Schweiz 1996. Zürich 1995.

Bundesamt für Zivilschutz (1995): Katastrophen und Notlagen in der Schweiz. Eine vergleichende Übersicht. Bern 1995.

Busch-Lüty, Chr. (1994): Ökonomie als Lebenswissenschaft, in: Busch-Lüty, Chr. u.a. (1994), S. 12 ff.

Busch-Lüty, Chr./Jochimsen, M./Knobloch, U./Seidl, I. (1994), Hrsg: Vorsorgendes Wirtschaften. Frauen auf dem Weg zu einer Ökonomie der Nachhaltigkeit, Politische Ökologie, Sonderheft 6, 1994.

Buschor, E. (1995): Das Konzept des New Public Management. In: Schweizer Arbeitgeber, Jg 90 (1995), H. 6, S. 272-276.

Bussmann, W. (1994), Hrsg.: Lernen in Verwaltungen und Policy Netzwerken. Chur 1994.

BUWAL (1990), Hrsg.: Umweltschutzrecht EG-Schweiz. Rechtsvergleich zwischen den gemeinschaftlichen und den schweizerischen Umweltschutzvorschriften, erstellt im Auftrag des BUWAL durch Stefan Schwager. Bern: Schriftenreihe Umwelt Nr. 129, 1990.

BUWAL (1992): Umweltabgaben in Europa. Überblick und Vorstudie für die Tagung «Umweltabgaben in Europa – Konsequenzen für die Schweiz». Bern: Schriftenreihe Umwelt Nr. 198, 1992.

BUWAL (1994): Zur Lage der Umwelt in der Schweiz. Umweltbericht 1993. Bern: EDMZ 1994.

BUWAL (1995): Luftschadstoffemissionen des Strassenverkehrs 1950-2010. Bern: Schriftenreihe Umweltschutz Nr. 255, 1995.

Cabernard, B. (1995): Ökologische Abfallpolitik in der Gemeinde. Bern u.a. 1995.

Camagni, R. (1991), Hrsg.: Innovation Networks. Spatial Perspectives. London 1991.

Castells, M./Hall, P. (1994): Technopoles of the world. London. Routledge 1994.

Crevoisier, O. (1993): Spatial shifts and the emergence of innovative milieux: the case of the Jura region between 1960 and 1990. In: Environment and Planning C: Government and Policy, Volume 11, p. 419-430.

Daly, H.E. (1991): Steady-State Economics, second edition. Washington 1991.

Daly, H.E. (1994): Operationalizing Sustainable Development by Investing in Natural Capital, in Jansson, A.M/Hammer, M./Folke, C./Costanza, R. (Hrsg.) (1994): Investing in Natural Capital, Washington, D.C./Covelo, Cal. 1994.

Daly, H.E./Cobb, J.B. (1989): For the Common Good. Redirecting the Economy toward Community, the Environment, and a Sustainable Future. Boston 1989.

de Pury, D./Hauser, H./Schmid, B. u.a. (1995): Mut zum Aufbruch. Eine wirtschaftspolitische Agenda für die Schweiz. Zürich: Orell Füssli, 1995.

Deutsch, C. (1994): Abschied vom Wegwerfprinzip: die Wende zur Langlebigkeit in der industriellen Produktion. Stuttgart 1994.

Deutsches Institut für Wirtschaftsforschung (DIW) (1994): Ökosteuer – Sackgasse oder Königsweg?, Greenpeace Studie, Berlin 1994.

Dyllick, T./Belz, F. (1995): Ökologische Effizienz als Massstab organisatorischer Lernprozesse, in: Roux, M., Hrsg.: Ökologische Lernprozesse. Bern 1995.

Dyllick, T./Binswanger, M./Nauser, M./Porchet, J.-P. (1995): Werte schaffen, Werte erhalten. Wirtschaft und Umwelt in der Schweiz, Die Orientierung Nr. 105, Schweizerische Volksbank, Bern 1995

Eberle, A. (1995): Ökobilanzen und PET-Flaschen. Fallstudie zum Seminar Interlaken des eidg. Personalamtes. In: Knoepfel, P.; Eberle, A.; Gerheuser, F; Girard, N.: Energie und Umwelt im politischen Alltag. Drei Fälle für die Ausbildung. Bern: EDMZ, 1995.

Eberle, A. (1996): Das Minimalkostenprinzip beim Ausbau staatlicher Infrastrukturleistungen. Optimierung zwischen Finanz- und Umweltknappheit. Diskussionsbeitrag Nr. 33 des Instituts für Wirtschaft und Ökologie an der Universität St. Gallen. St. Gallen 1996.

Ecoplan (1993): Realisierung der Integrierten Ressourcenplanung (Least-Cost Planning) in der Schweiz. Studie im Auftrag des Bundesamtes für Energiewirtschaft. Bern, Juni 1993.

Eidgenössisches Volkswirtschaftsdepartement (1985): Qualitatives Wachstum, Bericht der Expertenkommission des Eidg. Volkswirtschaftsdepartements, Studie Nr. 9, Bundesamt für Konjunkturfragen. Bern 1985.

Energie Report Europa (1991), hrsg. vom Öko-Institut Freiburg/Br. von Alber, G./Fritsche, U., Frankfurt am Main 1991.

Enquete-Kommission «Schutz des Menschen und der Umwelt» des Deutschen Bundestages (1994): Die Industriegesellschaft gestalten. Perspektiven für einen nachhaltigen Umgang mit Stoff- und Materialströmen. Bonn 1994.

Enquete-Kommission «Vorsorge zum Schutz der Erdatmosphäre» des Deutschen Bundestages (1991): Schutz der Erde. Eine Bestandesaufnahme mit Vorschlägen zu einer neuen Energiepolitik. Bonn 1991.

Erdmann, G. (1992): Energieökonomik, Theorie und Anwendungen. Zürich 1992.

Erdmann, G. (1994): Energieökonomik, Theorie und Anwendungen. 2. überarbeitete Aufl., Zürich 1995.

Erhard, L. (1964): Wohlstand für Alle, 8. Auflage. Düsseldorf/Wien 1964.

EVED (1988): Perspektiven des schweizerischen Verkehrswesens bis zum Jahr 2000; Güterverkehr, Kurzfassung. Bern. GVF 1988.

FIAL (Fédération des Industries Alimentaires Suisses) (1993): Die schweizerische Nahrungsmittelindustrie – Statistische Angaben 1992, Bern 1993.

Fourastie, J. (1954): Die grosse Hoffnung des zwanzigsten Jahrhunderts. Deutsche Uebersetzung, 3. Auflage. Köln-Deutz 1954.

Frey, B.S. (1972): Umweltökonomie. Göttingen, 1972.

Friedman, J. (1986): The world city hypothesis, in: Development and change, 17. Jg., S. 69-83.

Giddens, A. (1988): Die Konstitution der Gesellschaft. Frankfurt a.M./New York 1988.

Gloor, R. (1995): Energie sparen zum Image wahren, oder doch mehr? Beispielhafte Energiedienstleistungen des Elektrizitätswerkes Münstertal. Impuls, Zeitschrift für IP Bau, RAVEL und PACER, NR. 17, Juli 1995, 18-21.

Grabher, G. (1993), Hrsg.: The embedded firm. On the socioeconomics of industrial networks. London 1993.

Gross, P. (1983): Die Verheissungen der Dienstleistungsgesellschaft: soziale Befreiung oder Sozialherrschaft? Opladen 1983.

GS-EVED (1994): Perspektiven des schweizerischen Personenverkehrs 1990-2015. Auftragnehmer: St. Galler Zentrum für Zukunftsforschung. Hrsg.: Generalsekretariat EVED. Bern: EDMZ 1994.

GS-EVED (1995): Perspektiven des schweizerischen Güterverkehrs 1992-2015. Auftragnehmer: St. Galler Zentrum für Zukunftsforschung. Hrsg.: Generalsekretariat EVED. Bern: EDMZ 1995.

Häberli, R./Lüscher, C./Chastonay, B.P./Wyss, Chr. (1991): Boden Kultur. Vorschläge für eine haushälterische Nutzung des Bodens in der Schweiz. Schlussbericht des Nationalen Forschungsprogrammes (NFP) 22 «Nutzung des Bodens in der Schweiz». Zürich 1991.

Hablützel, P./Schedler, K. (1995): Umbruch in Politik und Verwaltung: Ansichten und Erfahrungen zum New Public Management in der Schweiz. Bern: Haupt. 1995.

Hakanson, H. (1987): Industrial technological development: a network approach. Kent 1987.

Hakanson, H./Johanson, J. (1993): The networks as governance structure: interfirm cooperation beyond markets and hierarchies, in: Grabherr G. (ed.), 1993a: The Embedded Firm. On the socioeconomics of industriel networks, p. 1-306, London 1993.

Harborth, H.-J. (1991): Dauerhafte Entwicklung statt globaler Selbstzerstörung. Berlin 1991.

Härtel, H. (1987): Zusammenhang zwischen Strukturwandel und Umwelt. Hamburg 1987.

Härtel, H. et al. (1989): Entwicklungslinien im internationalen Strukturwandel, HWWA-Institut. Hamburg 1989.

Hasler, B. (1995): Moorschutz steht unter Druck. Kantone wehren sich erfolgreich – Bund lässt sich mit heiklen Entscheiden Zeit. Tages Anzeiger, 10. November 1995, S. 9.

Hawken, P. (1985): The Next Economy. New York 1985.

Heckscher, E.F. (1932): Der Merkantilismus, erster Band. Jena 1932.

Hennicke, P. (1991), Hrsg.: Den Wettbewerb im Energiesektor planen. Least-Cost Planning: Ein neues Konzept zur Optimierung von Energiedienstleistungen. Berlin u.a. 1991.

Henzelmann, T. (1995): Contracting: Ein effizientes Instrument auf dem Weg zum Least-Cost Planning. Volkswirtschaftliche Diskussionsbeiträge. Universität Kaiserslautern 1995.

Herppich W./Schulz, W./Zuchtriegel T. (1989): Least-Cost Planning in den USA. Darstellung und Bewertung eines neuen Unternehmens- und Regulierungskonzeptes in der amerikanischen Elektrizitätswirtschaft. München 1989..

Hockerts, K. (1995): Ökologische Dienstleitungskonzepte. Marktendogene Ansätze zur Erhöhung der wirtschaftsökologischen Effizienz. Diskussionsbeitrag Nr. 29 des Instituts für Wirtschaft und Ökologie an der Universität St. Gallen. St. Gallen 1995.

Hopfenbeck, W. (1991): Allgemeine Betriebwirtschafts- und Managementlehre. 4. Aufl. Landberg am Lech 1991.

Horbaty, R. (1992): «3 Jahre Arbeit für eine gesicherte Oltner Energiezukunft». Zwischenbericht des Projektes Energiestadt Olten. Olten 1994.

Huber, J. (1995): Nachhaltige Entwicklung. Strategien für eine ökologische und soziale Erdpolitik. Berlin 1995.

Hugenschmidt, H. (1995): Ökologie und Wettbewerbsfähigkeit im Güterverkehr. Bern u.a. 1995.

Issing, O. (1984): Geschichte der Nationalökonomie. München 1984.

IWW/Infras (1994): Externe Effekte des Verkehrs. IWW Karlsruhe und Infras AG Zürich. Paris: UIC, 1994.

Jänicke, M. (1985): Superindustrialismus und Postindustrialismus – Langzeitperspektiven von Umweltbelastung und Umweltschutz, in: Jänicke/Simonis/Weigmann (Hrsg.): Wissen für die Umwelt. Berlin 1985.

Jänicke, M./ Mönch, H./ Binder, M. u.a. (1992): Umweltentlastung durch industriellen Strukturwandel. Berlin 1992.

Jänicke, M./Mönch, H./Ranneberg, T./Simonis, U. (1989): Structural Change and Environmental Impact, in: Intereconomics, January/February 1989, S. 24-35.

Jansen, D./Schubert, K. (1995), Hrsg.: Netzwerke und Politikproduktion. Konzepte, Methoden, Perspektiven. Marburg 1995.

Jeanrenaud, C. (1996): Environmental policy between regulation and market (Arbeitstitel), erscheint im Herbst 1996.

Jochimsen, M./Kirchgässner, G. (1995), Hrsg.: Schweizerische Umweltpolitik im internationalen Kontext, Basel/Boston/Berlin 1995.

Jochimsen, M./Knobloch, U./Seidl, I. (1994): Vorsorgendes Wirtschaften, in: Busch-Lüty u.a. (1994), S. 6 ff.

Kafka, P. (1989): Das Grundgesetz vom Aufstieg. Vielfalt, Gemächlichkeit, Selbstorganisation: Wege zum wirklichen Fortschritt. München/Wien 1989.

Karrer-Rüedie, L. (1992): Der Trend zum Wirtschaftsstil der flexiblen Spezialisierung: Eine Diskussion am Beispiel der Region der Schweizer Uhrenindustrie, Bern 1992.

Kasthofer, K.A. (1818): Bemerkungen über Wälder und Auen des Bernischen Hochgebirgs. Aarau 1818.

Keller L./Pulver R. (1995): Handlungsorientierter Umwelbericht. Ein Führungsinstrument für die Umweltpolitik kleinerer und mittlerer Städte. Bericht 67 des NFP «Stadt und Verkehr». Zürich 1995

Keller, B. (1990): Bauzone und Siedlungsgebiet, Bericht 59 des Nationalen Forschungsprogrammes «Boden». Liebefeld-Bern 1990.

Kissling-Näf, I./Marek, D./Gentile, P. (1994): Politikorientierte Lernprozesse – Analysekonzept zur empirischen Erhebung im Feld. Cahiers de l'IDHEAP. Lausanne 1994.

Knoepfel, P. (1994): Zur Wirksamkeit des heutigen Umweltschutzrechts. In: Umweltrecht in der Praxis. Band 8, Heft 4, Aug. 1994, 201-236.

Knoepfel, P. (1990): Zum Stand des Umweltrechts in der Schweiz. Cahiers de l'IDHEAP Nummer 65. Lausanne, Oktober 1990.

Knoepfel, P./Baitsch, Ch./Eberle, A. (1995): Überprüfung der Aufbauorganisation des Amtes für Umweltschutz des Kantons St. Gallen. Schlussbericht im Auftrag des Baudepartementes. St. Gallen: Amt für Umweltschutz, 1995.

Koller, F. (1995): Ökologie und Wettbewerbsfähigkeit in der Schweizer Baubranche. Bern u.a. 1995.

Kölz, M. (1990): Emissionsgutschrift und Emissionsverbund in den Entwürfen zu den umweltschutzgesetzen der Kantone Basel-Landschaft und Basel-Stadt. Umweltrecht in der Praxis, 1990, S. 194-211.

Laubscher, R. (1995): Ökologie und Wettbewerbsfähigkeit in der Schweizer Maschinenbaubranche. Bern u.a. 1995.

Leinkauf, S./Zundel, S. (1994): Funktionsorientierung und Ökoleasing – Strategien und Instrumente einer proaktiven Umweltpolitik. Schriftenreihe des IÖW Nr. 79/94. Berlin 1994.

Leipert, C. (1989): Die heimlichen Kosten des Fortschritts. Wie Umweltzerstörung das Wirtschaftswachstum fördert. Frankfurt am Main 1989.

Leprich, U. (1991): Least -Cost Planning. Ein neues Planungs- und Regulierungskonzept für die Elektrizitätswirtschaft. Freiburg: Öko-Institut, Werkstattreihe Nr. 75. 1991.

Leprich, U. (1994): Least-Cost Planning als Regulierungskonzept: Neue Strategien zur rationellen Verwendung elektrischer Energie. Freiburg: Öko-Institut, 1994.

Loderer, B. (1995): Die Zeiten der Erpressung. Vom Untergang der Raumplanung – oder: Von der Anpassung an die Erfordernisse der Zeit. Tages Anzeiger, 25.9.95, S. 2.

Lovins, A. (1977): Soft Energy Paths. Toward a Durable Peace. San Francisco: 1977.

Lovins, A. (1985): Saving Gigabucks with Negawatts. Public Utilities Fortnightly 115/6, 19-26. 1985.

Maillat, D. et al. (1993): Réseaux d'innovation et milieux innovateurs, in: Maillat, D. et al. (eds.), 1993: Réseaux d'innovation et milieux innovateurs: un pari pour le développement Régional, Neuchâtel 1993, p. 3-12.

Majer, H. (1995): UmWeltRäume – mehr als grüne Inseln für den blauen Planeten. Referat, gehalten an der oikos-Konferenz 1995 in St. Gallen, ausführliche Fassung erschienen in: WSI-Mitteilungen, 4/1995, S. 220-230.

Maler, K.-G. (1990): Sustainable Development, in NAVF, Sustainable Development – Science and Policy, Conference Report, Bergen 8-12 May 1990, Bergen 1990.

Masuhr et al. (1988): Volkswirtschaftliche Auswirkungen verschiedener Energieszenarien, EGES-Schriftenreihe Nr. 25. EDMZ, Bern 1988.

Mauch, S./Iten, R./Von Weizsäcker, E./Jesinghaus, J. (1992): Ökologische Steuerreform. Zürich 1992.

Mayer-Tasch , P.C./Molt, W./Tiefenthaler, H. (1990): Transit – Das Trauma der Mobilität. Wege zu einer humanen Verkehrspolitik. Zürich 1990.

Messerli, P. (1989): Mensch und Natur im alpinen Lebensraum. Bern 1990: National Policies and Agricultural Trade – Country Study Switzerland, Paris 1990.

Milieudefensie (1993), Hrsg.: Action Plan Sustainable Netherlands. Amsterdam 1993.

Minsch, J. (1993): Nachhaltige Entwicklung. Idee – Kernpostulate. Diskussionsbeitrag Nr. 14 des Instituts für Wirtschaft und Ökologie an der Universität St. Gallen. St. Gallen 1993.

Minsch, J. (1994): Ökologische Grobsteuerung. Konzeptionelle Grundlagen und Konkretisierungsschritte. Diskussionsbeitrag Nr. 17 des Instituts für Wirtschaft und Ökologie an der Universität St. Gallen. St. Gallen, 1994.

Minsch, J./Cabernard, B. (1991): Prinzip Materialverantwortung, in: Bulletin der Schweizerischen Gesellschaft für Umweltschutz SGU, Nr. 3, 1991, S. 12 ff.

Monteil, M. (1994): Privatwirtschaft organisiert die Rücknahme von ausgedienten Bürogeräten, in: BUWAL-Bulletin 2/94, S. 18-19.

Müller, G./Hösli, P. (1994): Einführung in das Energierecht der Schweiz. Baden: Schweizerischer Wasserwirtschaftsverband; Verbandsschrift 53, 1994.

Müller, H.-U. (1992): Einführung in das Umweltschutzgesetz. Separatdruck aus dem Kommentar zum Umweltschutzgesetz. Schriftenreihe zum Umweltrecht Band 5. Zürich 1992.

Müller, W./Stoy, B. (1978): Entkopplung. Wirtschaftswachstum ohne mehr Energie? Stuttgart 1978.

Nieschlag, R./Dichtl, E./Hörschgen, H. (1994): Marketing. 17. Aufl. Berlin 1994.

Nutzinger, H.G. (1993): Effizienzrevolution als Antwort auf die ökologische Herausforderung? IÖW-Informationsdienst, Nr. 2, März/April 1993, S. 2.

Nutzinger, H.G./Zahrnt, A. (1989): Öko-Steuern. Umweltsteuern und -abgaben in der Diskussion,. Karlsruhe 1989.

Ö.B.U. (1995): Energie-Contracting. Mit Drittinvestoren Energie und Geld sparen. Schriftenreihe der Schweizerischen Vereinigung für ökologisch bewusste Unternehmensführung 9/1995. Adliswil 1995.

o.V. (1994): Toblacher Thesen: Ökologischer Wohlstand statt Wachstum, in: Ökologische Briefe Nr. 38/1994 vom 21.09.1994, S. 10.

o.V. (1994b): Trends + Signale. Umweltschutz. Experiment in Grün, in manager magazin 1/1994, S. 68-79.

OECD (1991): The State of the Environment, Paris 1991.

OECD (1995): OECD Environmental Data. Compendium 1995. Paris 1995.

oikos – Umweltökonomische Studenteninitiative an der HSG, Hrsg. (1994): Kooperationen für die Umwelt – Im Dialog zum Handeln, Chur / Zürich 1994

Opschoor, J.B. (1992): Sustainable Development, The Economic Process and Economic Analysis, in: Opschoor, J.B. (Hrsg.): Environment, Economy and Sustainable Development, Wolters-Noordhoff Publishers, Amsterdam 1992.

Ossenbrügge, J. (1993): Umweltrisiko und Raumentwicklung. Wahrnehmung von Umweltgefahren und ihre Wirkung auf den regionalen Strukturwandel in Norddeutschland. Berlin 1993.

Paulus, J. (1996): Ökologie und Wettbewerbsfähigkeit in der Computerindustrie. Perspektiven für eine ökologieverträgliche Informationsgesellschaft. Dissertation an der Universität St. Gallen. St. Gallen 1996.

Pearce, D.W./Turner, K.R. (1990): Economics of Natural Resources and Environment, Harverster Wheatsheaf, New York / London ua.a. 1990.

Peskin, H.M. (1981): National Income Accounts and the Environment, in: Peskin, H.M. / Portney, P.R. / Kneese, A.V. (Hrsg.): Environmental Regulation and the U.S. Economy, Baltimore and London 1981.

Peters, U./Sauerborn, K. (1994): Regionale Nachhaltigkeit – ein Leitbild für Regionen. NARET- Diskussionspapier 1. Trier 1994.

Pfriem, R. (1995): Unternehmenspolitik in sozialökologischen Perspektiven. Marburg 1995.

Piore, M.J./Sabel, C.F. (1989): Das Ende der Massenproduktion. Frankfurt a.M. 1989.

Planque, B. (1991): Notes sur la notion de réseau d'innovation. Réseau contractuelle et réseaux «conventionelle». In: RERU, Sondernummer: Milieux innovateurs: réseaux d'innovation, Heft Nr. 3/4 1991, S. 295-320.

Popper, K.R. (1980): Die offene Gesellschaft und ihre Feinde, Bd. I und II, 6. Auflage Tübingen 1980.

Porter, M.E. (1990): Competitive Advantages of Nations. London 1991.

Porter, M.E. (1991): Nationale Wettbewerbsvorteile, München 1991.

Prognos (1994): Energieperspektiven 1990-2030. Szenarien zur Entwicklung des Energiebedarfs und seiner Deckung. Basel, 15. Sept. 1994.

Projektträger Umweltschutztechnik (1994), Hrsg.: Produktionsintegrierter Umweltschutz. Förderkonzept des Bundesministeriums für Forschung und Technologie. Deutsche Forschungsanstalt für Luft- und Raumfahrt e.V., Bonn 1994.

Ramseier, U. (1995): Standortvoraussetzungen für Innovationen. Bern 1995.

Rausch, H. (1980): Schweizerisches Atomenergierecht. Zürich 1980.

SBG (1994): Steigende Sozialkosten: Belastung der Wettbewerbsfähigkeit?, in: SBG-Wirtschafts-Notizen, Juni 1994, S. 3-9, Zürich 1994.

Schaltegger, St. (1996): Innovatives Management staatlicher Umweltpolitik, Basel 1996

Scherhorn, G. (1994): Postmaterielle Lebensstile und ökologische Produktpolitik, in: Hellenbrandt, S./Rubik, F., Hrsg.: Produkt und Umwelt. Anforderungen, Instrumente und Ziele einer ökologischen Produktpolitik. Marburg 1994, S. 253-276.

Schmidheiny, S. (1992), Hrsg.: Kurswechsel. Globale unternehmerische Perspektiven für Entwicklung und Umwelt. München 1992.

Schmidt-Bleek, F. (1994): Wieviel Umwelt braucht der Mensch? MIPS das Mass für ökologisches Wirtschaften. Basel 1994.

Schneidewind, U (1994): Mit COSY (Company oriented Sustainability) Unternehmen zur Nachhaltigkeit führen. Diskussionspapier Nr. 15 des Instituts für Wirtschaft und Ökologie an der Universität St. Gallen (IWÖ-HSG). St. Gallen 1994.

Schneidewind, U. (1995a): Chemie zwischen Wettbewerb und Umwelt. Marburg 1995.

Schneidewind, U. (1995b): Ökologisch orientierte Kooperationen aus betriebswirtschaftlicher Sicht, in: uwf 4/1995 (Dezember 1995), S. 16-21.

Schnewlin, M. (1990): Disaggregation der Transportbranche zwecks Erstellung der Input/Output-Tabelle Schweiz 1985. Bericht im Auftrag des Dienstes für Gesamtverkehrsfragen des Eidgenössischen Verkehrs- und Energiewirtschaftsdepartements, Nr. 27, Konjunkturforschungsstelle Eidgenössische Technische Hochschule Zürich, Zürich 1990.

Schnewlin, M. (1990): Disaggregation der Transportbranche zwecks Erstellung der Input/Output-Tabelle Schweiz 1985, KOF-Arbeitspapier Nr. 27, ETH Zürich 1990.

Schnewlin, M. (1993): Ein Input-Output-Simulationssystem der schweizerischen Volkswirtschaft. Zürich 1993.

Schuler, A. (1992): Das Prinzip der Nachhaltigkeit und der Aufbau der schweizerischen Forstwirtschaft; Vortrag, gehalten in der Arbeitsgruppe «Forstgeschichte» des Internationalen Verbandes forstlicher Versuchsanstalten (IUFRO) in Berlin, 1992.

Schwager, S./Knoepfel, P./Weidner, H. (1988): Umweltrecht CH-EG. Das schweizerische Umweltrecht im Lichte der Umweltschutzbestimmungen der Europäischen Gemeinschaften – Ein Rechtsvergleich. Basel: Helbling & Lichtenhahn. 1988.

Seifried, D. (1992): Least-Cost Planning. Der Weg zum Umbau unseres Energieversorgungssystems. Hamburg: Greenpeace/ Öko-Institut, 1992.

Seifritz, W. (1993): Nachhaltiges Wirtschaftswachstum und fossile Endlager, in NZZ Nr. 39, vom 17.2.1993, S. 57.

Sieferle, R.P. (1982): Der unterirdische Wald – Energiekrise und Industrielle Revolution. München 1982.

Siegenthaler, C./Binswanger, H.C. (1994): Lenkung des kantonalen Kies- (und Kiesersatz-)Abbaus durch planerische Massnahmen oder Abgaben aus der Sicht einer ökologisch-ökonomischen Gesamtbilanz, Studie im Auftrag des Solothurner Baudepartements, Institut für Wirtschaft und Ökologie IWÖ-HSG. St. Gallen 1994.

Spring, F. (1992): Energiesparstrategie – Für Versorgungsunternehmen mit besonderer Berücksichtigung der Finanzierung. Materialien zu Ravel. Bern: Bundesamt für Konjunkturfragen, 1992.

Staehelin-Witt, E./Spillmann, A. (1992): Emissionshandel. Ein marktwirtschaftlicher Weg für die schweizerische Umweltpolitik. WWZ Studie Nr. 40. Basel: Wirtschaftswissenschaftliches Zentrum der Universität Basel 1992.

Staehelin-Witt, E./Spillmann, A. (1994): Emissionshandel. Erfahrungen in der Region Basel und neue Ansätze. Zeitschrift für Umweltrecht 2/94, 207-223.

Stahel, W.R. (1991): Langlebigkeit und Materialrecycling. Strategien zur Vermeidung von Abfällen im Bereich der Produkte, Essen 1991.

Stahel, W.R. (1995): Handbuch Abfall 1. Allgemeine Kreislauf- und Rückstandswirtschaft, Band «Intelligente Produktionsweisen und Nutzungskonzepte» und «Beispielband», hrsg. von der Landesanstalt für Umweltschutz Baden-Württemberg, Karlsruhe 1995.

Steger, U. (1988): Konsens ohne Wert. Umweltschützer und Industrie predigen «Nachhaltige Entwicklung» und verstehen völlig verschiedene Dinge darunter, in: DIE ZEIT Nr. 37/95 vom 08.09.1995, S. 26.

Steiger, A. (1979): Sozialprodukt oder Wohlfahrt? Kritik am Sozialproduktkonzept, Diessenhofen 1979.

Steiger, U./Schmid, R./Voser, M. (1995): Neue Wege im Gewässerschutz. Wasser umweltgerecht nutzen. Zürich: Schweizerische Vereinigung für Gewässerschutz und Lufthygiene (VGL), 1995.

SUSTAIN (1994): Forschungs- und Entwicklungsbedarf für den Übergang zu einer nachhaltigen Wirtschaftsweise in Österreich, Endbericht des Vereins zur Koordination von Forschung über Nachhaltigkeit, c/o Institut für Verfahrenstechnik, Technische Universität Graz, Graz, Juli 1994.

SustainAbility (1995): Who Needs it? Market Implications of Sustainable Lifestyles. London 1995.

Sydow, J. (1992): Strategische Netzwerke. Evolution und Organisation. Wiesbaden 1992.

Teufel, D. (1989): Der UPI-Vorschlag für eine ökologische Steuerreform, in: Nutzinger, H.G./ Zahrnt, A. (Hrsg.): Öko-Steuern. Umweltsteuern und -abgaben in der Diskussion.Karlsruhe 1989.

Thierstein, A./Egger, U.K. (1994): Integrale Regionalpolitik. Ein prozessorientiertes Konzept für die Schweiz, SIASR (Schweizerisches Institut für Aussenwirtschaft-, Struktur- und Regionalforschung an der Universität St. Gallen), Band 32, Chur.

Thompson, G. et al. (1991): Market, Hierarchies and Networks. The coordination of social life. London 1991.

van Dieren, W. (1995): Mit der Natur rechnen. Der neue Club-of-Rome-Bericht. Basel 1995.

von Weizsäcker, E.U. (1989): Erdpolitik. Ökologische Realpolitik an der Schwelle zum Jahrhundert der Umwelt. Darmstadt 1989.

von Weizsäcker, E.U./Lovins, A.B./Lovins, L.H. (1995): Faktor Vier. Doppelter Wohlstand – halbierter Naturverbrauch. München 1995.

Vorort (1995): Energiegesetz/Energieagentur. Presseunterlagen Schweizerischer Handels- und Industrie-Verein. Zürich, 23.6.1995.

VSE (1995): Vorschau 1995 auf die Elektrizitätsversorgung der Schweiz bis zum Jahr 2030. Pressekonferenz vom 6.9.95 in Bern. Unterlagen Referat H. Baumberger. Bern 1995.

Waldrop, M.M. (1993): Inseln im Chaos. Die Erforschung komplexer Systeme, Hamburg 1993.

Werlen. B. (1992): Regionale oder kulturelle Identität ? Eine Problemskizze. In: Berichte zur deutschen Landeskunde, Bd. 66, Heft 1, 1992, 9-32.

Widmer, T. (1991): Evaluation von Massnahmen zur Luftreinhaltepolitik in der Schweiz. Eine quasi-experimentelle Interventionsanalyse nach dem Ansatz von Box/Tiao. Chur, Zürich: Rüegger 1991.

Wilkesmann, U. (1995): Macht, Kooperation und Lernen in Netzwerken und Verhandlungssystemen. In: Jansen, D., Schubert, K., 1995: Netzwerke und Politikproduktion. Konzepte, Methoden, Perspektiven. 52-73.

Williamson, O.E. (1975): Markets and Hierarchies. Analysis and antitrust implications. New York 1975.

Williamson, O.E. (1990): Die ökonomische Institution des Kapitalismus. Tübingen 1990.

World Resources 1994-95 (1994): People and the Environment. A Report by The World Resources Institute in collaboration with The United Nations Environment Programme and The United Nations Development Programme. New York/Oxford 1994.

Worldwatch Institute (1991): Zur Lage der Welt 91/92. Daten für das Überleben unseres Planeten, Frankfurt am Main 1991.

Worldwatch Institute Report (1989): Zur Lage der Welt 89/90, hrsg. in Zusammenarbeit mit der Deutschen Welthungerhilfe, Frankfurt am Main 1989.

Wuppertal-Institut (1995), Hrsg.: Sustainable Germany. Wuppertal 1995.

Zimmermann, W. (1994): Neue Instrumente braucht das Land?, in: Umweltrecht in der Praxis. Jg. 1994. S. 237-263.

Verzeichnis der im Buch verwendeten Rechtsquellen:

Schweizerische Bundesverfassung:

Art. 24 bis, quater: Wasserwirtschaft (1976)
Art. 24 qinquies: Atomenergie (1957)
Art. 24 sexies: Natur und Heimatschutz (1962)
Abs. 5: Schutz der Moore (Rothenturm-Initiative 1988)
Art. 24 septies: Schutz des Menschen und seiner natürlichen Umwelt (1971)
Art. 24 octies: Energie (1991)
Art. 24 novies: Gentechnologie (1992)
Art. 36 quater: Schwerverkehrsabgabe (1994)
Art. 36 sexies: Schutz der Alpen vor dem Transitverkehr (Alpeninitiative 1994)

Schweizerische Bundesgesetze und Verordnungen (geordnet nach Systematik des Schweizerrechts)

Natur- und Heimatschutz

NHG 1966: Bundesgesetz vom 1. Juli 1966 über den Natur- und Heimatschutz, (SR 451)

NHV 1991: Verordnung vom 16. Januar 1991 über den Natur- und Heimatschutz (SR 451.1)

VBLN 1977: Verordnung vom 10. August 1977 über das Bundesinventar der Landschaften und Naturdenkmäler (SR 451.11)

Hochmoorverordnung 1991: Verordnung vom 21. Januar 1991 über den Schutz der Hoch- und Übergangsmoore von nationaler Bedeutung (SR 451.32)
Auenverordnung 1992: Verordnung vom 28. Oktober 1992 über den Schutz der Auengebiete von nationaler Bedeutung (SR 451.31)

Raumplanung
RPG 1979: Bundesgesetz vom 22. Juni 1979 über die Raumplanung (SR 700)
RPV 1989: Verordnung vom 2. Oktober 1989 über die Raumplanung (SR 700.1)

Energie:
WRG: Bundesgesetz über die Nutzbarmachung der Wasserkräfte (SR 721.80)
ENB 1991: Botschaft betreffend den Bundesbeschluss über eine sparsame und rationelle Energieverwendung (Energienutzungsbeschluss) (SR 730.0)
AtG 1960: Bundesgesetz über die friedliche Verwendung der Atomenergie und den Strahlenschutz (Atomgesetz,), (SR 732.0)
BB AtG 1979: Bundesbeschluss zum Atomgesetz (SR 732.01)
KHG 1983: Kernenergiehaftpflichtgesetz (SR 732.44)
KHV 1983: Kernenergiehaftpflichtverordnung (SR 732.441)
Moratorium 1990: Bundesratsbeschluss vom 30. Januar 1991 über das Ergebnis der Volksabstimmung «Stopp dem Atomkraftwerkbau» vom 23. September 1990

Verkehr
Abgasverordnung 1986: Verordnung vom 1. März 1982 über Abgase von Motorwagen mit Benzinmotoren (SR 741.434)
FAV 1 1986: Verordnung vom 22. Oktober 1986 über die Abgasemissionen leichter Motorwagen (SR 741.435.1)

Umweltschutz
USG 1983: Bundesgesetz vom 7. Oktober 1983 über den Umweltschutz (Umweltschutzgesetz, SR 814.01)
LRV 1985: Luftreinhalte-Verordnung vom 16. Dezember 1985 (SR 814.318.142.1)
StoV 1986: Verordnung vom 9. Juni 1986 über umweltgefährdende Stoffe (Stoffverordnung; SR 814.013)
VSBo 1986: Verordnung vom 9. Juni 1986 über Schadstoffe im Boden (SR 814.12)
VVS 1986: Verordnung vom 12. November 1986 über den Verkehr mit Sonderabfällen (SR 814.014)
LSV 1986: Lärmschutz-Verordnung vom 15. Dezember 1986 (SR 814.41)
UVPV 1988: Verordnung vom 19. Oktober 1988 über die Umweltverträglichkeitsprüfung (SR 814.011)
Verordnung über Beiträge an strassenverkehrsbedingte Massnahmen gemäss Luftreinhalte-Verordnung (SR 725.116.244)
VBU0 1990: Verordnung vom 27. Juni 1990 über die Bezeichnung der beschwerdeberechtigten Umweltschutzorganisationen (; SR 814.016)
VGV 1990: Verordnung vom 22. August 1990 über Getränkeverpackungen (SR 814.017)
TVA 1990: Technische Verordnung vom 10. Dezember 1990 über Abfälle (SR 814.015)
StFV 1991: Verordnung vom 27. Februar 1991 über den Schutz vor Störfällen (Störfallverordnung, SR 814.012)

Gewässer
GSchG 1991: Bundesgesetz vom 24. Januar 1991 über den Schutz der Gewässer (rev. Gewässerschutzgesetz, SR 814.20)
AGSchV 1972: Allgemeine Gewässerschutzverordnung vom 19. Juni 1972 (SR 814.201)
Verordnung vom 8. Dezember 1975 über Abwassereinleitungen (SR 814.225.21)

VWF 1981: Verordnung vom 28. September 1981 über den Schutz der Gewässer vor wassergefährdenden Flüssigkeiten (SR 814.226.21)

TTV 1990: Verordnung des EDI vom 21. Juni 1990 über die Anlagen für das Lagern und Umschlagen wassergefährdender Flüssigkeiten (Technische Tankvorschriften, SR 814.226.211)

Waschmittelverordnung 1977: Verordnung des EDI vom 15. Juni 1977 über die Beurteilung der Abbaubarkeit von grenzflächenaktiven Waschmittelbestandteilen (SR 814.226.227)

Wald

WaG 1991: Bundesgesetz vom 4. Oktober 1991 über den Wald (Waldgesetz, SR 921.0)

Wichtige Materialien aus den Teilprojekten des koordinierten Projektes «Ökologischer Strukturwandel und Innovation»

Volkswirtschaftliches Teilprojekt (Institut für Wirtschaft und Ökologie, Universität St. Gallen)

Binswanger, Mathias: Gibt es eine Entkoppelung des Wirtschaftswachstums von Naturverbrauch und Umweltbelastungen? Daten zu ökologischen Auswirkungen wirtschaftlicher Aktivitäten in der Schweiz von 1970 bis 1990. Diskussionsbeitrag Nr. 12 des Instituts für Wirtschaft und Ökologie an der Universität St. Gallen. St. Gallen 1993.

Binswanger, Mathias: Ökologisch relevante Trends des wirtschaftlichen Strukturwandels und ihre Auswirkungen auf den Energieverbrauch. Analyse der Entwicklung in der Schweiz seit den 70er Jahren. Diskussionsbeitrag Nr. 16 des Instituts für Wirtschaft und Ökologie an der Universität St. Gallen. St. Gallen 1994.

Binswanger, Mathias: Beschäftigungswirksamer ökologischer Strukturwandel in der Schweizer Wirtschaft: Die Bedeutung einer Energiesteuer. Diskussionspapier Nr. 22 des Instituts für Wirtschaft und Ökologie an der Universität St. Gallen. St. Gallen, 1995.

Eberle, Armin: Das Minimalkostenprinzip beim Ausbau staatlicher Infrastrukturleistungen. Optimierung zwischen Finanz- und Umweltknappheit. Diskussionsbeitrag Nr. 33 des Instituts für Wirtschaft und Ökologie an der Universität St. Gallen. St. Gallen 1996.

Minsch, Jürg: Nachhaltige Entwicklung. Idee – Kernpostulate. Diskussionsbeitrag Nr. 14 des Instituts für Wirtschaft und Ökologie an der Universität St. Gallen. St. Gallen 1993.

Minsch, Jürg: Ökologische Grobsteuerung. Konzeptionelle Grundlagen und Konkretisierungsschritte. Diskussionsbeitrag Nr. 17 des Instituts für Wirtschaft und Ökologie an der Universität St. Gallen. St. Gallen 1994.

Betriebswirtschaftliches Teilprojekt (Institut für Wirtschaft und Ökologie, Universität St. Gallen)

Belz, F. (1995): Ökologie und Wettbewerbsfähigkeit in der Schweizer Lebensmittelbranche. Bern u.a.: Haupt, 1995.

Dyllick, T. u.a. (1994), Hrsg.: Ökologischer Wandel in Schweizer Branchen. Bern u.a.: Haupt, 1994.

Hugenschmidt, H. (1995): Ökologie und Wettbewerbsfähigkeit im Güterverkehr. Bern u.a.: Haupt, 1995.

Koller, F. (1995): Ökologie und Wettbewerbsfähigkeit in der Schweizer Baubranche. Bern u.a.: Haupt, 1995.

Laubscher, R. (1995): Ökologie und Wettbewerbsfähigkeit in der Schweizer Maschinenbaubranche. Bern u.a.: Haupt, 1995.

Paulus, J. (1996): Ökologie und Wettbewerbsfähigkeit in der Computerindustrie. Perspektiven für eine ökologieverträgliche Informationsgesellschaft. Dissertation an der Universität St. Gallen. St. Gallen 1996.

Sahlberg. M. (1996): Unternehmen im Überlebensparadox. Zum Beziehungsgeflecht von Ökologie und Wettbewerbsfähigkeit. Bern u.a.: Haupt, 1996.

Schneidewind, U (1994): Mit COSY (Company oriented Sustainability) Unternehmen zur Nachhaltigkeit führen. Diskussionspapier Nr. 15 des Instituts für Wirtschaft und Ökologie an der Universität St. Gallen (IWÖ-HSG). St. Gallen 1994.

Schneidewind, U. (1995): Chemie zwischen Wettbewerb und Umwelt. Marburg: Metropolis, 1995.

Regionalwirtschaftliches Teilprojekt (Geographisches Institut Universität Bern, Gruppe für Wirtschaftsgeographie und Regionalforschung)

Geelhaar, M. (1994): Die Bedeutung regionaler Aktornetze für den ökologischen Strukturwandel im Güterverkehr, Diskussionspapier Nr. 4, Geographisches Institut der Universität Bern (GIUB), Bern 1994.

Geelhaar, M./Muntwyler, M. (1994): Ein Operationalisierungskonzept für Umweltinnovationen, Diskussionspapier Nr. 2, GIUB, Bern 1994.

Geelhaar, M./Meier, B./Messerli, P./Muntwyler, M. (1996): Beschleunigungspotentiale für ökologische Innovationsprozesse in regionalen Akteurnetzen. Diskussionspapier Nr. 7 im Rahmen des SPPU, GIUB Bern 1996.

Messerli, P. et al., (1993): Umweltinnovationen und regionaler Kontext, Diskussionspapier Nr. 1 im Rahmen des SPPU, GIUB Bern 1993.

Muntwyler, M. (1994): Die Bedeutung regionaler Akteurnetze für den ökologischen Strukturwandel in der Lebensmittelbranche, Diskussionspapier Nr. 3 im Rahmen des SPPU, GIUB Bern.

Ramseier, U. (1995): Standortvoraussetzungen für Innovationen. Bern: Lang, 1995.

Ramseier, U./Muntwyler, M./Geelhaar, M., (1994): Umweltinnovationen und Akteurnetze diskutiert an der Nahrungsmittel- und Transportbranche, Diskussionspapier Nr. 5 im Rahmen des SPPU, GIUB Bern 1994.

Schneeberger, K./Aliesch, B. (1995): Die Bedeutung von Netzwerken und deren Management bei der Realisierung von Umweltinnovationen im Tourismus. Diskussionspapier Nr. 6 im Rahmen des SPPU, GIUB Bern 1995.

Abkürzungsverzeichnis

a.a.O.	am angegebenen Ort
Abb.	Abbildung
AfU	Amt für Umweltschutz, St. Gallen
AGSchV	Allgemeine Gewässerschutzverordnung
AKW	Atomkraftwerk
Art.	Artikel
BB AtG	Bundesbeschluss zum Atomgesetz
BEW	Bundesamt für Energiewirtschaft
BGE	Bundesgerichtsentscheid
BIP	Bruttoinlandsprodukt
BFS	Bundesamt für Statistik
BUWAL	Bundesamt für Umwelt, Wald und Landschaft (Schweiz)
BV	Bundesverfassung
BZS	Bundesamt für Zivilschutz
bzw.	beziehungsweise
CO_2	Kohlendioxid
DIW	Deutsches Institut für Wirtschaftsforschung, Berlin
EDI	Eidgenössisches Departement des Inneren
EDMZ	Eidgenössische Drucksachen- und Materialzentrale
EDTA	Ethylendiamintetraacetat (Komplexbildner / Phosphatersatzstoff)
ENB	Energienutzungsbeschluss
EnG	Energiegesetz
ETH	Eidgenössische Technische Hochschule
FIAL	Fédération des Industries Alimentaires Suisses
Fr	Franken
GES	Gesamtenergiestatistik
GIUB	Geographisches Institut an der Universität Bern
GS EVED	Generalsekretariat des eidgenössischen Verkehrs- und Energiedepartements (Schweiz)
GSchG	Gewässerschutzgesetz
IÖW	Institut für ökologische Wirtschaftsforschung, Berlin
IRP	Integrierte Ressourcenplanung
ISEW	Index of Sustainable Economic Welfare
IWÖ	Institut für Wirtschaft und Ökologie an der Universität St. Gallen

KHG	Kernenergiehaftpflichtgesetz
KHV	Kernenergiehaftpflichtverordnung
KOF	Konjunkturforschungsstelle
LMFV	Luftreinhalte-Massnahmen bei Feuerungsanlagen-Verordnung
LRV	Luftreinhalteverordnung
Mio.	Millionen
MJ	Megajoule
Mtoe	Millionen Tonnen Öläquivalente
NEAT	Neue Alpen-Transversale
NHG	Natur- und Heimatschutzgesetz
NO_x	Stickoxide
NTA	Nitrilotriessigsäure (Komplexbildner/Phosphatersatzstoff)
NZZ	Neue Zürcher Zeitung
Ö.B.U.	Vereinigung für ökologisch bewusste Unternehmungsführung (Schweiz)
PET	Polyethylenterephtalat
PJ	Pentajoule
Pkm	Personenkilometer
resp.	respektive
RPG	Bundesgesetz über die Raumplanung
SIA	Schweizerischer Ingenieur- und Architektenverein
SO_2	Schwefeldioxid
SPPU	Schwerpunktprogramm Umwelt
SR	Schweizer Recht
StFV	Störfallverordnung
StoV	Stoffverordnung
t	Zeit
TA	Tagesanzeiger
Tab.	Tabelle
TJ	Terajoule
TTV	Technische Tankvorschriften
TVA	Technische Verordnung Abfälle
UB	Umweltbelastung
USG	Umweltschutzgesetz
UVPV	Verordnung über die Umweltverträglichkeitsprüfung
VBLN	Verordnung über das Bundesinventar der Landschaften und Naturdenkmäler
VBUO	Verordnung über die Bezeichnung der beschwerdeberechtigten Umweltschutzorganisationen
Vgl.	Vergleiche

VGL	Schweizerische Vereinigung für Gewässerschutz und Lufthygiene
VGR	Volkswirtschaftliche Gesamtrechnung
VGV	Getränkeverpackungsverordnung
VOC	Volatile organic compounds (Leichtflüchtige organische Verbindungen)
VVS	Verordnung über den Verkehr mit Sonderabfällen
VWF	Verordnung über den Schutz der Gewässer vor wassergefährdenden Flüssigkeiten
WaG	Waldgesetz
WRG	Bundesgesetz über die Nutzbarmachung der Wasserkräfte
WTO	World Trade Organisation
WWF	World Wide Fund for Nature
z.B.	zum Beispiel

Abbildungsverzeichnis

Tabellenverzeichnis

Übersicht über die Textboxen

Sachregister